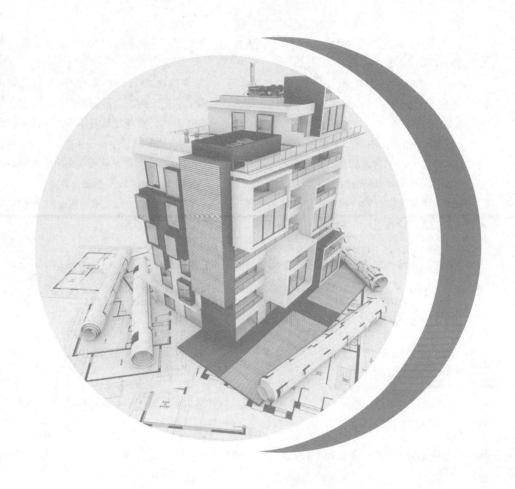

AutoCAD 2022
建筑装饰制图实用案例教程

连 璐 ◎ 编著

清华大学出版社
北京

内 容 简 介

本书是一本 AutoCAD 2022 的实例教程,系统全面地讲解了 AutoCAD 2022 的基本功能及其在建筑与装饰绘图中的具体应用。

全书共 13 章,分为两篇,第一篇为设计基础篇,主要介绍建筑设计和 AutoCAD 2022 的基本知识,内容包括建筑设计基础、AutoCAD 2022 绘图基础、二维图形的绘制、二维图形的编辑、文字与尺寸标注、图块和参照等;第二篇为建筑实例篇,通过具体实例的形式,介绍建筑基本图形、总平面图、平面图、立面图、剖面图、详图以及装饰工程图的绘制方法。本书在讲解过程中,注意由浅入深,从易到难,对于每一个命令,都尽量详细讲解命令行中各选项的含义,以方便读者理解和掌握所学内容。大多数章最后还提供了综合本章所学知识的本章总结和思考练习,提高读者学以致用的能力。

本书具有很强的针对性和实用性,结构严谨,案例丰富。既可以作为大中专院校相关专业以及 CAD 培训机构的教材,也可以作为从事 CAD 工作的工程技术人员的自学指南。

图书在版编目(CIP)数据

AutoCAD 2022 建筑装饰制图实用案例教程 / 连璐编著 . —北京:清华大学出版社,2024.4
ISBN 978-7-302-66037-8

Ⅰ.① A… Ⅱ.①连… Ⅲ.①室内装饰设计－计算机辅助设计－ AutoCAD 软件－教材
Ⅳ.① TU238.2-39

中国国家版本馆 CIP 数据核字 (2024) 第 070792 号

责任编辑: 袁勤勇 薛 阳
封面设计: 杨玉兰
责任校对: 胡伟民
责任印制: 刘 菲

出版发行: 清华大学出版社
    网 址: https://www.tup.com.cn, https://www.wqxuetang.com
    地 址: 北京清华大学学研大厦 A 座   **邮 编:** 100084
    社 总 机: 010-83470000   **邮 购:** 010-62786544
    投稿与读者服务: 010-62776969, c-service@tup.tsinghua.edu.cn
    质 量 反 馈: 010-62772015, zhiliang@tup.tsinghua.edu.cn
印 装 者: 北京鑫海金澳胶印有限公司
经 销: 全国新华书店
开 本: 185mm×260mm **印 张:** 23.5 **字 数:** 590 千字
版 次: 2024 年 5 月第 1 版 **印 次:** 2024 年 5 月第 1 次印刷
定 价: 69.00 元

产品编号:097784-01

Foreword

前言

关于 AutoCAD

AutoCAD 是 Autodesk 公司开发的专门用于计算机辅助绘图与设计的一款软件,具有界面友好、功能强大、易于掌握、使用方便和体系结构开放等特点。在机械设计、室内装潢、建筑施工、园林土木等领域有着广泛的应用。作为第一个引进中国市场的CAD 软件,经过多年的发展和普及,AutoCAD 已经成为国内使用最为广泛的设计类应用软件之一。本书系统、全面地讲解了使用其最新版本 AutoCAD 进行建筑设计的方法和技巧。

本书内容

本书是一本中文版 AutoCAD 建筑设计的案例教程。全书结合一百二十多个知识点案例和综合实例,让读者在绘图实践中轻松掌握 AutoCAD 的基本操作和技术精髓。本书包含以下内容。

第 1 章:主要介绍建筑设计的基本概念和入门知识,包括绘图标准、图纸种类、绘图技法等内容。

第 2 章:主要介绍 AutoCAD 的基本功能和入门知识,包括AutoCAD 概述、基本文件操作、绘图环境设置等内容。

第 3 章:主要介绍基本二维图形的绘制,包括点、直线、射线、构造线、圆、椭圆、多边形、矩形等内容。

第 4 章:介绍图形修整、移动和拉伸、倒角和圆角等编辑命令的用法。

第 5 章:介绍了文字与尺寸标注的创建和编辑功能。

第 6 章:主要介绍高效绘制图形的工具,包括图块和外部参照、设计中心的使用。

第 7 章:介绍了家具、园林以及建筑常见图形的绘制方法。

第 8 章:介绍总平面图的绘制方法。

第 9 章:介绍平面图的绘制方法。

第 10 章:介绍立面图的绘制方法。

第 11 章:介绍剖面图的绘制方法。

第 12 章：介绍建筑设计中详图的绘制方法。

第 13 章：介绍装饰工程图的绘制方法。

本书特色

（1）零点起步，轻松入门。本书内容讲解循序渐进、通俗易懂、易于入手，每个重要的知识点都采用实例讲解，读者可以边学边练，通过实际操作理解各种功能的实际应用。

（2）实战演练，逐步精通。安排了行业中大量经典的实例，每个章节都有实例示范来提升读者的实战经验。实例串起多个知识点，提高读者应用水平，快步迈向高手行列。

（3）多媒体教学，身临其境。本书内容丰富，配套资源不仅有 PPT 课件、教学大纲、课后习题集，还赠送本书案例的视频教学和全书案例的源文件素材。

本书作者

本书由西安工程大学连璐老师编写。由于作者水平有限，书中疏漏与不足之处在所难免，恳请读者批评指正。

作 者

2024 年 1 月

Contents

目 录

第一篇　设计基础篇

第二篇 建筑实例篇

第一篇　设计基础篇

第1章

建筑设计基本理论

　　建筑设计是指在建造建筑物之前，设计者按照设计任务，将施工过程和使用过程中所存在的或可能会发生的问题，事先做好通盘的设想，拟定好解决这些问题的方案与办法，并用图纸和文件的形式将其表达出来。

　　本章主要介绍建筑设计的一些基本理论，包括建筑制图特点、建筑设计要求和规范、建筑制图的内容等，最后总结了住宅楼设计的原则与技巧，为后面学习相关建筑工程图纸的绘制打下坚实的理论基础。

1.1　建筑设计基本理论概述

　　民用建筑的构造组成如图 1-1 所示，房屋的组成部分主要有基础、墙、楼地层、楼梯等，其中某些构造部分的含义如下。

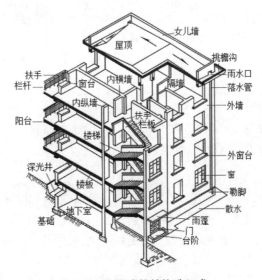

图 1-1　民用建筑的构造组成

　　基础：位于地下的承重构件，承受建筑物的全部荷载，但不传给地基。

　　墙：作为建筑物的承重与维护构件，承受房屋和楼层传来的荷载，并将这些荷载传给基础。墙体的围护作用主要体现在抵御各种自然因素的影响与破坏，另外还要承受一些水平方向的荷载。

楼地层：作为建筑中的水平承重构件，承受家具、设备和人的重量，并将这些荷载传给墙或柱。

楼梯：作为楼房建筑的垂直交通设施，主要供人们平时上下和紧急疏散时使用。

屋顶：作为建筑物顶部的围护和承重构件，由屋面和屋面板两部分构成。屋面用来抵御自然界雨、雪的侵袭，屋面板则用来承受房屋顶部的荷载。

门窗：门用来作为内外交通的联系及分隔房间，窗的作用是通风及采光。门窗均不是承重构件。

除此之外，房屋还有一些附属的组成部分，如散水、阳台、台阶等。这些建筑构件可以分为两大类，即承重结构及围护结构，分别起着承重作用及围护作用。

1.1.1　建筑设计的内容

建筑设计既指一项建筑工程的全部设计工作，包括各个专业，可称为建筑工程设计；也可单指建筑设计专业本身的设计工作。

一栋建筑物或一项建筑工程的建成，需要经过许多环节。例如，建筑一栋民用建筑物，首先要提出任务、编制设计任务书、任务审批，其次为选址、场地勘测、工程设计，以及施工、验收，最后交付使用。

建筑工程设计是整个工程设计中不可或缺的重要环节，也是一项政策性、技术性、综合性较强的工作。整个建筑工程设计应包括建筑设计、结构设计、设备设计等部分。

1. 建筑设计

可以是一个单项建筑物的建筑设计，也可以是一个建筑群的总体设计。根据审批下达的设计任务书和国家有关政策规定，综合分析其建筑功能、建筑规模、建筑标准、材料供应、施工水平、地段特点、气候条件等因素，提出建筑设计方案，直到完成全部的建筑施工图的设计及绘制。

2. 结构设计

根据建筑设计方案完成结构方案与选型，确定结构布置，进行结构计算和构建设计，完成全部结构施工图的设计及绘制。

3. 设备设计

根据建筑设计完成给水排水、采暖、通风、空调、电气照明及通信、动力、能源等专业的方案、选型、布置以及施工图的设计及绘制。

建筑设计应由建筑设计师完成，而其他各专业的设计，则由相应的工程师来承担。

建筑设计是经过反复分析比较，与各专业设计协调配合，贯彻国家和地方的有关政策、标准、规范和规定，反复修改后，才逐步成熟起来的。

建筑设计不是依靠某些公式，简单地套用、计算出来的，因此建筑设计是一项创作活动。

1.1.2　建筑设计的基本原则

1. 应该满足建筑使用功能要求

因为建筑物使用性质和所处条件、环境的不同，所以其对建筑设计的要求也不同。例如，北方地区要求建筑在冬季能够保温，而南方地区则要求建筑在夏季能通风、散热，对要求有良好声环境的建筑物则要考虑吸声、隔声等。

总而言之，为了满足使用功能需要，在进行构造设计时，需要综合有关技术知识，进行合理的设计，以便选择、确定最经济合理的设计方案。

2. 要有利于结构安全

建筑物除了根据荷载大小、结构的要求确定构件的必需尺度外，对一些零部件的设计，如阳台、楼梯的栏杆、顶面、墙面的装饰，门、窗与墙体的结合及抗震加固等，都应该在构造上采取必要的措施，以确保建筑物在使用时的安全。

3. 应该适应建筑工业化的需要

为提高建设速度，改善劳动条件，保证施工质量，在进行构造设计时，应该大力推广先进技术，选用各种新型建筑材料，采用标准设计和定型构件，为构、配件的生产工厂化、现场施工机械化创造有利条件，以适应建筑工业化的需要。

4. 应讲求建筑经济的综合效益

在进行构造设计时，应注意建筑物的整体效益问题，既要注意降低建筑造价，减少材料的能源消耗，又要有利于降低经常运行、维修和管理的费用，考虑其综合的经济效益。

另外，在提倡节约、降低造价的同时，还必须保证工程质量，不可为了追求效益而偷工减料，粗制滥造。

5. 应注意美观

构造方案的处理还要考虑造型、尺度、质感、纹理、色彩等艺术和美观问题。

1.2　建筑施工图的概念和内容

作为表达建筑设计意图的工具，绘制建筑施工图是进行建筑设计所必不可少的环节，本节介绍建筑施工图的基础知识，包括建筑施工图的概念及其所包含的内容。

1.2.1　建筑施工图的概念

建筑施工图是将建筑物的平面布置、外形轮廓、尺寸大小、结构构造及材料做法等内容，按照国家制图标准中的规定，使用正投影法详细并准确地绘制出的图样，是用来组织、指导建筑施工、进行经济核算、工程监理并完成整个房屋建造的一套图样。

1.2.2　建筑施工图的内容

按照专业内容或者作用的不同，可以将一套完整的建筑施工图分为建筑施工图、建筑结构施工图、建筑设备施工图。

1. 建筑施工图（建施）

主要表示建筑物的总体布局、外部造型、内部布置、细部构造、内外装饰等内容。包括设计说明、总平面图、平面图、立面图、剖面图及详图等。

如图 1-2 所示为绘制完成的建筑施工图。

2. 建筑结构施工图（结施）

主要表示建筑物各承重构件的布置、形状尺寸、所用材料及构造做法等内容。包括设计说明、基础平面图、基础详图、结构平面布置图、钢筋混凝土详图、节点构造详图等。

如图 1-3 所示为绘制完成的建筑结构施工图。

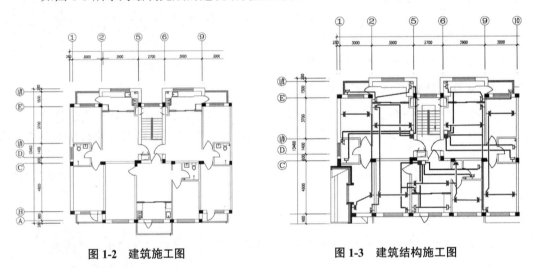

图 1-2　建筑施工图　　　　　　　图 1-3　建筑结构施工图

3. 建筑设备施工图（设施）

主要表示建筑工程各专业设备、管道及埋线的布置和安装要求等内容，包括给水排水施工图（水施）、采暖通风施工图（暖施）、电气施工图（电施）等。由施工总说明、平面图、系统图、详图等组成。

如图 1-4 所示为绘制完成的建筑设备施工图。

全套的建筑施工图的编排顺序为：图纸目录、总平面图、建筑施工图、结构施工图、给水排水施工图、采暖通风施工图、电气施工图等。

如图 1-5 所示为绘制完成的电气设计施工说明。

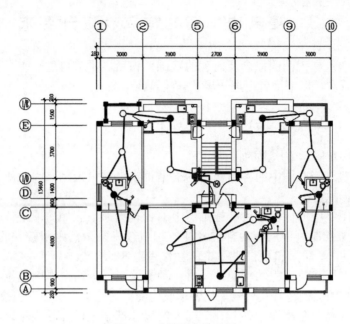

图 1-4 建筑设备施工图

图 1-5 电气设计施工说明

1.3　建筑施工图的特点和设计要求

在了解了建筑施工图的概念及内容的基础知识后，本节再进一步介绍建筑施工图的特点及设计要求，以期读者更进一步了解建筑施工图。

1.3.1　建筑施工图的特点

建筑施工图在图示方法上的特点如下。

（1）由于建筑施工图中的各图样均为根据正投影法来绘制，因此所绘的图样应符合正投影的投影规律。

（2）应采用不同的比例来绘制施工图中的各类图形。假如房屋主体较大，则应采用较小的比例来绘制。但房屋内部的各建筑构造较为复杂，则用较大的比例来绘制，因为在小比例的平、立、剖面图中不能表达清楚其细部构造。

（3）因为房屋建筑工程的构配件及材料种类繁多，为简便作图起见，国家制图标准规定了一系列的图例符号及代号来代表建筑构配件、建筑材料、卫生设备等。

（4）除了标高及总平面图外，施工图中的尺寸都必须以 mm 为单位，但是在尺寸数字的后面不需要标注尺寸单位。

1.3.2　施工图设计要点

各类建筑施工图的设计要点如下。

1. 总平面图的设计要点

1）总平面图要有一定的范围

仅有用地范围不够，要有场地四邻原有规划的道路、建筑物、构筑物。

2）保留原有地形和地物

指场地测量坐标网及测量标高，包括场地四邻的测量坐标或定位尺寸。

3）总图必要的详图设计

指道路横断面、路面结构，反映管线上下、左右尺寸关系的剖面图，以及挡土墙、护坡排水沟、广场、活动场地、停车场、花坛绿地等详图。

2. 建筑设计说明绘制要点

1）装饰做法仅是文字说明表达不完整

各种材料做法一览表加上各部位装修材料一览表才能完整地表达清楚房屋建筑工程的做法。

2）门窗表

对组合窗及非标窗，应绘制立面图，并把拼接件选择、固定件、窗扇的大小、开启方式等内容标注清楚。假如组合窗面积过大，请注明要经有资质的门窗生产厂家设计方可。另外还要对门窗性能，如防火、隔声、抗风压、保温、空气渗透、雨水渗透等技术要求加以说明。

例如，建筑物 1 ~ 6 层和 7 层及 7 层以上对门窗气密性要求不一样，1 ~ 6 层为 3

级，7 层及以上为 4 级。

3）防火设计说明。

按照《建筑工程设计文件编制深度规定》中的要求，需要在每层建筑平面中注明防火分区面积和分区分隔位置示意图，并宜单独成图，但可不标注防火分区的面积。

3. 建筑平面图设计要点

（1）应标注最大允许设计负荷，假如有地下室，则应在底层平面图中标注清楚。

（2）标注主要建筑设备和固定家具的位置及相关做法索引，如卫生间的器具、雨水管、水池、橱柜、洗衣机的位置等。

（3）应标注楼地面预留孔洞和通气管道、管线竖井、烟道、垃圾道等的位置、尺寸和做法索引，包括墙体预留空调机孔的位置、尺寸及标高。

4. 建筑立面图设计要点

（1）容易出现立面图与平面图不一致的情况，如立面图两端无轴线编号，立面图除了标注图名外还需要标注比例。

（2）应把平面图上、剖面图上未能表达清楚的标高和高度标注清楚，不应该仅标注表示层高的标高，还应把女儿墙顶、檐口、烟囱、雨篷、阳台、栏杆、空调隔板、台阶、坡道、花坛等关键位置的标高标注清楚。

（3）对立面图上的装饰材料、颜色应标注清楚，特别是底层的台阶、雨篷、橱柜、窗细部等较为复杂的地方也应标注清楚。

5. 建筑剖面图设计要点

（1）剖切位置应选择在层高不同、层数不同、内外空间比较复杂、具有代表性的部位。

（2）平面图墙、柱、轴线编号及相应的尺寸应标注清楚。

（3）要完整地标注剖切到或可见的主要结构和建筑结构的部位，如室外地面、底层地坑、地沟、夹层、吊灯等。

1.3.3　施工图绘制步骤

绘制建筑施工图的步骤如下。

1. 确定绘制图样的数量

根据房屋的外形、层数、平面布置各构造内容的复杂程度，以及施工的具体要求来确定图样的数量，使表达内容既不重复也不遗漏。图样的数量在满足施工要求的条件下以少为好。

2. 选择适当的绘图比例

一般情况下，总平面图的绘图比例多为 1∶500、1∶1000、1∶2000 等；建筑物或构筑物的平面图、立面图、剖面图的绘图比例多为 1∶50、1∶100、1∶150 等；建筑物或构筑物的局部放大图的绘图比例多为 1∶10、1∶20、1∶25 等；配件及构造详图的绘图比例多为 1∶1、1∶2、1∶5 等。

3. 进行合理的图面布置

图面布置（包括图样、图名、尺寸、文字说明及表格等）要主次分明、排列均匀紧凑，表达清楚，并尽可能保持各图之间的投影关系。相同类型的、内容关系密切的图样，集中在一张或图号连续的几张图纸上，以便对照查阅。

1.4 建筑制图的要求及规范

目前，建筑制图所依据的国家标准为 2010 年 8 月 18 日发布，2011 年 3 月 1 日起实施的 GB/T 50001—2010《房屋建筑制图统一标准》。该标准中列举了一系列在建筑制图中所应遵循的规范条例，涉及图纸幅面及图纸编排顺序、图线、字体等方面的内容。

由于《房屋建筑制图统一标准》中内容较多，本节仅摘取其中一些常用的规范条例进行介绍，而其他的内容读者可参考 GB/T 50001—2010《房屋建筑制图统一标准》。

1.4.1 图纸幅面规格

图纸幅面指图纸宽度与长度组成的图面。图纸幅面及图框尺寸，应符合表 1-1 中的规定。

表 1-1 幅面和图框尺寸（单位：mm）

幅面代号 尺寸代号	A0	A1	A2	A3	A4
	841×1189	594×841	420×594	297×420	210×297
c	10			5	
a	25				

注：a——幅面尺寸；b——图框线与幅面线间宽度；c——图框线与装订边间宽度。

图纸及图框应符合如图 1-6 和图 1-7 所示的格式。

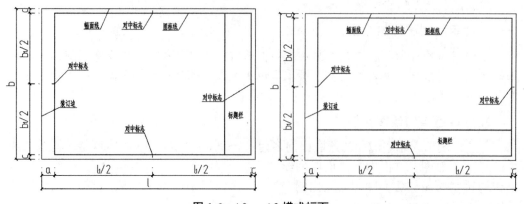

图 1-6 A0 ～ A3 横式幅面

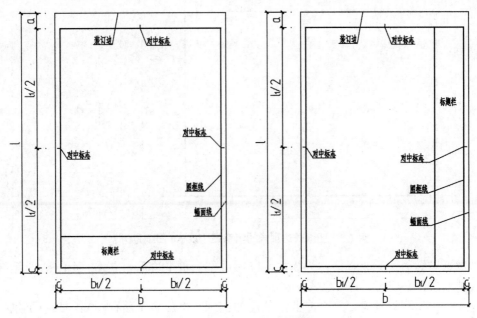

图 1-7　A0 ～ A4 立式幅面

需要微缩复制的图纸，在其中一个边上应附有一段准确的米制尺度，四个边上均应附有对中标志。米制尺度的总长应为 100mm，分格应为 10mm。对中标志应画在图纸各边长的中点处，线宽应为 0.35mm，伸入框内 5mm。

图纸的短边尺寸不应加长，A0 ～ A3 幅面长边尺寸可加长，但是应符合表 1-2 中的规定。

表 1-2　图纸长边加长尺寸（单位：mm）

幅 面 代 号	长 边 尺 寸	长 边 加 长 后 的 尺 寸
A0	1189	1486（A0+1/4）　1635（A0+3l/8）　1783（A0+1/2）　1932（A0+5l/8） 2080（A0+3l/4）　2230（A0+7l/8）　2378（A0+l）
A1	841	1051（A1+1/4）　1261（A1+1/2）　1471（A1+3l/4）　1682（A1+l） 1892（A1+5l/4）　2102（A1+3l/4）
A2	594	743（A2+1/4）　891（A2+1/2）　1041（A2+3l/4）　1189（A2+l） 1338（A2+5l/4）　1486（A2+3l/2）　1635（A2+7l/4）　1783（A2+2l） 1932（A2+9l/4）　2080（A2+5l/2）
A3	420	630（A3+1/2）　841（A3+l）　1051（A3+3l/2）　1261（A3+2l） 1471（A3+5l/2）　1682（A3+3l）　1892（A3+7l/2）

注：有特殊需要的图纸，可采用 b×l 为 841mm×891mm 与 1189mm×1261mm 的幅面。

图纸长边加长的示意图如图 1-8 所示。

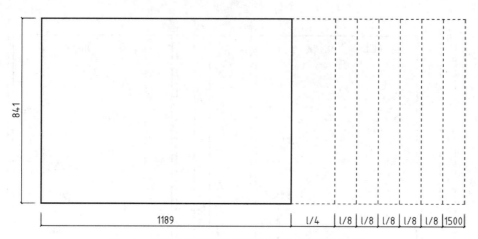

图 1-8 图纸长边加长的示意图（以 A0 图纸为例）

图纸以短边作为垂直边称为横式，以短边作为水平边称为立式。A0 ～ A3 图纸宜横式使用，在必要时，也可立式使用。

在一个工程设计中，每个专业所使用的图纸，不应多于两种图幅，其中不包含目录及表格所采用的 A4 幅面。

此外，图纸可采用横式，也可采用立式，分别如图 1-6 和图 1-7 所示。

图纸内容的布置规则为：能够清晰、快速地阅读图纸，图样在图面上排列要整齐。

1.4.2 标题栏与会签栏

图纸中应有标题栏、图框线、幅面线、装订边线及对中标志。其中，图纸的标题栏及装订边位置，应符合下列规定。

（1）横式使用的图纸，应按如图 1-9 所示的形式进行布置。

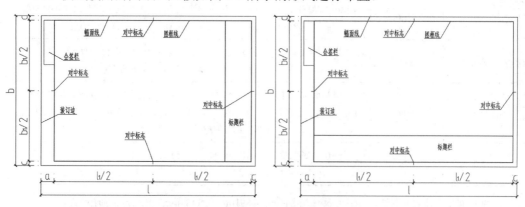

图 1-9 A0 ～ A3 横式幅面

（2）立式使用的图纸，应按如图 1-10 所示的形式进行布置。

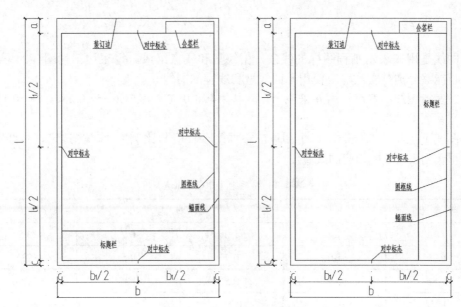

图 1-10　A0 ～ A4 立式幅面

标题栏应按照如图 1-11 所示的格式进行设置，按照工程的需要选择确定其内容、尺寸、格式及分区。会签栏包括实名列和签名列。

（1）标题栏可横排也可竖排。

（2）标题栏的基本内容可按照图 1-11 进行设置。

（3）涉外工程的标题栏内，各项主要内容的中文下方应附有译文，设计单位的上方或左方应增加"中华人民共和国"字样。

（4）在计算机制图文件中如使用电子签名与认证，必须符合《中华人民共和国电子签名法》中的有关规定。

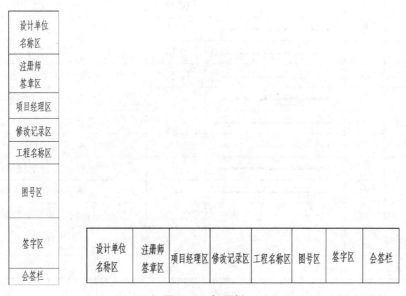

图 1-11　标题栏

1.4.3 图线

图线是用来表示工程图样的线条，由线型和线宽组成。为表达工程图样的不同内容，且能够分清楚主次，应使用不同线型和线宽的图线。

线宽指图线的宽度，用 b 来表示，宜从 1.4、1.0、0.7、0.5、0.35、0.25、0.18、0.13mm 的线宽系列中选取。

图宽不应小于 0.1mm，每个图样应根据复杂程度与比例大小，先选定基本线宽 b，然后再选用表 1-3 中相应的线宽组。

表 1-3　线宽组（单位: mm）

线 宽 比	线 宽 组			
b	1.4	1.0	0.7	0.5
$0.7b$	1.0	0.7	0.5	0.35
$0.5b$	0.7	0.5	0.35	0.25
$0.25b$	0.35	0.25	0.18	0.13

注：1. 需要微缩的图纸，不宜采用 0.18mm 及更细的线宽。
　　2. 同一张图纸内，各种不同线宽中的细线，可统一采用较细的线宽组的细线。

工程建筑制图应选用表 1-4 中的图线。

表 1-4　图线

名　　称		线　　型	线　　宽	一 般 用 途
实线	粗		b	主要可见轮廓线
	中		$0.5b$	可见轮廓线
	细		$0.25b$	可见轮廓线、图例线
虚线	粗		b	见有关专业制图标准
	中		$0.5b$	不可见轮廓线
	细		$0.25b$	不可见轮廓线、图例线
单点长画线	粗		b	见有关专业制图标准
	中		$0.5b$	见有关专业制图标准
	细		$0.25b$	中心线、对称线等
双点长画线	粗		b	见有关专业制图标准
	中		$0.5b$	见有关专业制图标准
	细		$0.25b$	假想轮廓线、成型前原始轮廓线
折断线			$0.25b$	断开界线
波浪线			$0.25b$	断开界线

在同一张图纸内，相同比例的各图样，应该选用相同的线宽组。

图纸的图框和标题栏线，可选用如表 1-5 所示的线宽。

表 1-5　图框和标题栏线线宽

幅面代号	图框线	标题栏外框线	标题栏分隔线
A0、A1	b	$0.5b$	$0.25b$
A2、A3、A4	b	$0.7b$	$0.35b$

相互平行的图例线，其净间隙或线中间隙不宜小于 0.2mm。

虚线、单点长画线或双点长画线的线段长度和间隔，宜各自相等。

单点长画线或双点长画线，当在较小图线中绘制有困难时，可用实线来代替。

单点长画线或双点长画线的两端，不应是点。点画线与点画线交接点或点画线与其他图线交接时，应是线段交接。

虚线与虚线交接或虚线与其他图线交接时，应是线段交接。虚线为实线的延长线时，不得与实线相接。

图线不得与文字、数字或符号重叠、混淆，不可避免时，应首先保证文字的清晰。

1.4.4　比例

图样的比例，应为图形与实物相对应的线性尺寸之比。

比例的符号为"："，比例应以阿拉伯数字来表示。

比例宜注写在图名的右侧，字的基准线应取平；比例的字高宜比图名的字高小一号或二号，如图 1-12 所示。

图 1-12　注写比例

绘图所用的比例应根据图样的用途与被绘对象的复杂程度选择，并宜优先采用表 1-6 中常用的比例。

表 1-6　绘制所用比例

常用比例	1：1、1：2、1：5、1：10、1：20、1：30、1：50、1：100、1：150、1：200、1：500、1：1000、1：2000
可用比例	1：3、1：4、1：6、1：15、1：25、1：49、1：60、1：80、1：250、1：300、1：400、1：600、1：5000、1：10 000、1：20 000、1：50 000、1：100 000、1：200 000

一般情况下，一个图样应仅选用一种比例。根据专业制图的需要，同一图样可选用两种比例。

在特殊情况下也可自选比例，然后除了应注出绘图比例之外，还应在适当位置绘制出相应的比例尺。

1.4.5　字体

图纸上所需书写的字体、数字或符号等，都应笔画清晰、字体端正、排列整齐，标点符号应清楚正确。

文字的字高，应从表 1-7 中选用。字高大于 10mm 的文字宜采用 TrueType 字体，假如需要书写更大的字，其高度应按 $\sqrt{2}$ 的倍数递增。

表 1-7　文字的字高（单位：mm）

字体种类	中文矢量字体	TrueType 字体及非中文矢量字体
字　　高	3.5、5、7、10、14、20	3、4、6、8、10、14、20

图样及说明中的汉字，宜采用长仿宋体（矢量字体）或黑体，同一图纸字体种类不应该超过两种。长仿宋体的宽度与高度的关系应符合表 1-8 的规定，黑体字的宽度与高度应该相同。大标题、图册封面、地形图等的汉字，也可书写成其他字体，但是应该易于辨认。

表 1-8　长仿宋字高宽关系（单位：mm）

字　　高	20	14	10	7	5	3.5
字　　宽	14	10	7	5	3.5	2.5

汉字的简化书写，应符合国务院颁布的《汉字简化方案》及有关规定。

图样及说明中的拉丁字母、阿拉伯数字与罗马数字，宜采用单线简体或 Roman 字体。拉丁字母、阿拉伯数字与罗马数字的书写规则，应符合表 1-9 中的规定。

表 1-9　拉丁字母、阿拉伯数字与罗马数字的书写规则

书写格式	字　　体	窄字体
大写字母高度	h	h
小写字母高度（上下均无延伸）	$7/10h$	$10/14h$
小写字母伸出的头部或尾部	$3/10h$	$4/14h$
笔画宽度	$1/10h$	$1/14h$
字母间距	$2/10h$	$2/14h$
上下行基准线的最小间距	$15/10h$	$21/14h$
词间距	$6/10h$	$6/14h$

拉丁字母、阿拉伯数字与罗马数字，假如需要写成斜字体，其斜度应是从字的底线逆时针向上倾斜 75°，斜字体的高度和宽度应与相应的直体字相等。

拉丁字母、阿拉伯数字与罗马数字的字高，不应该小于 2.5mm。

分数、百分数和比例数的注写，应该采用阿拉伯数字和数字符号。

当注写的数字小于 1 时，应该写出各进位的 "0"，小数点应采用圆点，并对齐基

准线来书写。

长仿宋汉字、拉丁字母、阿拉伯数字与罗马数字示例应符合国家现行标准 GB/T 14691《技术制图——字体》的有关规定。

1.4.6 符号

本节介绍在建筑制图中常用符号的绘制标准，如剖切符号、索引符号、引出线等。

1. 剖切符号

剖视的剖切符号应由剖切位置线及剖视方向线组成，都应以粗实线来绘制。剖视的剖切符号应该符合下列规定。

（1）剖切位置线的长度宜为 6 ～ 10mm，剖视方向线应垂直于剖切线位置，长度应短于剖切位置线，宜为 4 ～ 6mm，如图 1-13 所示；也可采用国际统一及常用的剖视方法，如图 1-14 所示。在绘制剖视剖切符号时，符号不应与其他图线相接触。

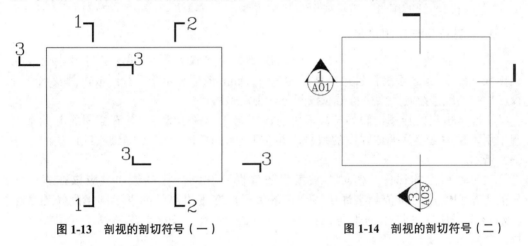

图 1-13　剖视的剖切符号（一）　　　　图 1-14　剖视的剖切符号（二）

（2）剖视剖切符号的编号宜采用粗阿拉伯数字，按照剖切顺序由左至右、由下至上连续编排，并注写在剖视方向线的端部。

（3）需要转折的剖切位置线，应在转角的外侧加注与该符号相同的编号。

（4）建（构）筑物剖面图的剖切符号应注在 ±0.000 标高的平面图或首层平面图上。

（5）局部剖面图（首层除外）的剖切符号应注在包含剖切部位的最下面一层的平面图上。

断面的剖切符号应符合下列规定。

（1）断面的剖切符号应只用剖切位置线来表示，并应以粗实线来绘制，长度宜为 6 ～ 10mm。

（2）断面剖切符号的编号宜采用阿拉伯数字，按照顺序连续编排，并应注写在剖切位置线的一侧；编号所在的一侧应为该断面的剖视方向，如图 1-15 所示。

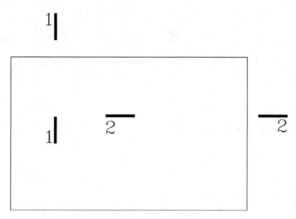

图 1-15　断面的剖切符号

剖面图或断面图，假如与被剖切图样不在同一张图内，则应在剖切位置线的另一侧注明其所在图纸的编号，也可在图上集中说明。

2. 索引符号与详图符号

图样中的某一局部或者构件，假如需要另见详图，则应以索引符号索引，如图 1-16（a）所示。索引符号是由直径为 8～10mm 的圆和水平直径组成，圆及水平直径应以细实线来绘制。索引符号应按照下列规定来编写。

（1）索引出的详图，假如与被索引的详图同在一张图纸内，应在索引符号的上半圆中用阿拉伯数字注明该详图的编号，并在下半圆中间画一段水平细实线，如图 1-16（b）所示。

（2）索引出的详图，假如与被索引的详图不在同一张图纸内，应该在索引符号的上半圆中用阿拉伯数字注明该详图的编号，在索引符号的下半圆用阿拉伯数字注明该详图所在的图纸的编号，如图 1-16（c）所示。当数字较多时，可添加文字标注。

（3）索引出的详图，假如采用标准图，则应在索引符号水平直径的延长线上加注该标准图册的编号，如图 1-16（d）所示。需要标注比例时，文字在索引符号右侧或延长线下方，与符号对齐。

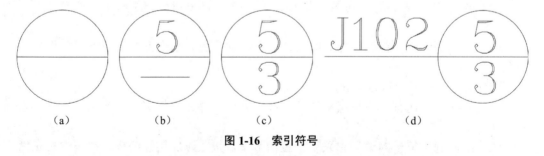

　　（a）　　　　　　　　（b）　　　　　　　　（c）　　　　　　　　　　　　（d）

图 1-16　索引符号

索引符号假如用于索引剖视详图，应该在被剖切的部位绘制剖切位置线，应以引出线引出索引符号，引出线所在的一侧应为剖视方向，如图 1-17 所示。

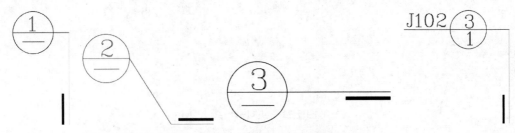

图 1-17　用于索引剖面详图的索引符号

零件、钢筋、杆件、设备等的编号直径宜以 5 ～ 6mm 的细实线圆来表示，同一图样应保持一致，其编号应用阿拉伯数字按顺序来编写，如图 1-18 所示。消火栓、配电箱、管井等的索引符号，直径宜以 4 ～ 6mm 为宜。

详图的位置和编号，应该以详图符号表示。详图符号的圆应该以直径为 14mm 的粗实线来绘制。详图应按以下规定编号。

图 1-18　零件、钢筋等的编号

（1）详图与被索引的图样同在一张图纸内时，应在详图符号内用阿拉伯数字注明详图的编号，如图 1-19 所示。

（2）详图与被索引的图样不在同一张图纸内时，应用细实线在详图符号内画一水平直径，在上半圆中注明详图编号，在下半圆中注明被索引的图纸的编号，如图 1-20 所示。

图 1-19　详图与被索引的图样同在一张图纸内　　图 1-20　详图与被索引的图样不在一张图纸内

3. 引出线

引出线应以细实线来绘制，宜采用水平方向的直线、与水平方向成 30°、45°、60°、90° 的直线，或经上述角度再折为水平线。文字说明宜注写在水平线的上方，如图 1-21（a）所示；也可注写在水平线的端部，如图 1-21（b）所示；索引详图的引出线，应与水平直径线相连接，如图 1-21（c）所示。

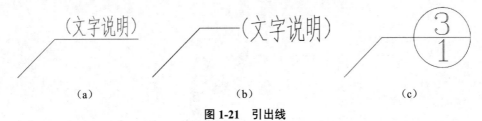

（a）　　　　　　　　　　（b）　　　　　　　　　　（c）

图 1-21　引出线

同时引出的几个相同部分的引出线，宜互相平行，如图 1-22（a）所示；也可画成集中于一点的放射线，如图 1-22（b）所示。

图 1-22　共同引出线

多层构造或多层管道共用引出线，应通过被引出的各层，并用圆点示意对应各层次。文字说明宜注写在水平线的上方，或注写在水平线的端部，说明的顺序应由上至下，并应与被说明的层次对应一致。假如层次为横向排序，则由上至下的说明顺序应与由左至右的层次对应一致，如图 1-23 所示。

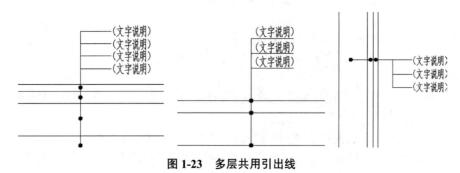

图 1-23　多层共用引出线

4. 其他符号

（1）对称符号由对称线和两端的两对平行线组成。对称线用单点长画线绘制，平行线用细实线绘制，其长度宜为 6 ～ 10mm，每对的间距宜为 2 ～ 3mm；对称线垂直平分于两对平行线，两端超出平行线宜为 2 ～ 3mm，如图 1-24（a）所示。

（2）连接符号应以折断线表示需连接的部位。两部位相距过远时，折断线两端靠图样一侧应标注大写拉丁字母表示连接编号。两个被连接的图样应用相同的字母编号，如图 1-24（b）所示。

（3）指北针的形状符合如图 1-24（c）所示的规定，其圆的直径宜为 24mm，用细实线绘制；指针尾部的宽度宜为 3mm，指针头部应注"北"或"N"字。需用较大直径绘制指北针时，指针尾部的宽度宜为直径的 1/8。

（4）对图纸中局部变更部分宜采用云线，并宜注明修改版次，如图 1-24（d）所示。

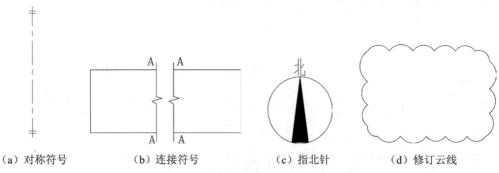

（a）对称符号　　　（b）连接符号　　　（c）指北针　　　（d）修订云线

图 1-24　其他符号

1.4.7　定位轴线

定位轴线应使用细单点长画线来绘制。

定位轴线应该编号，编号应注写在轴线端部的圆内。圆应使用细实线来绘制，直径为 8 ～ 10mm。定位轴线圆的圆心应在定位轴线的延长线或延长线的折线上。

除了较为复杂需要采用分区编号或圆形、折线形外，一般平面上定位轴线的编号，宜标注在图样的下方或左侧。横向编号应使用阿拉伯数字，从左至右顺序编写；竖向编号应使用大写拉丁字母，从下至上顺序编写，如图 1-25 所示。

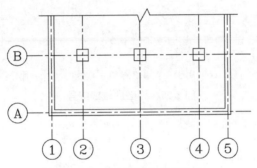

图 1-25　定位轴线的编号顺序

拉丁字母作为轴线号时，应全部采用大写字母，不应该使用同一个字母的大小写来区分轴线号。拉丁字母的 I、O、Z 不得用作轴线编号。当字母数量不够用时，可增用双字母或单字母来加数字注脚。

组合较为复杂的平面图中定位轴线也可采用分区编号，如图 1-26 所示。编号的注写形式应为"分区号 – 该分区编号"。"分区号 – 该分区编号"采用阿拉伯数字或大写拉丁字母表示。

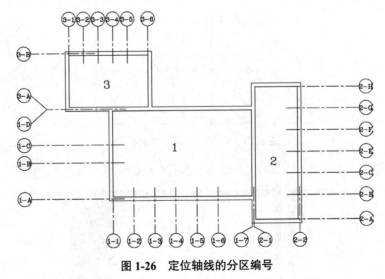

图 1-26　定位轴线的分区编号

附加定位轴线的编号，应以分数形式表示，并应符合下列规定。

（1）两根轴线的附加轴线，应以分母表示前一轴线的编号，分子表示附加轴线的编号。编号宜使用阿拉伯数字顺序编写。

（2）1 号轴线或 A 号轴线之前的附加轴线的分母应以 01 或 0A 表示。

一个详图适用于几根轴线时，应同时注明各有关轴线的编号，如图 1-27 所示。

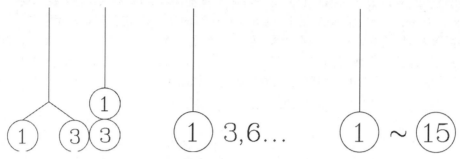

（a）用于两根轴线时　　（b）用于 3 根或 3 根以上轴线时　（c）用于 3 根以上连续编号的轴线时

图 1-27　详图的轴线编号

通用详图中的定位轴线，应该只画圆，不注写轴线编号。

1.4.8　常用建筑材料图例

在《房屋建筑制图统一标准》中仅规定常用建筑材料的图例画法，对其尺度比例不做具体规定。在使用时，应根据图样大小而定，并应注意以下事项。

（1）图例线应间隔均匀，疏密有度，做到图例正确，表示清楚。

（2）不同品种的同类材料在使用同一图例时（比如某些特定部位的石膏板必须注明是防水石膏板），应在图上附加必要的说明。

（3）两个相同的图例相接时，图例线宜错开或倾斜方向相反，如图 1-28 所示。

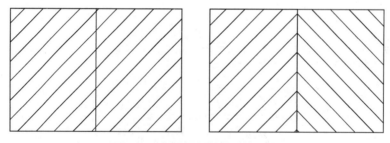

图 1-28　相同图例相接时的画法

两个相邻的涂黑图例间应留有空隙，其净宽不宜小于 0.5mm，如图 1-29 所示。

图 1-29　相邻涂黑图例的画法

假如出现下列情况可以不加图例，但是应该添加文字说明。

（1）一张图纸内的图样只用一种图例时。

（2）图形较小无法画出建筑材料图例时。

需要绘制的建筑材料图例面积过大时，可以在断面轮廓线内，沿着轮廓线做局部表示，如图 1-30 所示。

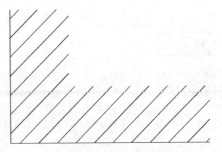

图 1-30　局部表示图例

在选用《房屋建筑制图统一标准》中未包括的建筑材料时，可以自编图例。但是不能与标准中所列的图例重复，在绘制时，应该在图纸的适当位置绘制该材料的图例，并添加文字说明。

常用的建筑材料应按照如表 1-10 所示的图例画法进行绘制。

表 1-10　常用的建筑材料图例

序号	名　称	图　例	备　注
1	自然土壤		包括各种自然土壤
2	夯实土壤		
3	砂、灰土		靠近轮廓线绘较密的点
4	砂砾石、碎砖三合土		
5	石材		
6	毛石		
7	普通砖		包括实心砖、多孔砖、砌块等砌体。断面较窄不易绘出图例线时，可涂红
8	耐火砖		包括耐酸砖等砌体
9	空心砖		指非承重砖砌体
10	饰面砖		包括铺地砖、马赛克、陶瓷棉砖、人造大理石等
11	焦渣、矿渣		包括与水泥、石灰等混合而成的材料

续表

序号	名　称	图　例	备　注
12	混凝土	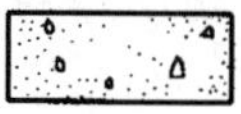	（1）本图例指能承重的混凝土及钢筋混凝土 （2）包括各种强度等级、骨料、添加剂的混凝土 （3）在剖面图上画出钢筋时，不画图例线 （4）断面图形小，不易画出图例线时，可涂黑
13	钢筋混凝土	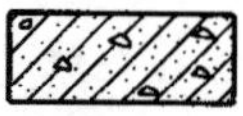	
14	多孔材料		包括水泥珍珠岩、沥青珍珠岩、泡沫混凝土、非承重加气混凝土、软木、蛭石制品等
15	纤维材料	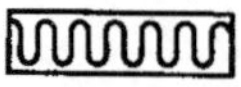	包括矿棉、岩棉、玻璃棉、麻丝、木丝板、纤维板等
16	泡沫塑料材料	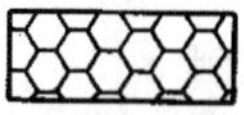	包括聚苯乙烯、聚乙烯、聚氨酯等多孔聚合物类材料
17	木材	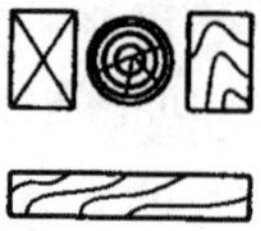	（1）上图为横断面，上左图为垫木、木砖或木龙骨； （2）下图为纵断面
18	胶合板	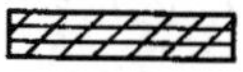	应注明为 × 层胶合板
19	石膏板	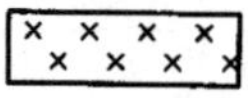	包括圆孔、方孔石膏板、防水石膏板等
20	金属		（1）包括各种金属； （2）图形小时，可涂黑
21	网状材料		（1）包括金属、塑料网状材料； （2）应注明具体材料名称
22	液体	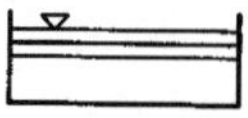	应注明具体液体名称
23	玻璃		包括平板玻璃、磨砂玻璃、夹丝玻璃、钢化玻璃、中空玻璃、加层玻璃、镀膜玻璃等
24	橡胶		
25	塑料		包括各种软、硬塑料及有机玻璃等
26	防水材料		构造层次多或比例大时，采用上面的图例
27	粉刷		本图例采用较稀的点

注：序号 1、2、5、7、8、13、14、16、17、18 图例中的斜线、短斜线、交叉线等均为 45°。

1.5　多层住宅建筑设计说明

本节介绍多层住宅楼建筑设计说明的绘制方法。

1.5.1　设计依据

（1）项目评审意见书。

（2）本工程建设批复，规划选址意见、红线及方案设计的批复。

（3）具体采用的设计规范：

① GB 50045—1995《高层民用建筑设计防火规范》。

② GB 50352—2005《民用建筑设计通则》。

③ GB 50345—2004《屋面工程技术规范》。

④山东省《居住建筑节能设计标准》。

⑤现行的国家有关建筑设计规范规程和规定。

1.5.2　工程概况

（1）本工程技术经济指标见总图。本栋建筑面积 4437.01m^2，建筑占地面积 949.25m^2。

（2）建筑层数、高度：地上 5 层，建筑高度 18.95m。

（3）建筑结构形式为框架结构，合理使用年限为 50 年，抗震设防裂度为六度。

（4）本工程设计标高相当于黄海高程现场定，室内外高差为 150mm。

1.5.3　工程做法

1. 墙体：砌体施工质量控制等级为 B 级

（1）±0.000m 以下砌体使用 MU15 水泥实心砖，M10 水泥砂浆实砌。

（2）±0.000m 以上 240mm 厚墙体采用页岩空心砌块。

（3）±0.000m 以上采用 M5 混合砂浆砌筑。

（4）砌体在 −0.060m 标高处设 20mm 厚 1∶2.5 水泥砂浆防潮层一道，内掺 5% 防水剂。

（5）砖基础左 20mm 厚 1∶2.5 水泥砂浆双面粉刷。

2. 外墙抹灰

弹性涂料墙面（由外至内）做法：

（1）面涂料一遍，高级中层主涂料一遍，封底涂料一遍。

（2）5mm 厚抗裂防渗砂浆压入网格布。

（3）15mm 厚 1∶3 水泥砂浆打底、找平（盖住钢丝网）。

（4）50mm 厚 EPS 保温板（板面喷界面处理剂）。

（5）粘界接层。

（6）240mm 厚的墙体（混凝土梁、柱）。

外装修设计索引详图见立面图：外装饰工程中所用的涂料、面砖（每平方米自重不得超过 30kg，否则做专项外墙设计）及各种附材必须为符合国家规定、规范和标准的合格产品。

外装修部位见轴立面图，要求一次完成，所有外装修材料均应提供多种样品，经业主与建筑师选择确定。外装修罩面材料应质地优良、色泽一致、耐开裂、耐老化、耐污染防水，由承包商提供样品在大面积施工前需做样板，经业主及建筑师同意后方可施工。

承包商进行二次设计轻钢结构、装饰物等，经确认后向建筑设计单位提供预埋件的设置要求。

3. 内墙

1）内墙 1——涂料墙面（卫生间、厨房除外）

（1）奶白防霉环保涂料二道。

（2）6mm 厚 1∶1∶6 水泥石灰砂浆压实赶光。

（3）12mm 厚 1∶1∶6 水泥石灰砂浆打底扫毛。

（4）砖墙。

2）内墙 2——厨房卫生间

（1）面层白水泥擦缝。

（2）6mm 厚 1∶2.5 水泥砂浆罩面扫毛。

（3）12mm 厚 1∶3 水泥石砂浆打底抹平扫毛。

（4）砖墙。

内装修工程执行 GB 50222—1995《建筑内部装修设计防火规范》。

4. 楼地面做法

1）水泥地面（商铺地面）

（1）20mm 厚 1∶2.5 水泥砂浆抹面压实赶光。

（2）水泥浆一道（内掺建筑胶）。

（3）60mm 厚 C15 砼。

（4）150mm 厚碎石。

（5）素土夯实（压实系数 ≥ 0.94）。

2）水泥地面（储藏室）

（1）40mm 厚 C20 细石砼，内配 $\varphi 4@200$ 钢筋。

（2）4mm 厚 SBS 改性沥青涂膜防水层。

（3）40mm 厚 C20 细石砼。

（4）80mm 厚碎石垫层。

（5）素土夯实。

3）水泥楼面（楼梯面层）

（1）20mm 厚 1∶2.5 水泥砂浆面压实赶光。

（2）水泥浆一道（内掺建筑胶）。

（3）现浇钢筋砼楼板。

4）踢脚线（为暗式）

120mm 高 20mm 厚 1∶2 水泥砂浆踢脚线。

5）防水

（1）凡设有地漏房间就应该做防水层，图中未注明整个房间做坡度者，均在地漏周围 1m 范围内做 1% 坡度坡向地漏。

（2）有水房间的楼地面应低于相邻房间 50mm。防水做法：1.5mm 厚聚氨酯防水涂料一道，侧边翻高 250mm。

（3）有水房间四周做 250mm 高 C20 素混凝土防水带，与墙体等宽。卫生间与相邻房间墙面用防水砂浆粉刷。

5. 其他事项说明

（1）内装修选用的各项材料，均有施工单位制作样板和选样，经确认后进行封样，并据此验收。

（2）楼地面部分执行 GB50037—1996《建筑地面设计规范》。

（3）楼地面构造交接处和地坪高度变化处，除图中另有注明者外均位于齐平门扇开启面处。

（4）室内装修：办公室内由用户二次装修，本设计建筑装修仅为用户二次装修创造条件；户内厕浴配件等均有用户自理，管道及位置按各专业施工图预留。

6. 屋面做法

1）保温平屋面（自上至下）

（1）20mm 厚 1∶3 水泥砂浆找平层。

（2）4mm 厚沥青油毡，油毡纸。

（3）35mm 厚 C20 细石混凝土随捣随抹。大于 6m 时设分仓缝，做法参见 LO1J202 第 16 页（配钢筋网片 $\varphi4@150$ 双向）。

（4）65mm 厚挤塑聚苯板保温层。

（5）20mm 厚 1∶3 水泥砂浆找平层。

（6）现浇钢筋砼屋面板。

2）非保温屋面

（1）20mm 厚 1∶25 水泥砂浆找平层。

（2）4mm 厚纸筋灰隔离层。

（3）合成高分子防水卷材。

（4）20mm 厚 1∶2.5 水泥砂浆找平层（掺 2% 防水剂）。

（5）现浇混凝土楼板。

3）保温瓦屋面（自上而下）

（1）混凝土瓦。

（2）挂瓦条 30mm×30mm，中距按照瓦片的规格。

（3）顺水条 30mm×20mm，中距 500mm。

（4）20mm 厚 1∶3 水泥砂浆找平层。

（5）4mm 厚沥青油毡，油毡纸。

（6）35mm 厚 C20 细石混凝土随捣随抹，大于 6m 时设分仓缝，做法参见 LO1J202

第 16 页（配钢筋网片 $\varphi4@150$ 双向）。

（7）65mm 厚挤塑聚苯板保温层。

（8）20mm 厚 1：3 水泥砂浆找平层。

（9）现浇钢筋砼屋面板。

4）天沟

（1）3mm 厚 APP 改性沥青防水卷材（带铝箔）防水层。

（2）附加卷材一层（3mm）。

（3）1：2 水泥砂浆找平。

（4）C15 细混凝土找坡，$i=1\%$（随捣随抹）。

（5）混凝土檐沟。

5）其他注意事项

（1）平屋面排水坡度为 2%，檐沟排水纵坡为 1%。

（2）刚性防水层与立墙、女儿墙以及突出屋面建筑构配件的交接处均为离缝 30mm 内做柔性（聚氯乙烯胶泥）密封处理。

（3）屋面与出屋面墙体及建筑构配件交接处和檐沟内侧，防水层翻起高度 ≥ 250mm（详见节点图）。

（4）屋面分仓缝做法详见《2006 浙 J55》22 页第 4 节点，屋面分仓缝纵横间距 ≤ 6000mm。

7. 天棚抹灰

1）檐沟、雨篷底

（1）1：3 水泥砂浆底。

（2）1：2 水泥砂浆面。

（3）外墙涂料罩面。

2）天棚 1（用于厨卫）

（1）3mm 厚 1：2.5 水泥砂浆找平。

（2）5mm 厚 1：3 水泥砂浆打底扫毛。

（3）素水泥一道（内掺建筑胶）。

（4）钢筋混凝土基层。

3）天棚 2（除了卫生间厨房外）

（1）树脂乳液（乳胶漆）二道饰面。

（2）封底漆一道（干燥后再做面涂）。

（3）3mm 厚 1：0.5：2.5 水泥石灰膏砂浆找平。

（4）5mm 厚 1：0.5：3 水泥石灰膏砂浆打底扫毛。

（5）素水泥砂浆一道（内掺建筑胶）。

（6）钢筋混凝土基层。

8. 室外工程

1）坡道

（1）120mm 厚 C20 细混凝土随捣随抹平。

（2）80mm 厚 C15 素混凝土垫层。

（3）70mm 厚碎石垫层。

（4）素土夯实。

2）外墙散水

散水设伸缩缝，间距为 6m（宽度详见底层平面图），散水坡度为 5%，与勒脚墙间设通长缝，缝宽为 20mm，内均为沥青砂浆填缝。做法选用《浙 J18—95 图集》第 3 页第 4 节点。

9. 外墙门窗防水

（1）铝合金门窗或塑钢窗的安装应采用不锈钢或镀锌卡铁连接，连接构件应固定在窗洞口内侧。

（2）外窗台最高点应比内窗台低 10mm，且应向外做坡 3% 排水。

（3）门窗框与外墙饰面之间留 7mm×5mm（宽×深）的凹槽，嵌填弹性密封胶。

（4）双向钢筋外墙门窗樘与墙体之间缝隙用聚合物水泥砂浆嵌填密实。

10. 门窗

（1）本工程建筑外立面窗塑钢中空玻璃窗（5+9A+5）：选用《07J604》图集，分格及开启部位见选用门窗标准图及门窗立面详图，施工前须现场实测洞口尺寸，经核实调整后再施工安装。

（2）建筑外门窗抗风压性能分级为 3 级，气密性能分级为 3 级，水密性能分级为 3 级，保温性能分级为 6 级，隔声性能分级为 3 级，采光性能分级为 3 级。

（3）凡非标较大尺寸的门窗，生产方需根据需要放大横档断面，以保证安全稳定（包括玻璃厚度）。

（4）门窗玻璃的选用应遵照《建筑玻璃应用技术规程》和《建筑安全玻璃管理规定》中的标准进行。

11. 主管有关部门关于门窗选用及安装的规定

（1）门窗立面均表示洞口尺寸，门窗加工尺寸要按照装修面厚度由承包商予以调整。

（2）内门窗立樘除图中另有注明外，立樘位置为居中。

（3）门窗选料、颜色、玻璃见"门窗表"备注，门窗五金件要求为塑钢构件。

（4）所有门窗面积 >1.5m 的玻璃或玻璃底边离地装修面低于 500mm 的玻璃均采用钢化安全玻璃。

（5）窗台低于 800mm 的窗、飘窗内均设不锈钢防护栏杆，做法详见大样图。

（6）所有窗栏杆和阳台栏杆预埋件做法详见《06J403—1》，第 161 页节点做法。

（7）所有门窗的小五金配件必须齐全，不得遗漏。推拉窗均应加设防窗扇脱落的限位装。

12. 楼梯及栏杆

（1）楼梯栏杆选用《06J403—1》49 页（花饰由甲方另定）。

（2）楼梯护窗栏杆：选自图集 06J403—1，第 77 页 H2 型做法。

（3）护窗栏杆：护窗栏杆选择图集 06J403—1，第 79 页 PB3 型做法。

（4）所有护窗栏杆高度除去可踏面后高度 900mm，临空阳台栏杆高度 1100mm，楼梯栏杆高度、楼梯段高度 900mm，水平段长度大于 500mm，高度为 1100mm；所有楼梯栏杆、护窗栏杆、阳台栏杆垂直杆件间距不得大于 110mm。

（5）楼梯踏步防滑条选自图集 06J403—1，149 页节点 $\boxed{16}$ 做法，其余栏杆、扶手、预埋件等均参照本图集 152 ～ 161 页相关构造的做法。

13. 建筑设备、设施工程

（1）未注明处预留 $\varphi100$ 空调孔，孔底距楼面 2200mm，孔边距墙面或柱边 200mm。

（2）厨房烟道选用 07J916—1 A 型。

14. 油漆及防腐措施

（1）所有预埋件均需做防腐防锈处理，预埋木砖及木构件金属构配件，需水柏油防腐，埋件及管套，除锈后刷防锈漆两道。

（2）外墙涂料及重点部位的油漆颜色等均应事先做出样板，经认可后方可落实和组织大面积施工。

（3）木门油漆由装修另定。

（4）木构件均应涂刷沥青防腐处理。

（5）预埋木砖及贴邻墙体的木质面均做防腐处理，露明铁件均做防锈处理。

（6）楼梯、阳台、平台、护窗栏杆选用深褐色还氧漆，做法（除锈后，除锈等级 St3）如下。

底漆：①铁红还氧漆一道；②还氧腻子刮平打磨。

面漆：①还氧瓷器漆两道；②还氧清漆一道（钢构件除锈后先刷一道防锈漆）。

（7）木扶手油漆（木材选刷非沥青类防腐漆）选用深褐色醇酸调和漆，做法如下。

底漆：①底油一道；②腻子刮平打磨。

面漆：醇酸调和漆三道，磨退出亮。

（8）室内外各项露明金属构件的油漆为：刷防锈漆两道，再做同室内外部位相同颜色油漆，做法如下。

底漆：①铁红还氧底漆一道；②还氧腻子刮平打磨。

面漆：①还氧瓷漆两道；②还氧清漆一道。

（9）油漆工程选用的各项材料，均由施工单位制作样板和选用，经确认后进行封样，并据此验收。

15. 其他事项说明

（1）本设计图所注尺寸，标高以 m 为单位，尺寸均以 mm 为单位，建筑图所注地面、楼面、楼体平台、走廊等标高均为建筑粉刷面标高，平屋面标高为结构板面标高，坡屋面屋脊标高为结构板面标高。

（2）图中所选用标准图中有对结构工种的预埋件、预留洞（楼梯、平台钢栏杆、门窗、建筑配件等），本图所标注的各种留洞与预埋件应与各工种密切配合后，确认无误后方可施工。

（3）两种材料的墙体交接处，应根据饰面材质在做饰面前加钉金属网或在施工中加贴玻璃丝网格布，防止裂缝。

（4）除注明外，所有临空栏杆高度距楼地面面层（可踏面）为 900mm。

（5）门窗过梁图集详见结构说明，荷载等级为二级。

（6）室内外有关主要建筑装修材料及制品均应有主要部门的产品鉴定书和有关部门的测试报告，以确保工程质量，并慎重选择，必要时可由各方共同商定。

（7）本工程卫生间管道均需预留接口，不安装洁具的需做好现场保护，以防堵塞。

（8）梁、柱与填充墙间钉 400mm 宽镀锌钢丝网，1∶2 水泥砂浆掺 5% 防水剂，分两次粉刷，每遍 10mm 厚。

（9）室内门窗洞口与 2000mm 高墙体阳角护角线（为每边 50mm）做法：

① 14mm 厚 1∶3 水泥砂浆底。

② 4mm 厚 1∶2 水泥砂浆面。

（10）严格按图施工，未经设计单位允许，施工中不得随意修改设计，必要时由设计单位出具。施工前应核对有关专业图纸，并应与有关施工安装单位协调施工程序，做好预埋件和设计变更通知。

（11）土建施工过程中，应与水、电、暖通、空调等工种密切配合，避免后凿。若发现有矛盾时，请建设单位、监理公司和施工图部门及时与设计单位取得联系，不得擅自解决。

（12）图中梁、柱、板以结施为准。

（13）除大样图另有标明者外，突出墙面的腰线、檐板、窗台，上部做 3% 的向外排水坡，与墙面交角处做成半径 50mm 的圆角，下部做滴水，如图 1-31 所示。

（14）穿过外墙防水层的管道采用套管法，如图 1-32 所示。

（15）凡本说明及图纸未详尽处，均按国家有关现行规范、规程、规定执行。

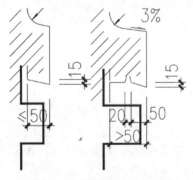

图 1-31 做法标注（一）

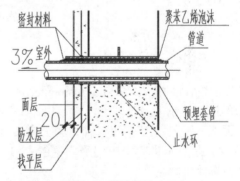

图 1-32 做法标注（二）

16. 图集说明

（1）《03J201—2》平屋面构造。

（2）《03J201—2》坡屋面构造。

（3）《01J304》楼地面建筑构造。

（4）《06J403—1》楼梯、栏杆、栏板。

（5）《02J003》室外工程。

（6）《07J604》塑料门窗。

（7）《03J121—1》外墙外保温建筑构造。

chapter *2*

第 2 章

初识 AutoCAD 2022

AutoCAD 是由美国 Autodesk 公司开发的通用计算机辅助设计软件，使用它可以绘制二维图形和三维图形、标注尺寸、渲染图形以及打印输出图纸等，具有易掌握、使用方便、体系结构开放等优点，广泛应用于机械、建筑、电子、航空等领域。

学习 AutoCAD 2022，首先需要了解 AutoCAD 2022 基本知识，为后面章节的学习奠定坚实的基础。本章主要介绍 AutoCAD 2022 基础知识、AutoCAD 2022 的工作空间以及界面组成等。

2.1 了解 AutoCAD 2022

作为一款广受欢迎的计算机辅助设计（Computer Aided Design，CAD）软件，AutoCAD 2022 在其原有版本的基础上精益求精，功能更为完善。本节将带领读者认识 AutoCAD 2022。

2.1.1 AutoCAD 概述

AutoCAD 的全称是 Auto Computer Aided Design（计算机辅助设计），作为一款通用的计算机辅助设计软件，它可以帮助用户在统一的环境下灵活完成概念和细节设计，并在一个环境下创作、管理和分享设计作品，所以十分适合广大普通用户使用，AutoCAD 是目前世界上应用最广泛的 CAD 软件，市场占有率居世界第一。AutoCAD 软件具有如下特点。

（1）具有完善的图形绘制功能。

（2）具有强大的图形编辑功能。

（3）可以采用多种方式进行二次开发或用户定制。

（4）可以进行多种图形格式的转换，具有较强的数据交换能力。

（5）支持多种硬件设备。

（6）支持多种操作平台。

（7）具有通用性、易用性，适用于各类用户。

与以往版本相比，AutoCAD 2022 又增添了许多强大的功能，从而使 AutoCAD 系统更加完善。虽然 AutoCAD 本身的功能集已经足以协助用户完成各种设计工作，但用户还可以通过 AutoCAD 的脚本语言——AutoLISP 进行二次开发，将 AutoCAD 改造成为满足各专业领域的专用设计工具，包括建筑、机械、电子、室内装潢以及航空航天等工程设计领域。

在建筑、园林、室内等设计领域，利用 AutoCAD 可以绘制出十分精确的工程结构图与施工图，为工程的施工提供了翔实的数据参考，如图 2-1 与图 2-2 所示。

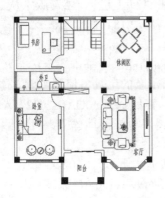

图 2-1　AutoCAD 绘制的建筑平面图　　　　图 2-2　AutoCAD 绘制的建筑立面图

而在机械、电气自动化等工业设计领域，AutoCAD 是一个十分强大的工业产品设计开发平台，除了能绘制如图 2-3 所示的二维设计图纸外，还能制作出如图 2-4 所示的三维模型效果。

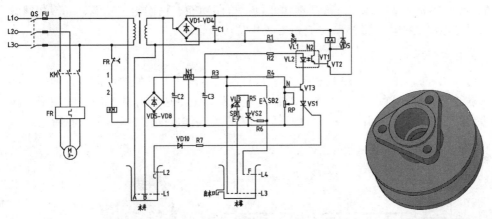

图 2-3　AutoCAD 绘制的电路图　　　　　图 2-4　AutoCAD 绘制的零件三维模型

2.1.2　AutoCAD 发展历程

Autodesk 公司立于 1982 年，在四十余年的发展历程中，该企业不断丰富和完善 AutoCAD 系统，并连续推出新的版本，使 AutoCAD 由一个功能非常有限的绘图软件发展为现在功能强大、性能稳定、市场占有率位居世界第一的系统，在城市规划、建筑、绘测、机械、电子、造船、汽车等行业都得到了广泛的应用。据统计资料，目前世界上有 75% 的设计部门、数百万的用户在应用此软件。

随着技术的不断发展，AutoCAD 的版本也在不断更新。最早期的 AutoCAD 的版本为 1.0，当时没有菜单，命令也只能死记硬背，命令的执行方式类似于 DOS 命令。在此之后依次推出了 1.1、1.2、1.3、1.4 版本，同时也加强了尺寸标注和图形输出等功能。

1984 年，AutoCAD 发行了 2.0 版本。从这个版本开始，AutoCAD 的绘图能力有了很大的提升，同时改善了兼容性，能够在更多种类的硬件上运行。2.N 版本从 1984 年开始，到 1986 年共发行了 5 个版本，依次为 2.0、2.17、2.18、2.5、2.6。

1987 年之后，AutoCAD 结束了 $N.N$ 的版本号形式，改为 RN 形式。从 AutoCAD R9.0 到 R14.0 一共 6 个版本。在此期间，AutoCAD 的功能已经基本齐全，能够适应多种操作环境，实现了与互联网连接和中文操作，无所不及的工具条使操作更方便快捷。

1999 年，Autodesk 公司发布了 AutoCAD 2000，其后至 AutoCAD 2022，Autodesk 公司的开发团队一直在完善着软件的各种功能，为用户更方便地体验人机对话，更简捷地实现与其他软件的衔接而不断努力着。

经过不断的改进和升级，Autodesk 公司正式发布了 AutoCAD 2022。该版本在之前 AutoCAD 2022 的基础上新增了许多强大的功能，从而使 AutoCAD 系统更加完善，将 AutoCAD 改造成为满足各专业领域的专业设计工具，包括建筑、机械、测绘、电子及航空航天等领域。

2.1.3　AutoCAD 2022 基本功能

AutoCAD 2022 功能强大，其基本功能包括绘图功能、精确定位功能、编辑和修改功能、图形输出功能、三维渲染功能和二次开发功能等。

1. 绘图功能

AutoCAD 的【绘图】菜单栏和【绘图】工具栏中包含丰富的绘图命令，使用这些命令可以绘制直线、圆、椭圆、圆弧、曲线、矩形、正多边形等基本的二维图形，还可以通过拉伸、旋转等操作，使二维图形转换为三维实体，如图 2-5 和图 2-6 所示。

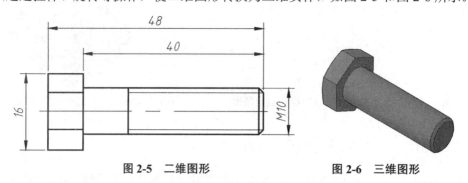

图 2-5　二维图形　　　　　　　　　图 2-6　三维图形

2. 精确定位功能

AutoCAD 提供了坐标输入、对象捕捉、极轴追踪、栅格等功能，能够精确地捕捉点的位置，创建出具有精确坐标与精确形状的图形对象。这是 AutoCAD 与 Windows 画图程序、Photoshop、CorelDraw 等平面绘图软件相比的优势所在。

3. 编辑和修改功能

AutoCAD 的【修改】菜单、功能区和【修改】工具栏提供了平移、复制、旋转、阵列、修剪等修改命令，使用这些命令可相应地修改和编辑已经存在的基本图形，从而绘制出更复杂的图形。

4. 图形输出功能

图形输出主要包括屏幕显示、打印以及保存至 Autodesk 360 等几种形式。同时，也可以将不同类型的文件导入 AutoCAD 中，将图形中的信息转换为 AutoCAD 图形对象，或者转换为一个单一的块对象，这样使得 AutoCAD 的灵活性大大增强。AutoCAD 可以将图形输出为图元文件、位图文件、平版印刷文件、AutoCAD 块和 3DStudio 文件等。

5. 三维渲染功能

AutoCAD 拥有非常强大的三维渲染功能，可以根据不同的需要提供多种显示设置，以及完整的材质贴图和灯光设备，进而渲染出真实的产品效果。

6. 二次开发功能

AutoCAD 自带的 AutoLISP 语言可以让用户自行定义新命令和开发新功能。通过 DXF、IGES 等图形数据接口，可以实现 AutoCAD 和其他系统的集成。此外，AutoCAD 提供了与其他高级编程语言的接口，具有很强的开放性。

2.2　AutoCAD 2022 的启动与退出

正确地安装软件是使用软件前一个必要的工作，安装前必须确保系统配置能达到软件的要求，安装的过程也必须确保无误。软件安装完成后就可以使用软件绘图了，下面介绍 AutoCAD 2022 启动与退出的具体操作方法。

1. 启动 AutoCAD 2022

启动 AutoCAD 有如下几种方法。

（1）【开始】菜单：单击【开始】菜单，在菜单中选择【程序】|【AutoCAD 2022-简体中文（Simplified Chinese）】选项，如图 2-7 所示。

图 2-7　【开始】菜单打开 AutoCAD 2022

（2）桌面：双击桌面上的快捷图标。

（3）双击已经存在的 AutoCAD 图形文件（*.dwg 格式），如图 2-8 所示。

图 2-8　CAD 图形文件

2. 退出 AutoCAD 2022

退出 AutoCAD 有如下几种方法。

（1）命令行：在命令行输入"QUIT/EXIT"。

（2）标题栏：单击标题栏上的【关闭】按钮▣。

（3）菜单栏：执行【文件】|【退出】命令。

（4）快捷键：Alt+F4 或 Ctrl+Q 组合键。

（5）应用程序按钮：单击应用程序按钮，选择【关闭】选项，如图 2-9 所示。

图 2-9　应用程序菜单

　　若在退出 AutoCAD 2022 之前未进行文件的保存，系统会弹出如图 2-10 所示提示对话框。提示使用者在退出软件之前是否保存当前绘图文件。单击【是】按钮，可以进行文件的保存；单击【否】按钮，将不对之前的操作进行保存而退出；单击【取消】按钮，将返回到操作界面，不执行退出软件的操作。

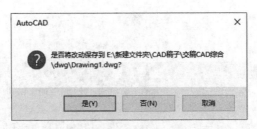

图 2-10　退出提示对话框

2.3　AutoCAD 2022 的工作空间

为了满足不同用户的多方位需求，AutoCAD 2022 提供了 3 种不同的工作空间：草图与注释、三维基础和三维建模。用户可以根据工作需要随时进行切换，AutoCAD 2022 默认工作空间为草图与注释空间。下面分别对 3 种工作空间的特点及其切换方法进行讲解。

2.3.1　选择工作空间

切换工作空间的方法有以下几种。

（1）菜单栏：选择【工具】|【工作空间】菜单命令，在子菜单中选择相应的工作空间，如图 2-11 所示。

（2）状态栏：直接单击状态栏上【切换工作空间】按钮 ⚙，在弹出的子菜单中选择相应的空间类型，如图 2-12 所示。

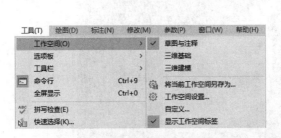

图 2-11　通过菜单栏选择工作空间

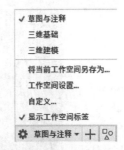

图 2-12　通过切换按钮选择工作空间

2.3.2　草图与注释空间

【草图与注释】工作空间是 AutoCAD 2022 默认的工作空间，该空间用功能区替代了工具栏和菜单栏，这也是目前比较流行的一种界面形式，已经在 Office、Creo、SolidWorks 等软件中得到了广泛的应用。当需要调用某个命令时，需要先切换至功能区下的相应面板，然后再单击面板中的按钮。【草图与注释】工作空间的功能区包含的是最常用的二维图形的绘制、编辑和标注命令，因此非常适合绘制和编辑二维图形时使用，如图 2-13 所示。

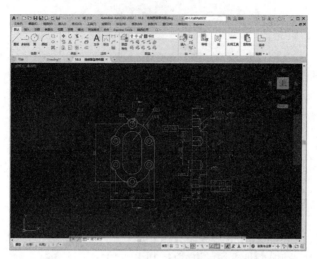

图 2-13　AutoCAD 2022【草图与注释】空间

2.3.3　三维基础空间

【三维基础】空间与【草图与注释】工作空间类似，主要以单击功能区面板按钮的方式调用命令。但【三维基础】空间功能区包含的是基本的三维建模工具，如各种常用三维建模、布尔运算以及三维编辑工具按钮，能够非常方便地创建简单的基本三维模型，如图 2-14 所示。

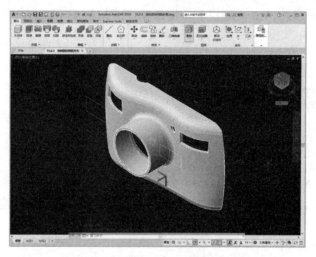

图 2-14　AutoCAD【三维基础】空间

2.3.4　三维建模空间

【三维建模】工作空间适合创建、编辑复杂的三维模型，其功能区集成了【三维建模】【视觉样式】【光源】【材质】和【渲染】等面板，为绘制和观察三维图形、附加材质、创建动画、设置光源等操作提供了非常便利的环境，如图 2-15 所示。

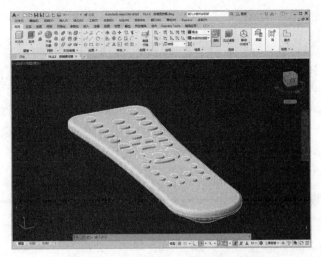

图 2-15　AutoCAD【三维建模】空间

2.4　AutoCAD 2022 工作界面组成

启动 AutoCAD 2022 后即进入如图 2-16 所示的工作空间与界面，该空间类型为【草图与注释】工作空间，该空间提供了十分强大的"功能区"，十分方便初学者的使用。

AutoCAD 2022 操作界面包括标题栏、菜单栏、工具栏、快速访问工具栏、交互信息工具栏、标签栏、功能区、绘图区、光标、坐标系、命令行、状态栏、布局标签、滚动条、状态栏等。

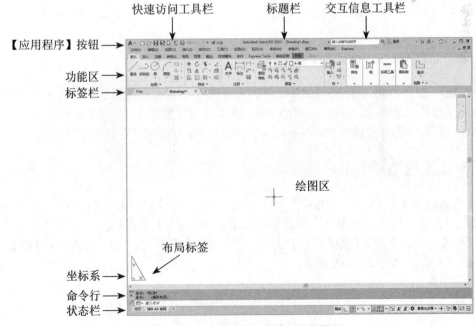

图 2-16　AutoCAD 2022 默认工作界面

2.4.1 【应用程序】按钮

【应用程序】按钮 **A** 位于界面左上角。单击该按钮，系统弹出用于管理 AutoCAD 图形文件的命令列表，包括【新建】【打开】【保存】【另存为】【输出】及【打印】等命令，如图 2-17 所示。

【应用程序】菜单除了可以调用如上所述的常规命令外，调整其显示为"小图像"或"大图像"，然后将鼠标置于菜单右侧排列的【最近使用的文档】名称上，可以快速预览打开过的图像文件内容，如图 2-17 所示。

此外，在【搜索】按钮 🔍 左侧的空白区域内输入命令名称，即会弹出与之相关的各种命令的列表，选择其中对应的命令即可快速执行，如图 2-18 所示。

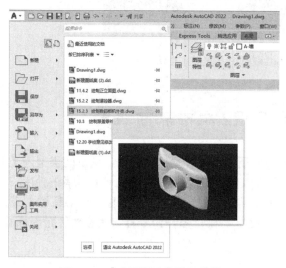

图 2-17 【应用程序】按钮菜单

图 2-18 搜索功能

2.4.2 标题栏

标题栏位于 AutoCAD 窗口的最上端，它显示了系统正在运行的应用程序和用户正打开的图形文件的信息。第一次启动 AutoCAD 时，标题栏中显示的是 AutoCAD 启动时创建并打开的图形文件名 Drawing1.dwg，可以在保存文件时对其进行重命名。

2.4.3 【快速访问】工具栏

【快速访问】工具栏位于标题栏的左上角，它包含最常用的快捷按钮，以方便用户的使用。默认状态下它由 9 个快捷按钮组成，依次为：【新建】□、【打开】☐、【保存】🖫、【另存为】🖫、【从手机打开】🖳、【保存到手机】🖭、【打印】🖶、【重做】➡ 和【放弃】⬅，如图 2-19 所示。

图 2-19 【快速访问】工具栏

2.4.4　菜单栏

菜单栏位于标题栏的下方，与其他 Windows 程序一样，AutoCAD 的菜单栏也是下拉形式的，并在下拉菜单中包含子菜单。AutoCAD 2022 的菜单栏包括 13 个菜单：【文件】【编辑】【视图】【插入】【格式】【工具】【绘图】【标注】【修改】【参数】【窗口】【帮助】、Express，几乎包含所有的绘图命令和编辑命令，其作用分别如下。

文件：用于管理图形文件，例如，新建、打开、保存、另存为、输出、打印和发布等。

编辑：用于对文件图形进行常规编辑，例如，剪切、复制、粘贴、清除、链接、查找等。

视图：用于管理 AutoCAD 的操作界面，例如，缩放、平移、动态观察、相机、视口、三维视图、消隐和渲染等。

插入：用于在当前 AutoCAD 绘图状态下，插入所需的图块或其他格式的文件，例如，PDF 参考底图、字段等。

格式：用于设置与绘图环境有关的参数，例如，图层、颜色、线型、线宽、文字样式、标注样式、表格样式、点样式、厚度和图形界限等。

工具：用于设置一些绘图的辅助工具，例如，选项板、工具栏、命令行、查询和向导等。

绘图：提供绘制二维图形和三维模型的所有命令，例如，直线、圆、矩形、正多边形、圆环、边界和面域等。

标注：提供对图形进行尺寸标注时所需的命令，例如，线性标注、半径标注、直径标注、角度标注等。

修改：提供修改图形时所需的命令，例如，删除、复制、镜像、偏移、阵列、修剪、倒角和圆角等。

参数：提供对图形约束时所需的命令，例如，几何约束、动态约束、标注约束和删除约束等。

窗口：用于在多文档状态时设置各个文档的屏幕，例如，层叠，水平平铺和垂直平铺等。

帮助：提供使用 AutoCAD 2022 所需的帮助信息。

Express：数据输入、输出、查找与替换。

操作技巧：如果需要在这些工作空间中显示菜单栏，可以单击【快速访问】工具栏右端的下拉按钮，在弹出菜单中选择【显示菜单栏】命令。

2.4.5　功能区

功能区是一种智能的人机交互界面，它用于显示与绘图任务相关的按钮和控件，存在于【草图与注释】【三维建模】和【三维基础】空间中。【草图与注释】空间的【功能区】选项板包含【默认】【插入】【注释】【参数化】【视图】【管理】【输出】【布局】等选项卡，如图 2-20 所示。每个选项卡包含若干个面板，每个面板又包含许多由图标表示的命令按钮。系统默认的是【默认】选项卡。

图 2-20　功能区

1.【默认】功能选项卡

【默认】功能选项卡从左至右依次为【绘图】【修改】【注释】【图层】【块】【特性】【组】【实用工具】及【剪贴板】9 大功能面板，如图 2-21 所示。

图 2-21　【默认】功能选项卡

2.【插入】功能选项卡

【插入】功能选项卡从左至右依次为【块】【块定义】【参照】【输入】【数据】【链接和提取】和【位置】7 大功能面板，如图 2-22 所示。

图 2-22　【插入】功能选项卡

3.【注释】功能选项卡

【注释】功能选项卡从左至右依次为【文字】【标注】【中心线】和【引线】4 大功能面板，如图 2-23 所示。

图 2-23　【注释】功能选项卡

4.【参数化】功能选项卡

【参数化】功能选项卡从左至右依次为【几何】【标注】和【管理】3 大功能面板，如图 2-24 所示。

图 2-24　【参数化】功能选项卡

5.【视图】功能选项卡

【视图】功能选项卡从左至右依次为【视口工具】【命名视图】【模型视口】【选项板】和【界面】5 大功能面板，如图 2-25 所示。

图 2-25　【视图】功能选项卡

6.【管理】功能选项卡

【管理】功能选项卡从左至右依次为【动作录制器】【自定义设置】【应用程序】【CAD 标准】和【清理】5 大功能面板，如图 2-26 所示。

图 2-26　【管理】功能选项卡

7.【输出】功能选项卡

【输出】功能选项卡从左至右依次为【打印】和【输出为 DWF/PDF】两大功能面板，如图 2-27 所示。

图 2-27　【输出】功能选项卡

注意：在功能区选项卡中，有些面板按钮右下角有箭头，表示有扩展菜单，单击箭头，扩展菜单会列出更多的工具按钮，如图 2-28 所示的【绘图】面板。

图 2-28　【绘图】扩展面板

2.4.6　工具栏

工具栏是 AutoCAD【草图与注释】工作空间调用命令的主要方式之一，它是图标型工具按钮的集合，工具栏中的每个按钮图标都形象地表示出了该工具的作用。单击这些图标按钮，即可调用相应的命令。

AutoCAD 2022 提供了五十余种已命名的工具栏，如果还需要调用其他工具栏，可使用如下几种方法。

（1）菜单栏：执行【工具】|【工具栏】|AutoCAD 命令，如图 2-29 所示。

（2）快捷键：可以在任意工具栏上单击鼠标右键，在弹出的快捷菜单中进行相应的选择，如图 2-30 所示。

图 2-29　通过标题栏显示工具栏

图 2-30　快捷菜单

提示： 工具栏在【草图与注释】【三维基础】和【三维建模】空间中默认为隐藏状态，但可以通过在这些空间显示菜单栏，然后通过上面介绍的方法将其显示出来。

2.4.7　标签栏

在【草图与注释】工作空间中，【标签栏】位于【功能区】的下方，由【文件选项卡】标签和加号按钮组成。AutoCAD 2022 的标签栏和一般网页浏览器中的标签栏作用相同，每一个新建或打开的图形文件都会在标签栏上显示有一个文件标签，单击某个标签，即可切换至相应的图形文件，单击文件标签右侧的【×】按钮，可以快速将该标签文件关闭，从而方便了多图形文件的管理，如图 2-31 所示。

单击【文件选项卡】右侧的【+】按钮，可以快速新建图形文件。在【标签栏】空白处单击鼠标右键，系统会弹出一个快捷菜单，该菜单各命令的含义如下。

新建：单击【新建】按钮，新建空白文件。

打开：单击【打开】按钮，打开已有文件。

全部保存：保存所有【标签栏】中显示的文件。

全部关闭：关闭【标签栏】中显示的所有文件，但是不会关闭 AutoCAD 2022 软件。

图 2-31　标签栏

2.4.8　绘图区

标题栏下方的大片空白区域即为绘图区，是用户进行绘图的主要工作区域，如图 2-32 所示。绘图区实际上是无限大的，用户可以通过缩放、平移等命令来观察绘图区的图形。有时为了增大绘图空间，可以根据需要关闭其他界面元素，例如，工具栏和选项板等。

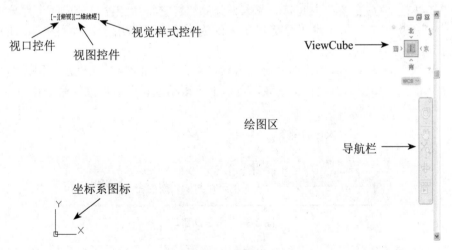

图 2-32　绘图区

图形窗口左上角的三个快捷功能控件，可以快速地修改图形的视图方向和视觉样式。

在图形窗口左下角显示有一个坐标系图标，以方便绘图人员了解当前的视图方向。此外，绘图区还会显示一个十字光标，其交点为光标在当前坐标系中的位置。当移动鼠标时，光标的位置也会相应改变。

绘图窗口右侧显示 ViewCube 工具和导航栏，用于切换视图方向和控制视图。

单击绘图区右上角的【恢复窗口】大小按钮 ▣，可以将绘图区进行单独显示，如图 2-33 所示。此时绘图区窗口显示了【绘图区】标题栏、窗口控制按钮、坐标系、十字光标等元素。

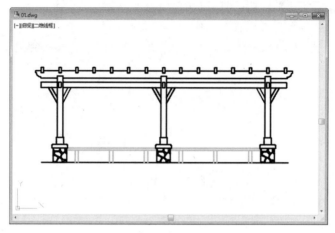

图 2-33　绘图区窗口

2.4.9　命令行与文本窗口

命令行位于绘图窗口的底部，用于接收和输入命令，并显示 AutoCAD 提示信息，如图 2-34 所示。命令窗口中间有一条水平分界线，它将命令窗口分成两个部分：命令行和命令历史窗口。位于水平分界线下方的为命令行，它用于接收用户输入的命令，并显示 AutoCAD 提示信息。

位于水平分界线下方的为命令历史窗口，它含有 AutoCAD 启动后所用过的全部命令及提示信息，该窗口有垂直滚动条，可以上下滚动查看以前用过的命令。

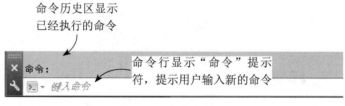

图 2-34　命令行窗口

AutoCAD 文本窗口的作用和命令窗口的作用一样，它记录了对文档进行的所有操作。文本窗口显示了命令行的各种信息，也包括出错信息，相当于放大后的命令行窗口，如图 2-35 所示。

文本窗口在默认界面中没有直接显示，需要通过命令调取，调用文本窗口的方法有如下两种。

（1）菜单栏：执行【视图】|【显示】|【文本窗口】命令。

（2）快捷键：F2 键。

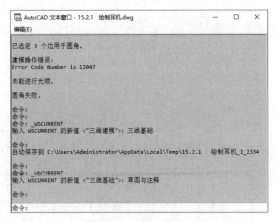

图 2-35　文本窗口

接下来了解命令行窗口的一些常用操作。

（1）将光标移至命令行窗口的上边缘，当光标呈↕形状时，按住鼠标左键向上拖动鼠标可以增加命令行窗口显示的行数，如图 2-36 所示。

（2）鼠标左键按住命令行窗口灰色区域，可以对其进行移动，使其成为浮动窗口，如图 2-37 所示。

图 2-36　增加命令行显示行数　　　　　　　**图 2-37　命令行浮动窗口**

（3）在工作中通常除了可以调整命令行窗口的大小与位置外，在其窗口内单击鼠标右键，选择【选项】命令，单击弹出的【选项】对话框中的【字体】按钮，还可以调整命令行内的字体，如图 2-38 所示。

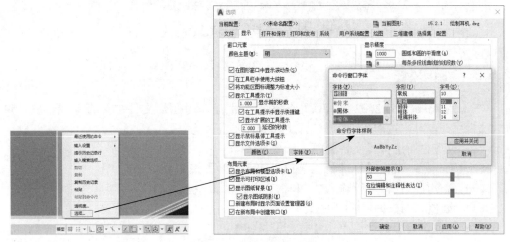

图 2-38　调整命令行字体

2.5　基本文件操作

基本文件管理是软件操作的基础，它包含文件的新建、打开、保存和另存为等操作管理。

2.5.1　新建文件

启动 AutoCAD 2022 后，系统将自动新建一个名为 Drawing1.dwg 的图形文件，该图形文件默认以 acadiso.dwt 为样板创建。用户也可以根据需要自行新建文件。

新建文件有以下几种方法。

（1）菜单栏：选择【文件】|【新建】命令。

（2）工具栏：单击【标准】工具栏上的【新建】按钮□。

（3）命令行：在命令行输入"NEW"并按 Enter 键。

（4）快捷键：按快捷键 Ctrl+N。

（5）快速访问工具栏：单击【新建】按钮□。

执行以上任意一种操作，系统弹出【选择样板】对话框，如图 2-39 所示。选择绘图样板之后，单击【打开】按钮，即可新建文件并进入绘图界面。

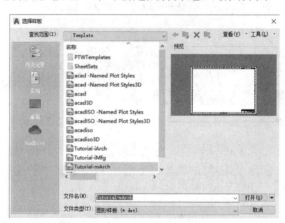

图 2-39　【选择样板】对话框

2.5.2　打开文件

在使用 AutoCAD 2022 进行图形编辑时，常需要对图形文件进行查看或编辑，这时就需要打开相应的图形文件。打开文件有以下几种方法。

（1）菜单栏：选择【文件】|【打开】命令。

（2）工具栏：单击【标准】工具栏上的【打开】按钮◌。

（3）命令行：在命令行输入"OPEN"并按 Enter 键。

（4）快捷键：按快捷键 Ctrl+O。

（5）快速访问工具栏：单击【打开】按钮◌。

执行上述命令后，系统弹出【选择文件】对话框，如图 2-40 所示，在【查找范围】下拉列表框中浏览到文件路径，然后选中需要打开的文件，最后单击【打开】按钮即可。

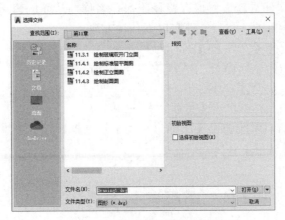

图 2-40　【选择文件】对话框

2.5.3　保存文件

保存文件就是将新绘制或编辑过的文件保存在计算机中，以便再次使用。也可以在绘制图形的过程中随时对图形进行保存，避免意外情况导致文件丢失。保存文件有以下几种方法。

（1）菜单栏：选择【文件】|【保存】命令。

（2）工具栏：单击【标准】工具栏中的【保存】按钮 。

（3）命令行：在命令行输入"SAVE"并按 Enter 键。

（4）快捷键：按快捷键 Ctrl+S。

（5）快速访问工具栏：单击【保存】按钮 。

执行上述命令后，若文件是第一次保存，则会弹出【图形另存为】对话框，如图 2-41 所示。在【保存于】下拉列表框中设置文件的保存路径，在【文件名】下拉列表框中输入文件的名称，最后单击【保存】按钮即可。若文件不是第一次保存，则系统弹出提示对话框，如图 2-42 所示，单击【是】按钮将保存对文件的修改。

图 2-41　【图形另存为】对话框

图 2-42　提示对话框

2.5.4　另存文件

　　另存是将当前文件重新设置保存路径或保存名称，从而创建新的文件，这样不会对打开的原文件产生影响。另存文件有以下几种方法。

　　（1）菜单栏：选择【文件】|【另存为】命令。

　　（2）命令行：在命令行输入"SAVEAS"并按 Enter 键。

　　（3）快捷键：按快捷键 Ctrl+Shift+S。

　　（4）快速访问工具栏：单击【另存为】按钮 。

　　执行上述命令后，系统弹出【图形另存为】对话框，在其中重新设置保存路径或文件名，然后单击【保存】按钮。

2.6　图层的创建和管理

　　图层是 AutoCAD 提供给用户的组织图形的强有力工具。AutoCAD 的图形对象必须绘制在某个图层上，它可能是默认的图层，也可以是用户自己创建的图层。利用图层的特性，如颜色、线型、线宽等，可以非常方便地区分不同的对象。此外，AutoCAD 还提供了大量的图层管理功能（如打开 / 关闭、冻结 / 解冻、加锁 / 解锁等），这些功能使用户在组织图层时非常方便。

2.6.1　创建图层

　　【图层特性管理器】是管理和组织 AutoCAD 图层的强有力工具。在 AutoCAD 2022 中打开【图层特性管理器】有以下几种方法。

　　（1）命令行：在命令行中输入"LAYER/LA"。

　　（2）功能区：单击【图层】面板中的【图层特性】按钮 ，如图 2-43 所示。

　　（3）菜单栏：执行【格式】|【图层】命令，如图 2-44 所示。

图 2-43　【图层特性】按钮　　　　**图 2-44　执行【图层】命令**

　　执行以上任意一种操作后，将弹出如图 2-45 所示的【图层特性管理器】对话框，该对话框主要分为【图层树状区】与【图层设置区】两部分。

　　单击【图层管理器】对话框上方的【新建】按钮 ，可以新建一个图层；单击【删除】按钮 ，可以删除选定的图层。默认情况下，创建的图层会依次以【图层 1】【图层 2】……进行命名。

　　为了更直接地表现该图层上的图形对象，用户可以对所创建的图层重命名。在所创建的图层上单击鼠标右键，系统弹出右键快捷菜单，选择【重命名图层】选项，如图 2-46 所示，或是选中要命名的图层后直接按 F2 键，此时名称文本框呈可编辑状态，输入名称即可。也可以在创建新图层时直接输入新名称。

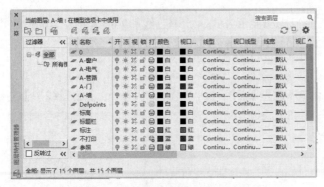

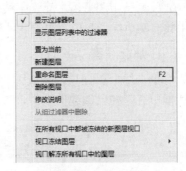

图 2-45　【图层特性管理器】选项板　　　　　　　图 2-46　右键快捷菜单

提示：在为创建的图层命名时，在图层的名称中不能包含通配符（*和？）和空格，也不能与其他图层重名。

AutoCAD 规定以下 4 类图层不能被删除。

（1）0 层和 Defpoints 图层。

（2）当前层。要删除当前层，可以先改变当前层到其他图层。

（3）插入了外部参照的图层。要删除该层，必须先删除外部参照。

（4）包含可见图形对象的图层。要删除该层，必须先删除该图层中所有的图形对象。

2.6.2　设置图层颜色

在实际绘图中，为了区分不同的图层，可将不同图层设置为不同的颜色。图层的颜色是指该图层上面的图形对象的颜色。每个图层都只能设置一种颜色。

新建图层后，要设置图层颜色，可在【图层特性管理器】选项板中单击颜色属性项，系统弹出【选择颜色】对话框，如图 2-47 所示。用户可以根据需要选择所需的颜色，单击【确定】按钮，完成设置图层颜色。

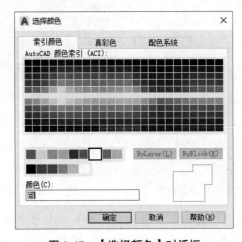

图 2-47　【选择颜色】对话框

2.6.3　设置图层线型

线型是指图形基本元素中线条的组成和显示方式,如中心线和实线等。在 AutoCAD 中既有简单线型,也有由一些特殊的符号组成的复杂线型,以满足用户的使用需求。

1. 加载线型

单击线型属性项,系统弹出【选择线型】对话框。在默认状态下,【选择线型】对话框中有一种已加载的线型,如图 2-48 所示。

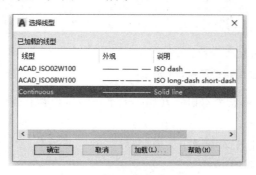

图 2-48　【选择线型】对话框

如果要使用其他线型,必须将其添加到【已加载的线型】列表框中。单击【加载】按钮,系统弹出【加载或重载线型】对话框,如图 2-49 所示,在该对话框中选择相应的线型,单击【确定】按钮,即可完成加载线型。

2. 设置线型比例

在菜单栏中执行【格式】|【线型】命令,系统弹出【线型管理器】对话框,如图 2-50 所示,可设置图形中的线型比例,从而改变非连续线型的外观。

在【线型】列表中选择需要修改的线型,单击【显示细节】按钮,在【详细信息】区域中可以设置线型的【全局比例因子】和【当前对象缩放比例】。其中,【全局比例因子】用于设置图形中所有线型的比例,【当前对象缩放比例】用于设置当前选中线型的比例。

图 2-49　【加载或重载线型】对话框

图 2-50　【线型管理器】对话框

例如,图纸的比例为 1∶50,那么就需要将线型的比例因子设置为 50,这样点画线才能在绘图区域中正确显示。如图 2-51 所示的是同一直线设置不同的"全局比例因子"的显示效果。

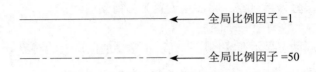

图 2-51　不同全局比例因子效果

2.6.4　设置图层线宽

线宽设置就是改变线条的宽度。在 AutoCAD 中，使用不同宽度的线条表现对象的大小或类型，可以提高图形的表达能力和可读性。

如图 2-52 所示为不同线宽显示的效果。

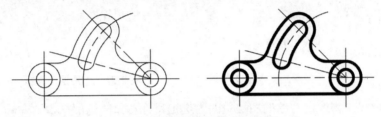

图 2-52　不同线宽显示的效果

要设置图层的线宽，可以单击【图层特性管理器】对话框中的【线宽】属性项，系统弹出【线宽】对话框，如图 2-53 所示，从中选择所需的线宽即可。

执行菜单栏中的【格式】|【线宽】命令，系统弹出【线宽设置】对话框，如图 2-54 所示，通过调整线宽比例，可使图形中的线宽显示的程度变化。

图 2-53　【线宽】对话框

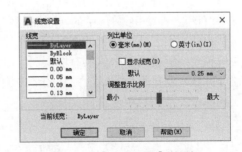

图 2-54　【线宽设置】对话框

2.6.5　使用图层工具管理图层

在 AutoCAD 2022 中，使用图层管理工具可以更加方便地管理图层。执行菜单栏中的【格式】|【图层工具】命令，系统弹出【图层工具】子菜单，如图 2-55 所示。同样，在功能区【默认】选项卡中的【图层】面板中可以调用图层工具命令，如图 2-56 所示。

【图层工具】菜单或者【图层】面板中各命令的含义如下。

将对象的图层置为当前🖉：将图层设置为当前图层。

上一个图层🖉：恢复上一个图层设置。

图层漫游🖳：动态显示在【图层】列表中选择的图层上的对象。

图 2-55　【图层工具】子菜单

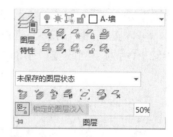

图 2-56　【图层】面板

图层匹配🖉：将选定对象的图层更改为选定目标对象的图层。

更改为当前图层🖉：将选定对象的图层更改为当前图层。

将对象复制到新图层🖉：将图形对象复制到不同的图层。

图层隔离🖉：将选定对象的图层隔离。

将图层隔离到当前视口🖵：将选定对象的图层隔离到当前视口。

取消图层隔离🖉：恢复由【隔离】命令隔离的图层。

图层关闭🖉：将选定对象的图层关闭。

打开所有图层🖉：打开图形中的所有图层。

图层冻结🖉：将选定对象的图层冻结。

解冻所有图层🖉：解冻图形中的所有图层。

图层锁定🖉：锁定选定对象的图层。

图层解锁🖉：解锁图形中的所有图层。

图层合并🖉：合并两个图层，并从图形中删除第一个图层。

图层删除🖉：从图形中永久删除图层。

2.7　视图基本操作

在绘图过程中经常需要对视图进行如平移、缩放、重生成等操作，以方便观察视图和更好地绘图。

2.7.1　视图缩放

视图缩放就是将图形进行放大或缩小，但不改变图形的实际大小。调用【视图缩放】命令的方式有以下几种。

（1）菜单栏：执行【视图】|【缩放】命令，如图 2-57 所示。

（2）工具栏：单击如图 2-58 所示【缩放】工具栏中的按钮。

（3）命令行：在命令行输入"ZOOM/Z"。

图 2-57　【缩放】命令

图 2-58　【缩放】工具栏

各种缩放方式的含义如下。

1. 全部缩放

全部缩放是最大化显示整个模型空间的所有图形对象（包括绘图界限范围内和范围外的所有对象）和视图辅助工具（例如，栅格），缩放前后对比效果如图 2-59 所示。

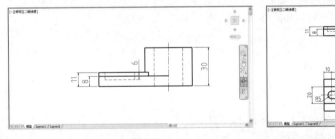

（a）缩放前

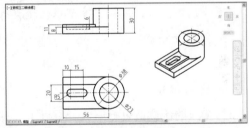

（b）缩放后

图 2-59　全部缩放前后对比

2. 中心缩放

以指定点为中心点，整个图形按照指定的缩放比例缩放，而这个点在缩放操作之后将成为新视图的中心点。命令行的提示如下。

```
命令：ZOOM↙                              // 调用缩放命令
指定窗口的角点，输入比例因子 (nX 或 nXP)，或者
[全部 (A)/中心 (C)/动态 (D)/范围 (E)/上一个 (P)/比例 (S)/窗口 (W)/对象 (O)] <实
时 >：c↙                                 // 激活中心缩放
指定中心点：                             // 指定一点作为新视图显示的中心点
输入比例或高度 <当前值 >：                // 输入比例或高度
```

"当前值"就是当前视图的纵向高度。如果输入的高度值比当前值小，则视图将放大；若输入的高度值比当前值大，则视图将缩小。缩放系数等于"当前窗口高度/输入高度"的比值。也可以直接输入缩放系数，或者后跟字母 X 或 XP，含义同"比例"缩放。

3. 动态缩放

对图形进行动态缩放。选择该选项后，绘图区将显示几个不同颜色的方框，拖动鼠标移动当前视区框到所需位置，单击鼠标左键调整大小后回车，即可将当前视区框内的图形最大化显示。如图 2-60 所示为动态缩放前后的对比效果。

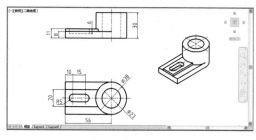 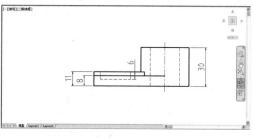

（a）缩放前　　　　　　　　　　　　　（b）缩放后

图 2-60　动态缩放前后对比

4. 范围缩放

单击该按钮使所有图形对象最大化显示，充满整个视口。视图包含已关闭图层上的对象，但不包含冻结图层上的对象。

操作技巧：双击鼠标中键可以快速进行视图范围缩放。

5. 缩放上一个

恢复到前一个视图显示的图形状态。

6. 比例缩放

按输入的比例值进行缩放。有以下 3 种输入方法。

（1）直接输入数值，表示相对于图形界限进行缩放。

（2）在数值后加 X，表示相对于当前视图进行缩放。

（3）在数值后加 XP，表示相对于图纸空间单位进行缩放。

如图 2-61 所示为当前视图缩放 2 倍后对比效果。

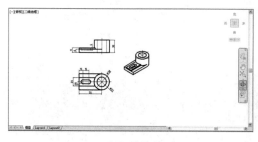 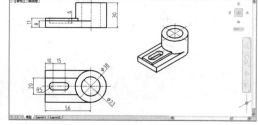

（a）缩放前　　　　　　　　　　　　　（b）缩放后

图 2-61　比例缩放前后对比

7. 窗口缩放

窗口缩放命令可以将指定的矩形窗口范围内图形充满当前视窗。执行窗口缩放操作后，用光标确定窗口对角点，这两个角点确定了一个矩形框窗口，系统将矩形框窗口内的图形放大至整个屏幕，如图 2-62 所示。

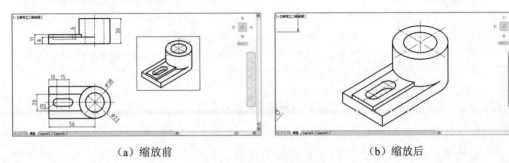

（a）缩放前　　　　　　　　　　　　（b）缩放后

图 2-62　窗口缩放前后对比

8. 对象缩放

用于将选择的图形对象最大限度地显示在屏幕上，如图 2-63 所示为将俯视图图形缩放前后对比效果。

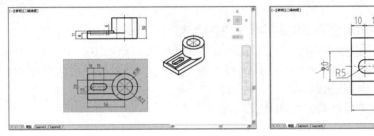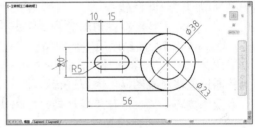

（a）缩放前　　　　　　　　　　　　（b）缩放后

图 2-63　对象缩放前后对比

9. 实时缩放

该项为默认选项。执行缩放命令后直接回车即可使用该选项。在屏幕上会出现一个 ⌕⁺ 形状的光标，按住鼠标左键向上或向下移动，则可实现图形的放大或缩小。

操作技巧：滚动鼠标滚轮，可以快速地实时缩放视图。

10. 放大

单击该按钮一次，视图中的实体显示比当前视图大一倍。

11. 缩小

单击该按钮一次，视图中的实体显示比当前视图小一半。

2.7.2　视图平移

视图平移即不改变视图的大小，只改变其位置，以便观察图形的其他组成部分，如图 2-64 所示。图形显示不全面，且部分区域不可见时，就可以使用视图平移。

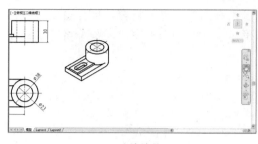
（a）缩放前

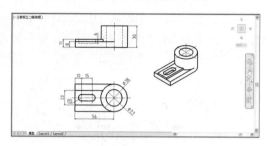
（b）缩放后

图 2-64　视图平移前后对比

调用平移视图命令的方法如下。

（1）菜单栏：选择【视图】|【平移】菜单命令，然后在弹出的子菜单中选择相应的命令。

（2）工具栏：单击【标准】工具栏上的【实时平移】按钮。

（3）命令行：在命令行中输入"PAN/P"。

视图平移可以分为【实时平移】和【定点平移】两种，其含义如下。

（1）实时平移：光标形状变为手形，按住鼠标左键拖动可以使图形的显示位置随鼠标向同一方向移动。

（2）定点平移：通过指定平移起始点和目标点的方式进行平移。

【上】【下】【左】【右】四个平移命令表示将图形分别向左、右、上、下方向平移一段距离。必须注意的是，该命令并不是真的移动图形对象，也不是真正改变图形，而是通过位移对视图显示区域进行平移。

操作技巧：按住鼠标滚轮拖动，可以快速进行视图平移。

2.7.3　使用导航栏

导航栏是一种用户界面元素，是一个视图控制集成工具，用户可以从中访问通用导航工具和特定于产品的导航工具。单击视口左上角的"[-]"标签，在弹出菜单中选择【导航栏】选项，可以控制导航栏是否在视口中显示，如图 2-65 所示。

导航栏中有以下通用导航工具。

ViewCube：指示模型的当前方向，并用于重定向模型的当前视图。

SteeringWheels：用于在专用导航工具之间快速切换的控制盘集合。

ShowMotion：用户界面元素，为创建和回放电影式相机动画提供屏幕显示，以便进行设计查看、演示和书签样式导航。

3Dconnexion：一套导航工具，用于使用 3Dconnexion 三维鼠标重新设置模型当前视图的方向。

导航栏中有以下特定于产品的导航工具，如图 2-66 所示。

（1）平移：沿屏幕平移视图。

（2）缩放工具：用于增大或减小模型的当前视图比例的导航工具集。

（3）动态观察工具：用于旋转模型当前视图的导航工具集。

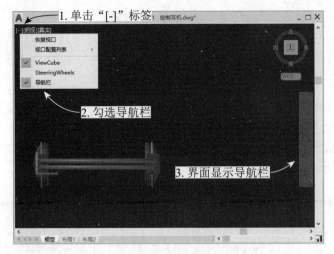

图 2-65　使用导航栏　　　　　　　　　　　　　　　　图 2-66　导航工具

2.7.4　命名视图

命名视图是将某些视图范围命名保存下来，供以后随时调用。调用【命名视图】命令的方式有以下几种。

（1）菜单栏：执行【视图】|【命名视图】命令，如图 2-67 所示。

（2）工具栏：单击【视图】工具栏中的【命名视图】按钮 ⊡。

（3）命令行：在命令行输入"VIEW/V"。

执行上述任一命令后，将打开如图 2-68 所示的【视图管理器】对话框，可以在其中进行视图的命名和保存。

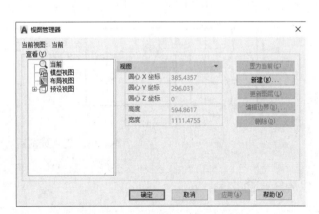

图 2-67　菜单栏调用【命名视图】命令　　　　　图 2-68　【视图管理器】对话框

2.7.5　刷新视图

在 AutoCAD 中，某些操作完成后，其效果往往不会立即显示出来，或者在屏幕上留下绘图的痕迹与标记。因此，需要通过刷新视图重新生成当前图形，以观察到最新的编辑效果。

视图刷新的命令主要有两个：【重画】命令和【重生成】命令。这两个命令都是自动完成的，不需要输入任何参数，也没有可选选项。

1. 重画视图

AutoCAD 常用数据库以浮点数据的形式存储图形对象的信息，浮点格式精度高，但计算时间长。AutoCAD 重生成对象时，需要把浮点数值转换为适当的屏幕坐标。因此对于复杂图形，重新生成需要花很长的时间。为此软件提供了【重画】这种速度较快的刷新命令。重画只刷新屏幕显示，因而生成图形的速度更快。执行【重画】命令有以下几种方法。

（1）菜单栏：选择【视图】|【重画】命令。

（2）命令行：REDRAWALL 或 RADRAW 或 RA。

在命令行中输入"REDRAW"并按 Enter 键，将从当前视口中删除编辑命令留下来的点标记；而输入"REDRAWWALL"并按 Enter 键，将从所有视口中删除编辑命令留下来的点标记。

2. 重生成视图

AutoCAD 使用时间太久或者图纸中内容太多，有时就会影响到图形的显示效果，让图形变得很粗糙，这时就可以用到【重生成】命令来恢复。【重生成】命令不仅重新计算当前视图中所有对象的屏幕坐标，并重新生成整个图形，还重新建立图形数据库索引，从而优化显示和对象选择的性能。执行【重生成】命令有以下几种方法。

（1）菜单栏：选择【视图】|【重生成】命令。

（2）命令行：REGEN 或 RE。

【重生成】命令仅对当前视图范围内的图形执行重生成，如果要对整个图形执行重生成，可选择【视图】|【全部重生成】命令。重生成的效果如图 2-69 所示。

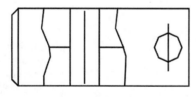 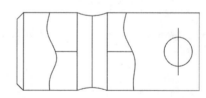

（a）重生成前　　　　　　　　　　　　　（b）重生成后

图 2-69　重生成前后对比

2.7.6　命名视口

命名视口用于给新建的视口命名。调用该命令的方法如下。

（1）菜单栏：执行【视图】|【视口】|【命名视口】命令。

（2）命令行：在命令行输入"VPORTS"。

（3）工具栏：单击【视口】工具栏中的【视口】按钮。

（4）功能区：在【视图】选项卡中，单击【视口模型】面板中的【命名】按钮。

执行上述操作后，系统将打开如图 2-70 和 1-71 所示的【视口】对话框的【命名视口】选项卡。该选项卡用来显示保存的视口配置,【预览】显示框用来预览备选择的视口配置。

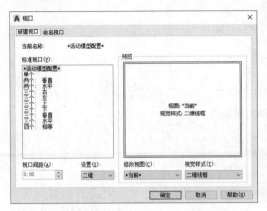

图 2-70　【新建视口】选项卡

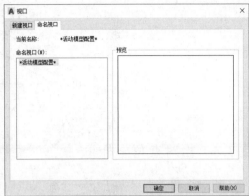

图 2-71　【命名视口】选项卡

2.8　认识 AutoCAD 中的坐标系

AutoCAD 的图形定位,主要是由坐标系统进行确定。要想正确、高效地绘图,必须先了解 AutoCAD 坐标系的概念和坐标输入方法。在指定坐标点时,既可以使用直角坐标,也可以使用极坐标。在 AutoCAD 中,一个点的坐标有绝对直角坐标、绝对极坐标、相对直角坐标和相对极坐标 4 种方法表示。

2.8.1　绝对直角坐标

绝对直角坐标是指相对于坐标原点(0,0)的直角坐标,要使用该指定方法指定点,应输入逗号隔开的 X、Y 和 Z 值,即用(X,Y,Z)表示。当绘制二维平面图形时,其 Z 值为 0,可省略而不必输入,仅输入 X、Y 值即可,如图 2-72 所示。

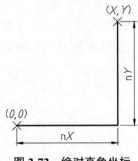

图 2-72　绝对直角坐标

2.8.2　绝对极坐标

该坐标方式是指相对于坐标原点(0,0)的极坐标。例如,坐标(12<30)是指从 X

轴正方向逆时针旋转 30°，距离原点 12 个图形单位的点，如图 2-73 所示。在实际绘图工作中，由于很难确定与坐标原点之间的绝对极轴距离，因此该方法使用较少。

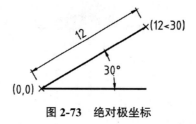

图 2-73　绝对极坐标

2.8.3　相对直角坐标

相对直角坐标是基于上一个输入点而言，以某点相对于另一特定点的相对位置来定义该点的位置。相对特定坐标点（X，Y，Z）增加（nX，nY，nZ）的坐标点的输入格式为（@nX，nY，nZ）。相对坐标输入格式为（@X,Y），"@"符号表示使用相对坐标输入，是指定相对于上一个点的偏移量，如图 2-74 所示。

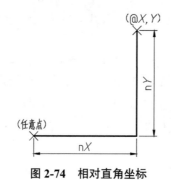

图 2-74　相对直角坐标

2.8.4　相对极坐标

以某一特定点为参考极点，输入相对于参考极点的距离和角度来定义一个点的位置。相对极坐标输入格式为（@A< 角度），其中，A 表示指定与特定点的距离。例如，坐标（@14<45）是指相对于前一点角度为 45°，距离为 14 个图形单位的一个点，如图 2-75 所示。

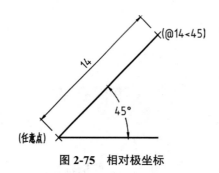

图 2-75　相对极坐标

2.9 自定义绘图环境

绘图环境指的是绘图的单位、图纸的界限、绘图区的背景颜色等。本章将介绍这些设置方法，而且可以将大多数设置保存在一个样板中，这样就无须每次绘制新图形时重新进行设置。

2.9.1 设置绘图单位

在绘制图形前，一般需要先设置绘图单位，例如，绘图比例设置为 1∶1，则所有图形的尺寸都会按照实际绘制尺寸来标出。设置绘图单位，主要包括长度和角度的类型、精度和起始方向等内容。

设置图形单位主要有以下两种方法。

（1）菜单栏：选择【格式】|【单位】命令。

（2）命令行：输入"UNITS/UN"。

执行上述任一命令后，系统弹出如图 2-76 所示的【图形单位】对话框。该对话框中各选项的含义如下。

【长度】：用于选择长度单位的类型和精确度。

【角度】：用于选择角度单位的类型和精确度。

【顺时针】复选框：用于设置旋转方向。如选中此选项，则表示按顺时针旋转的角度为正方向，未选中则表示按逆时针旋转的角度为正方向。

【插入时的缩放单位】：用于选择插入图块时的单位，也是当前绘图环境的尺寸单位。

【方向】按钮：用于设置角度方向。单击该按钮将弹出如图 2-77 所示的【方向控制】对话框，在其中可以设置基准角度，即设置 0°角。

图 2-76 【图形单位】对话框

图 2-77 【方向控制】对话框

2.9.2 设置绘图区域

绘图界限是在绘图空间中假想的一个绘图区域，用可见栅格进行标示。图形界限相当于图纸的大小，一般根据国家标准关于图幅尺寸的规定设置。当打开图形界限边界检验功能时，一旦绘制的图形超出了绘图界限，系统将发出提示，并不允许绘制超出图形界限范围的点。

可以使用以下两种方式调用图形界限命令。

（1）命令行：输入"LIMITS"。

（2）菜单栏：选择【格式】|【图形界限】命令。

下面以设置 A3 大小图形界限为例，介绍绘图界限的设置方法，具体操作步骤如下。

（1）单击【快速访问】工具栏中的【新建】按钮▣，新建图形文件。在命令行中输入"LIMITS"并按 Enter 键，设置图形界限，命令行操作过程如下。

```
命令:LIMITS✓                                      // 调用【图形界限】命令
重新设置模型空间界限:
指定左下角点或 [ 开 (ON) / 关 (OFF)]<0.000,0.000>:✓    // 按空格键或者 Enter 键
// 默认坐标原点为图形界限的左下角点。此时若选择 ON 选项，则绘图时图形不能超出图形界限，若超
// 出系统不予绘出，选 OFF 则准予超出界限图形
指定右上角点:420.000,297.000✓                       // 输入图纸长度和宽度值，
// 按 Enter 键确定，再按 Esc 键退出，完成图形界限设置
```

（2）再双击鼠标滚轮，使图形界限最大化显示在绘图区域中，然后单击状态栏中的【栅格显示】按钮▦，即可直观地观察到图形界限范围。

（3）结束上述操作后，显示超出界限的栅格。此时可在【栅格显示】按钮▦上右击，选择【网格设置】选项，打开如图 2-78 所示的【草图设置】对话框，取消勾选【显示超出界限的栅格】复选框。单击【确定】按钮退出，结果如图 2-79 所示。

图 2-78   【草图设置】对话框

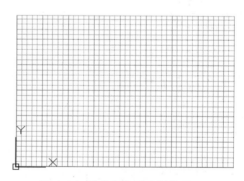

图 2-79   取消超出界限栅格显示

2.10   课堂练习：保存图形样板

保存为图形样板，便可以在创建新文件时进行调用，样板文件中会保存有设置好

的图层、标注、块等样式。

（1）按快捷键 Ctrl+S，打开【图形另存为】对话框，单击对话框下方的【文件类型】下拉列表符号 ▼，如图 2-80 所示。

（2）展开【文件类型】下拉列表，在其中选择【AutoCAD 图形样板（*.dwt）】选项，如图 2-81 所示。

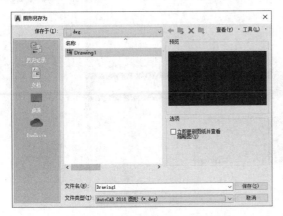

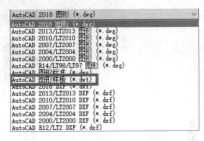

图 2-80　【图形另存为】对话框　　　　图 2-81　选择保存为图形样板

（3）选择完毕后，系统自动将对话框中的文件路径跳转为图形样板文件所在的文件夹，然后输入要保存的文件名，如"XX 专用"，如图 2-82 所示。

（4）设置完成后，系统弹出【样板选项】对话框，在其中设置好说明和图形单位，再单击【确定】按钮即可保存，如图 2-83 所示。

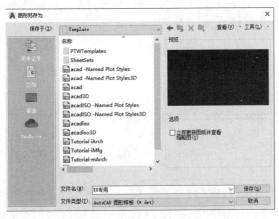

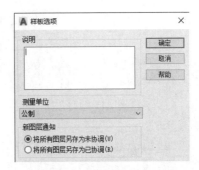

图 2-82　输入新文件名　　　　　图 2-83　【样板选项】对话框

2.11　课堂练习：通过帮助文件学习命令

（1）在标题栏上单击【单击此处访问帮助】按钮 🔍 或按功能键 F1 键，打开 AutoCAD 帮助系统，如图 2-84 所示。

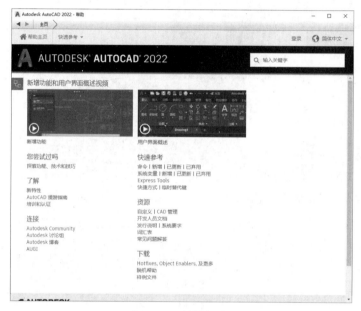

图 2-84　单击【单击此处访问帮助】按钮

（2）在帮助页面的右上角【搜索】文本框中输入命令并回车。

（3）在搜索结果中选择命令列表项，即可浏览该命令详细的帮助信息，如图 2-85
所示。

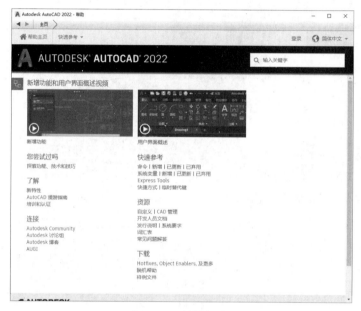

图 2-85　浏览帮助

2.12　课后练习

1. 填空题

（1）AutoCAD 图形文件的格式是＿＿＿＿＿＿，AutoCAD 2022 输出的文件格式主要有＿＿＿＿＿、＿＿＿＿＿、＿＿＿＿＿、＿＿＿＿＿、＿＿＿＿＿等。

（2）AutoCAD 2022 默认的工作空间为【草图与注释】空间。其界面主要由＿＿＿＿＿、＿＿＿＿＿、快速访问工具栏、绘图区、命令行窗口和状态栏等元素组成。

（3）在命令行执行＿＿＿＿＿命令可以打开 AutoCAD 文本窗口。

（4）在执行命令的过程中，可以随时按＿＿＿＿＿键终止命令。

2. 实例题

打开【布局】选项卡，将模型空间切换到图纸空间。

第3章

绘制基本二维图形

任何复杂的图形都可以分解成多个基本的二维图形，这些图形包括点、直线、圆、多边形、圆弧和样条曲线等，AutoCAD 2022 为用户提供了丰富的绘图功能，用户可以非常轻松地绘制这些图形。通过本章的学习，用户将会对 AutoCAD 平面图形的绘制方法有一个全面的了解和认识，并能熟练掌握常用的绘图命令。

3.1 绘制点

点是所有图形中最基本的图形对象，可以用来作为捕捉和偏移对象的参考点。在 AutoCAD 2022 中，可以通过单点、多点、定数等分和定距等分 4 种方法创建点对象。

3.1.1 点样式

从理论上来讲，点是没有长度和大小的图形对象。在 AutoCAD 中，系统默认情况下绘制的点显示为一个小圆点，在屏幕中很难看清，因此可以使用【点样式】设置，调整点的外观形状，也可以调整点的尺寸大小，以便根据需要，让点显示在图形中。在绘制单点、多点、定数等分点或定距等分点之后，经常需要调整点的显示方式，以方便对象捕捉，绘制图形。

执行【点样式】命令的方法有以下几种。

（1）功能区：单击【默认】选项卡【实用工具】面板中的【点样式】按钮 ⁑ 点样式... ，如图 3-1 所示。

（2）菜单栏：选择【格式】|【点样式】命令。

（3）命令行：DDPTYPE。

执行该命令后，将弹出如图 3-2 所示的【点样式】对话框，可以在其中设置共计 20 种点的显示样式和大小。

图 3-1　面板中的【点样式】按钮　　图 3-2　【点样式】对话框

对话框中各选项的含义说明如下。

【点大小】文本框：用于设置点的显示大小，与下面的两个选项有关。

【相对于屏幕设置大小】单选按钮：用于按 AutoCAD 绘图屏幕尺寸的百分比设置点的显示大小，在进行视图缩放操作时，点的显示大小并不改变，在命令行输入"RE"命令即可重生成，始终保持与屏幕的相对比例，如图 3-3 所示。

【按绝对单位设置大小】单选按钮：使用实际单位设置点的大小，同其他的图形元素（如直线、圆），当进行视图缩放操作时，点的显示大小也会随之改变，如图 3-4 所示。

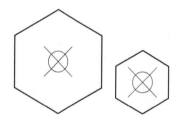 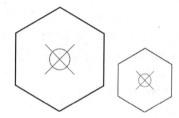

图 3-3　视图缩放时点大小相对于屏幕不变　　图 3-4　视图缩放时点大小相对于图形不变

3.1.2　创建单点和多点

在 AutoCAD 2022 中，点的绘制通常使用【多点】命令来完成，【单点】命令已不太常用。

1. 单点

绘制单点就是执行一次命令只能指定一个点，指定完后自动结束命令。执行【单点】命令有以下几种方法。

（1）菜单栏：选择【绘图】|【点】|【单点】命令，如图 3-5 所示。

（2）命令行：POINT 或 PO。

设置好点样式之后，选择【绘图】|【点】|【单点】命令，根据命令行提示，在绘图区任意位置单击，即完成单点的绘制，结果如图 3-6 所示。命令行操作如下。

```
命令：_point
当前点模式：PDMODE=33  PDSIZE=0.0000
指定点：                    // 在任意位置单击放置点，放置后便自动结束【单点】命令
```

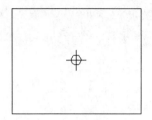

图 3-5　菜单栏中的【单点】命令　　　　图 3-6　绘制单点效果

2. 多点

绘制多点就是指执行一次命令后可以连续指定多个点，直到按 Esc 键结束命令。执行【多点】命令有以下几种方法。

（1）功能区：单击【绘图】面板中的【多点】按钮⁚∵，如图 3-7 所示。

（2）菜单栏：选择【绘图】|【点】|【多点】命令。

设置好点样式之后，单击【绘图】面板中的【多点】按钮⁚∵，根据命令行提示，在绘图区任意 6 个位置单击，按 Esc 键退出，即可完成多点的绘制，结果如图 3-8 所示。命令行操作如下。

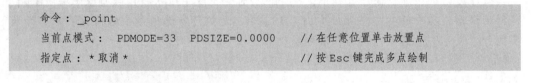

```
命令：_point
当前点模式：PDMODE=33  PDSIZE=0.0000        // 在任意位置单击放置点
指定点：＊取消＊                          // 按 Esc 键完成多点绘制
```

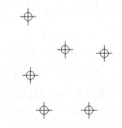

图 3-7　【绘图】面板中的【多点】按钮　　　图 3-8　绘制多点效果

3.1.3　定数等分

定数等分是将对象按指定的数量分为等长的多段，并在各等分位置生成点。执行【定数等分】命令的方法有以下几种。

（1）功能区：单击【绘图】面板中的【定数等分】按钮 ⤢，如图 3-9 所示。

（2）菜单栏：选择【绘图】|【点】|【定数等分】命令。

（3）命令行：DIVIDE 或 DIV。

执行该命令后，先选择需要被等分的对象，然后再输入等分的段数即可，相关命令行提示如下。

命令：_divide　　　　　// 执行【定数等分】命令
选择要定数等分的对象：　　// 选择要等分的对象，可以是直线、圆、圆弧、样条曲线、多段线
输入线段数目或 [块（B）]：　// 输入要等分的段数

命令子选项说明如下。

【输入线段数目】：该选项为默认选项，输入数字即可将被选中的图形进行平分，如图 3-10 所示。

【块（B）】：该命令可以在等分点处生成用户指定的块，如图 3-11 所示。

 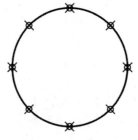 

图 3-9　【绘图】面板中的【定数等分】按钮　　图 3-10　以点定数等分　　图 3-11　以块定数等分

操作技巧：在命令操作过程中，命令行有时会出现【输入线段数目或 [块（B）]】这样的提示，其中的英文字母如【块（B）】等，是执行各选项命令的输入字符。如果要执行【块（B）】选项，只需在该命令行中输入"B"即可。

3.1.4　定距等分

定距等分是将对象分为长度为指定值的多段，并在各等分位置生成点。执行【定距等分】命令的方法有以下几种。

（1）功能区：单击【绘图】面板中的【定距等分】按钮 ，如图 3-12 所示。

（2）菜单栏：选择【绘图】|【点】|【定距等分】命令。

（3）命令行：MEASURE 或 ME。

执行该命令后，选择要等分的对象，其命令行提示如下。

命令：_measure　　　　　// 执行【定距等分】命令
选择要定距等分的对象：　　// 选择要等分的对象，可以是直线、圆、圆弧、样条曲线、多段线
指定线段长度或 [块（B）]：　// 输入要等分的单段长度

命令子选项说明如下。

【指定线段长度】：该选项为默认选项，输入的数字即为分段的长度，如图 3-13 所示。

【块（B）】：该命令可以在等分点处生成用户指定的块。

图 3-12　【定距等分】按钮

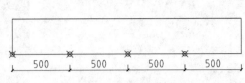

图 3-13　定距等分效果

执行等分点命令时，选择【块（B）】选项，表示在等分点处插入指定的块，操作效果如图 3-14 所示，命令行操作如下。相比于【阵列】操作，该方法有一定的灵活性。

命令：_divide	// 执行【定距等分】命令
选择要定数等分的对象：	// 选择要等分的对象，如图 3-14 中的样条曲线
输入线段数目或 [块(B)]：B↙	// 执行【块（B）】选项
输入要插入的块名：1↙	// 输入要插入的块名称，如 1
是否对齐块和对象？[是(Y)/否(N)] <Y>：↙	// 默认对齐
输入线段数目：12↙	// 输入【块（B）】等分的数量

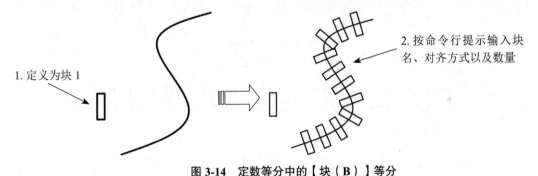

图 3-14　定数等分中的【块（B）】等分

3.2　课堂练习：绘制标准游泳池

游泳池是游泳运动的场地，可以在里面活动或比赛。多数游泳池建在地面，根据水温可分为一般游泳池和温水游泳池。

游泳池分为室内、室外两种。正式比赛的游泳池长为 50m、宽至少为 21m、水深 1.8m 以上。供游泳、跳水和水球综合使用的游泳池，水深 1.3 ～ 3.5m；设 10m 跳台的游泳池，水深应为 5m。游泳池的水温应保持在 27 ～ 28℃，应有过滤和消毒设备，以保持池水清洁。

此外，在公共游泳池的周围还应该设置救生员的位置，以便及时发现险情，实施救援。

如图 3-15 所示为室外游泳池及室内游泳池。

图 3-15 游泳池

本节介绍游泳池平面图的绘制方法。

（1）调用 REC【矩形】命令，绘制矩形以表示游泳池的外轮廓；调用 X【分解】命令，分解矩形；调用 O【偏移】命令，向内偏移矩形边；调用 TR【修剪】命令，修剪线段，结果如图 3-16 所示。

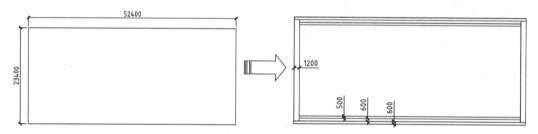

图 3-16 偏移矩形边

（2）选择待打断的边，在【修改】工具栏上单击【打断】按钮，指定 A 点为打断点可完成打断操作；按 Enter 键，重复调用【打断】命令，指定 B 点为打断点，完成的打断操作如图 3-17 所示。

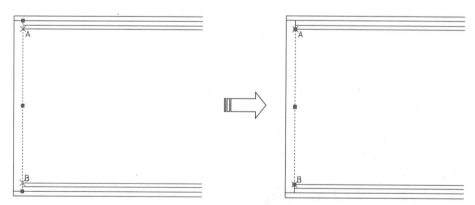

图 3-17 打断线段

（3）调用 DIV【定距等分】命令，选择经打断操作得到的线段，指定线段长度为2500，可完成定距等分操作；调用 L【直线】命令，以等分点为起点绘制直线，结果如图 3-18 所示。

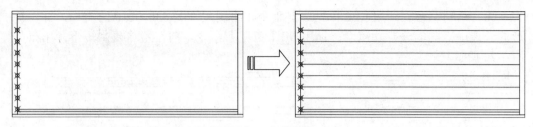

图 3-18　绘制直线

（4）绘制泳道。调用 O【偏移】命令，偏移线段；调用 TR【修剪】命令，修剪线段；调用 DIV【定距等分】命令，设置线段长度为 2500，对线段执行等分操作，结果如图 3-19 所示。

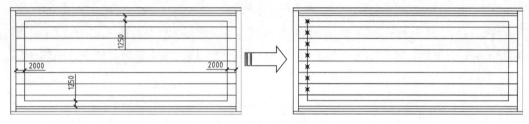

图 3-19　定距等分

（5）调用 L【直线】命令，以等分点为第一个点绘制直线；调用 E【删除】命令，删除直线，结果如图 3-20 所示。

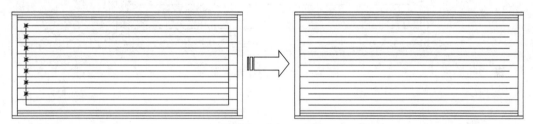

图 3-20　删除直线

（6）调用 L【直线】命令，绘制长度为 1000 的垂直线段；调用 M【移动】命令，移动直线，使垂直线段的中点与水平线段的端点重合。

（7）调用 ME【定数等分】命令，选择右侧的线段，设置等分数目为 9，定数等分操作的结果如图 3-21 所示。

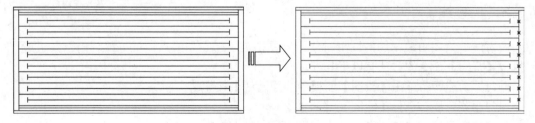

图 3-21　定数等分

（8）绘制跳台。调用 REC【矩形】命令，绘制尺寸为 838×610 的矩形，并使矩形的长边中点与等分点相重合；调用 MI【镜像】命令，向左镜像复制矩形，结果如图 3-22 所示。

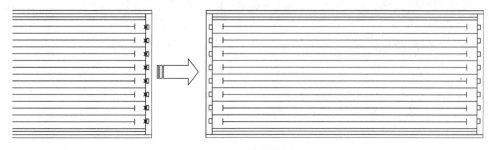

图 3-22　绘制矩形

（9）绘制救生员位置。调用 PL【多段线】命令，设置宽度为 60，绘制尺寸为 1073×472 的矩形；调用 X【分解】命令，分解矩形；调用 E【删除】命令，删除矩形的一侧长边，结果如图 3-23 所示。

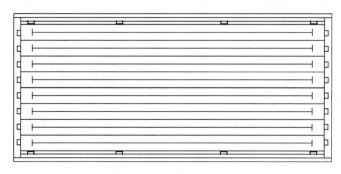

图 3-23　标准游泳池平面图

3.3　绘制直线类图形

直线类图形是 AutoCAD 中最基本的图形对象，在 AutoCAD 中，根据用途的不同，可以将线分类为直线、射线、构造线、多线和多线段。不同的直线对象具有不同的特性，下面进行详细讲解。

3.3.1　直线

直线是绘图中最常用的图形对象，只要指定了起点和终点，就可绘制出一条直线。执行【直线】命令的方法有以下几种。

（1）功能区：单击【绘图】面板中的【直线】按钮 。
（2）菜单栏：选择【绘图】|【直线】命令。
（3）命令行：LINE 或 L。

执行该命令后，可按如下命令行提示进行操作。

```
命令：_line                    //执行【直线】命令
指定第一个点：                  //输入直线段的起点，用鼠标指定点或在命令行中输入点的坐标
指定下一点或 [放弃(U)]：        //输入直线段的端点。也可以用鼠标指定一定角度后，直接输入
//直线的长度
指定下一点或 [放弃(U)]：        //输入下一直线段的端点。输入"U"表示放弃之前的输入
指定下一点或 [闭合(C)/放弃(U)]：  //输入下一直线段的端点。输入"C"使图形闭合，
//或按 Enter 键结束命令
```

命令子选项说明如下。

【指定下一点】：当命令行提示【指定下一点】时，用户可以指定多个端点，从而绘制出多条直线段。但每一段直线又都是一个独立的对象，可以进行单独的编辑操作，如图 3-24 所示。

【闭合（C）】：绘制两条以上直线段后，命令行会出现【闭合（C）】选项。此时如果输入"C"，则系统会自动连接直线命令的起点和最后一个端点，从而绘制出封闭的图形，如图 3-25 所示。

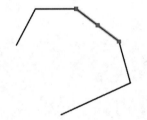

图 3-24 每一段直线均可单独编辑

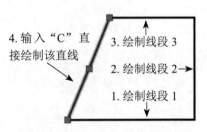

图 3-25 输入"C"绘制封闭图形

【放弃（U）】：命令行出现【放弃（U）】选项时，如果输入"U"，则会擦除最近一次绘制的直线段，如图 3-26 所示。

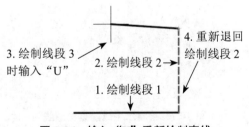

图 3-26 输入"U"重新绘制直线

3.3.2 射线

射线是一端固定而另一端无限延伸的直线，它只有起点和方向，没有终点。射线在 AutoCAD 中使用较少，通常用来作为辅助线，尤其在机械制图中可以作为三视图的投影线使用。

执行【射线】的方法有以下几种。

（1）功能区：单击【绘图】面板中的【射线】按钮 。

（2）菜单栏：选择【绘图】|【射线】命令。

（3）命令行：RAY。

执行该命令后，相关的命令行提示如下。

命令：_ray	// 执行【射线】命令
指定起点：	// 输入射线的起点，可以用鼠标指定点或在命令行中输入点的坐标
指定通过点：20<30↙	// 输入射线通过点的坐标
指定通过点：↙	// 按 Enter 键结束命令

3.3.3 构造线

构造线是两端无限延伸的直线，没有起点和终点，主要用于绘制辅助线和修剪边界，在建筑设计中常用来作为辅助线，在机械设计中也可作为轴线使用。构造线只需指定两个点即可确定位置和方向。可通过以下方式执行该命令。

（1）功能区：单击【绘图】面板中的【构造线】按钮 。

（2）菜单栏：选择【绘图】|【构造线】命令。

（3）命令行：XLINE 或 XL。

执行该命令后，可按如下命令行提示进行操作。

命令：_xline	// 执行【构造线】命令
指定点或 [水平(H)/垂直(V)/角度(A)/二等分(B)/偏移(O)]：	// 输入第一个点
指定通过点：	// 输入第二个点
指定通过点：	// 继续输入点，可以继续画线，按 Enter 键结束命令

命令子选项说明如下。

【水平（H）】【垂直（V）】：选择【水平】或【垂直】选项，可以绘制水平和垂直的构造线，如图 3-27 所示。

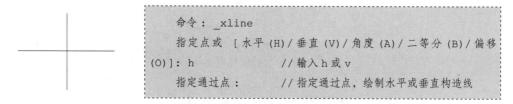

图 3-27 绘制水平或垂直构造线

【角度（A）】：选择【角度】选项，可以绘制用户所输入角度的构造线，如图 3-28 所示。

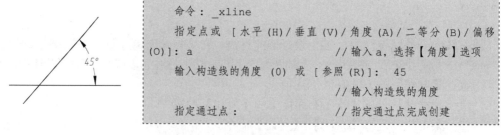

图 3-28 绘制成角度的构造线

【二等分（B）】：选择【二等分】选项，可以绘制两条相交直线的角平分线，如图 3-29 所示。绘制角平分线时，使用捕捉功能依次拾取顶点 O、起点 A 和端点 B 即可（A、B 可为直线上除 O 点外的任意点）。

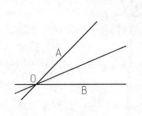

```
命令: _xline
指定点或 [水平(H)/垂直(V)/角度(A)/二等分(B)/偏移
(O)]: b                          //输入b，选择【二等分】选项
指定角的顶点:                     //选择O点
指定角的起点:                     //选择A点
指定角的端点:                     //选择B点
```

图 3-29　绘制二等分构造线

【偏移（O）】：选择【偏移】选项，可以由已有直线偏移出平行线，如图 3-30 所示。通过输入偏移距离和选择要偏移的直线来绘制与该直线平行的构造线。

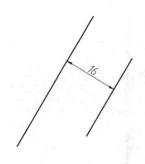

```
命令: _xline
指定点或 [水平(H)/垂直(V)/角度(A)/二等分(B)/偏移
(O)]: o                          //输入O，选择【偏移】选项
指定偏移距离或 [通过(T)] <10.0000>: 16
                                 //输入偏移距离
选择直线对象:                     //选择偏移的对象
指定向哪侧偏移:                   //指定偏移的方向
```

图 3-30　绘制偏移的构造线

3.4　课堂练习：绘制楼梯方向指示箭头

（1）按 Ctrl+O 组合键，打开素材文件"第 3 章 \3.4 课堂练习：绘制楼梯方向指示箭头 .dwg"，如图 3-31 所示。

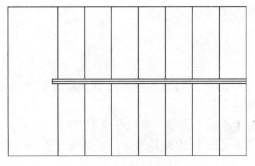

图 3-31　打开文件

（2）单击【绘图】面板中的【多段线】按钮，在楼梯图形上绘制箭头，命令行

提示如下。

```
命令：PLINE↙                                          // 调用【多段线】命令
指定起点：                                            // 指定多段线的起点
当前线宽为 0.0000
指定下一个点或 [ 圆弧 (A)/ 半宽 (H)/ 长度 (L)/ 放弃 (U)/ 宽度 (W)]: // 指定多段线的下一
个点
指定下一点或 [ 圆弧 (A)/ 闭合 (C)/ 半宽 (H)/ 长度 (L)/ 放弃 (U)/ 宽度 (W)]: W↙
                                                      // 选择【宽度】选项
指定起点宽度 <0.0000>: 50↙                            // 指定起点宽度为 50
指定端点宽度 <50.0000>: 0↙                            // 指定端点宽度为 0
指定下一点或 [ 圆弧 (A)/ 闭合 (C)/ 半宽 (H)/ 长度 (L)/ 放弃 (U)/ 宽度 (W)]:
                                                      // 向左移动鼠标绘制指示箭头
```

（3）绘制的单向箭头如图 3-32 所示。
（4）重复操作，完成其他楼梯指示箭头的绘制，如图 3-33 所示。

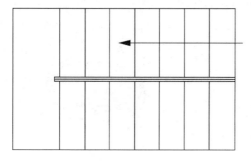
图 3-32　绘制单向箭头

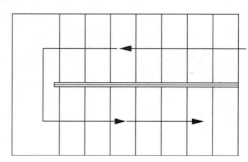
图 3-33　绘制其他箭头

3.5　绘制曲线类图形

在 AutoCAD 中，圆、圆弧、椭圆、椭圆弧和圆环都属于曲线类图形，其绘制方法相对于直线对象较复杂，下面分别对其进行讲解。

3.5.1　圆

圆也是绘图中最常用的图形对象，因此它的执行方式与功能选项也最为丰富。执行【圆】命令的方法有以下几种。

（1）功能区：单击【绘图】面板中的【圆】按钮⊙。
（2）菜单栏：选择【绘图】|【圆】命令，然后在子菜单中选择一种绘圆方法。
（3）命令行：CIRCLE 或 C。

执行该命令后，可按如下命令行提示进行操作。

```
命令：_circle                                              // 执行【圆】命令
指定圆的圆心或 [三点 (3P)/两点 (2P)/切点、切点、半径 (T)]:       // 选择圆的绘制方式
指定圆的半径或 [直径 (D)]: 3↙                    // 直接输入半径或用鼠标指定半径长度
```

在【绘图】面板【圆】下拉列表中提供了 6 种绘制圆的命令，各命令的含义如下。

【圆心、半径（R）】：用圆心和半径方式绘制圆，如图 3-34 所示，为默认的执行方式。

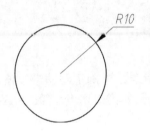

```
命令 :C↙
CIRCLE 指定圆的圆心或 [三点 (3P)/两点 (2P)/切点、切点、
半径 (T)]:                    // 输入坐标或用鼠标单击确定圆心
指定圆的半径或 [直径 (D)]:10↙
                             // 输入半径值，也可以输入相对于圆
                             // 心的相对坐标，确定圆周上一点
```

图 3-34　【圆心、半径（R）】画圆

【圆心、直径（D）】：用圆心和直径方式绘制圆，如图 3-35 所示。

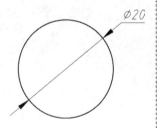

```
命令 :C↙
CIRCLE 指定圆的圆心或 [三点 (3P)/两点 (2P)/切点、切点、
半径 (T)]:                    // 输入坐标或用鼠标单击确定圆心
指定圆的半径或 [直径 (D)]<80.1736>:D↙
                                      // 选择【直径】选项
指定圆的直径 <200.00>:201         // 输入直径值
```

图 3-35　【圆心、直径（D）】画圆

【两点（2P）】：通过两点（2P）绘制圆，实际上是以这两点的连线为直径，以两点连线的中点为圆心画圆。系统会提示指定圆直径的第一端点和第二端点，如图 3-36 所示。

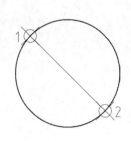

```
命令 :C↙
CIRCLE 指定圆的圆心或 [三点 (3P)/两点 (2P)/切点、切点、
半径 (T)]:2P↙           // 选择【两点】选项
指定圆直径的第一个端点:
                      // 输入坐标或单击确定直径第一个端点 1
指定圆直径的第二个端点:
                      // 单击确定直径第二个端点 2，或输入相对于
                      // 第一个端点的相对坐标
```

图 3-36　【两点（2P）】画圆

【三点（3P）】○：通过三点（3P）绘制圆，实际上是绘制这三点确定的三角形的唯一的外接圆。系统会提示指定圆上的第一点、第二点和第三点，如图 3-37 所示。

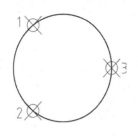

```
命令 :C↙
CIRCLE 指定圆的圆心或 [三点 (3P)/两点 (2P)/切点、切点、
半径 (T)]:3P↙                    //选择【三点】选项
指定圆上的第一个点 :             //单击确定第 1 点
指定圆上的第二个点 :             //单击确定第 2 点
指定圆上的第三个点 :             //单击确定第 3 点
```

图 3-37　【三点（3P）】画圆

【相切、相切、半径（T）】○：如果已经存在两个图形对象，再确定圆的半径值，就可以绘制出与这两个对象相切的公切圆。系统会提示指定圆的第一切点和第二切点及圆的半径，如图 3-38 所示。

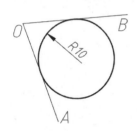

```
命令 : _circle
指定圆的圆心或 [三点 (3P)/两点 (2P)/切点、切点、半径
(T)]: T                       //选择【切点、切点、半径】选项
指定对象与圆的第一个切点 :     //单击直线 OA 上任意一点
指定对象与圆的第二个切点 :     //单击直线 OB 上任意一点
指定圆的半径 : 10             //输入半径值
```

图 3-38　【相切、相切、半径（T）】画圆

【相切、相切、相切（A）】○：选择三条切线来绘制圆，可以绘制出与三个图形对象相切的公切圆，如图 3-39 所示。

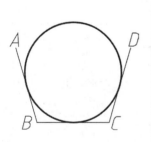

```
命令 : _circle
指定圆的圆心或 [三点 (3P)/两点 (2P)/切点、切点、半径
(T)]: _3p

              //单击面板中的【相切、相切、相切】按钮○
指定圆上的第一个点 : _tan 到    //单击直线 AB 上任意一点
指定圆上的第二个点 : _tan 到    //单击直线 BC 上任意一点
指定圆上的第三个点 : _tan 到    //单击直线 CD 上任意一点
```

图 3-39　【相切、相切、相切（A）】画圆

3.5.2　圆弧

圆弧即圆的一部分，在技术制图中，经常需要用圆弧来光滑连接已知的直线或曲线。执行【圆弧】命令的方法有以下几种。

（1）功能区：单击【绘图】面板中的【圆弧】按钮。

（2）菜单栏：选择【绘图】|【圆弧】命令。

（3）命令行：ARC 或 A。

执行该命令后，可按如下命令行提示进行操作。

```
命令：_arc                                    // 执行【圆弧】命令
指定圆弧的起点或 [圆心(C)]：                    // 指定圆弧的起点
指定圆弧的第二个点或 [圆心(C)/端点(E)]：        // 指定圆弧的第二点
指定圆弧的端点：                               // 指定圆弧的端点
```

在【绘图】面板【圆弧】下拉列表中提供了 11 种绘制圆弧的命令，各命令的含义如下。

【三点（P）】：通过指定圆弧上的三点绘制圆弧，需要指定圆弧的起点、通过的第二个点和端点，如图 3-40 所示。

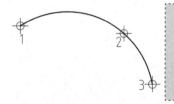

```
命令：_arc
指定圆弧的起点或 [圆心(C)]：                    // 指定圆弧的起点 1
指定圆弧的第二个点或 [圆心(C)/端点(E)]：        // 指定点 2
指定圆弧的端点：                               // 指定点 3
```

图 3-40　【三点（P）】画圆弧

【起点、圆心、端点（S）】：通过指定圆弧的起点、圆心、端点绘制圆弧，如图 3-41 所示。

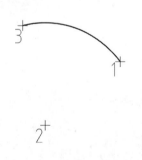

```
命令：_arc
指定圆弧的起点或 [圆心(C)]：                    // 指定圆弧的起点 1
指定圆弧的第二个点或 [圆心(C)/端点(E)]：_c
                                              // 系统自动选择
指定圆弧的圆心：                               // 指定圆弧的圆心 2
指定圆弧的端点(按住 Ctrl 键以切换方向)或 [角度(A)/弦
长(L)]：                                      // 指定圆弧的端点 3
```

图 3-41　【起点、圆心、端点（S）】画圆弧

【起点、圆心、角度（T）】：通过指定圆弧的起点、圆心、包含角度绘制圆弧，执行此命令时会出现【指定夹角】的提示，在输入角时，如果当前环境设置逆时针方向为角度正方向，且输入正的角度值，则绘制的圆弧是从起点绕圆心沿逆时针方向绘制，反之则沿顺时针方向绘制，如图 3-42 所示。

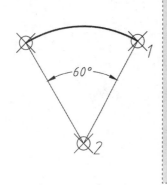

```
命令：_arc
指定圆弧的起点或 [圆心(C)]：          //指定圆弧的起点 1
指定圆弧的第二个点或 [圆心(C)/端点(E)]：_c
                                     //系统自动选择
指定圆弧的圆心：                      //指定圆弧的圆心 2
指定圆弧的端点(按住 Ctrl 键以切换方向)或 [角度(A)/弦
长(L)]：_a                           //系统自动选择
指定夹角(按住 Ctrl 键以切换方向)：60
                                     //输入圆弧夹角角度
```

图 3-42　【起点、圆心、角度（T）】画圆弧

【起点、圆心、长度（A）】 ✐：通过指定圆弧的起点、圆心、弧长绘制圆弧，如图 3-43 所示。另外，在命令行提示的【指定弦长】信息下，如果所输入的值为负，则该值的绝对值将作为对应整圆的空缺部分的圆弧的弧长。

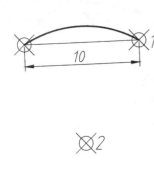

```
命令：_arc
指定圆弧的起点或 [圆心(C)]：          //指定圆弧的起点 1
指定圆弧的第二个点或 [圆心(C)/端点(E)]：_c
                                     //系统自动选择
指定圆弧的圆心：                      //指定圆弧的圆心 2
指定圆弧的端点(按住 Ctrl 键以切换方向)或 [角度(A)/弦
长(L)]：_l                           //系统自动选择
指定弦长(按住 Ctrl 键以切换方向)：10      //输入弦长
```

图 3-43　【起点、圆心、长度（A）】画圆弧

【起点、端点、角度（N）】 ✐：通过指定圆弧的起点、端点、夹角绘制圆弧，如图 3-44 所示。

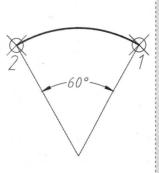

```
命令：_arc
指定圆弧的起点或 [圆心(C)]：          //指定圆弧的起点 1
指定圆弧的第二个点或 [圆心(C)/端点(E)]：_e
                                     //系统自动选择
指定圆弧的端点：                      //指定圆弧的端点 2
指定圆弧的中心点(按住 Ctrl 键以切换方向)或 [角度(A)/
方向(D)/半径(R)]：_a                  //系统自动选择
指定夹角(按住 Ctrl 键以切换方向)：60
                                     //输入圆弧夹角角度
```

图 3-44　【起点、端点、角度（N）】画圆弧

【起点、端点、方向（D）】 ✐：通过指定圆弧的起点、端点和圆弧的起点切向绘制圆弧，如图 3-45 所示。命令执行过程中会出现【指定圆弧起点的相切方向】提示信息，此时拖动鼠标动态地确定圆弧在起始点处的切线方向和水平方向的夹角。拖动鼠标时，AutoCAD 会在当前光标与圆弧起始点之间形成一条线，即为圆弧在起始点处的切线。确定切线方向后，单击拾取键即可得到相应的圆弧。

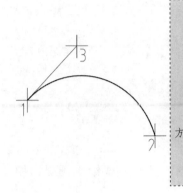

```
命令：_arc
指定圆弧的起点或 [圆心(C)]：            // 指定圆弧的起点 1
指定圆弧的第二个点或 [圆心(C)/端点(E)]：_e
                                    // 系统自动选择
指定圆弧的端点：                        // 指定圆弧的端点 2
指定圆弧的中心点(按住 Ctrl 键以切换方向)或 [角度(A)/
方向(D)/半径(R)]：_d               // 系统自动选择
指定圆弧起点的相切方向(按住 Ctrl 键以切换方向)：
                                // 指定点 3 确定方向
```

图 3-45　【起点、端点、方向（D）】画圆弧

【起点、端点、半径（R）】☑️：通过指定圆弧的起点、端点和圆弧半径绘制圆弧，如图 3-46 所示。

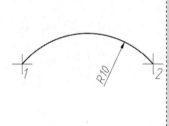

```
命令：_arc
指定圆弧的起点或 [圆心(C)]：            // 指定圆弧的起点 1
指定圆弧的第二个点或 [圆心(C)/端点(E)]：_e
                                    // 系统自动选择
指定圆弧的端点：                        // 指定圆弧的端点 2
指定圆弧的中心点(按住 Ctrl 键以切换方向)或 [角度(A)/
方向(D)/半径(R)]：_r               // 系统自动选择
指定圆弧的半径(按住 Ctrl 键以切换方向)：10
                                // 输入圆弧的半径
```

图 3-46　【起点、端点、半径（R）】画圆弧

【圆心、起点、端点（C）】☑️：以圆弧的圆心、起点、端点方式绘制圆弧，如图 3-47 所示。

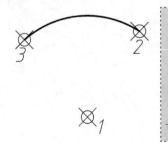

```
命令：_arc
指定圆弧的起点或 [圆心(C)]：_c        // 系统自动选择
指定圆弧的圆心：                       // 指定圆弧的圆心 1
指定圆弧的起点：                       // 指定圆弧的起点 2
指定圆弧的端点(按住 Ctrl 键以切换方向)或 [角度(A)/弦
长(L)]：                           // 指定圆弧的端点 3
```

图 3-47　【圆心、起点、端点（C）】画圆弧

【圆心、起点、角度（E）】：以圆弧的圆心、起点、圆心角方式绘制圆弧，如图 3-48 所示。

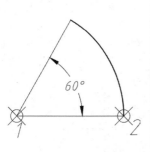

```
命令：_arc
指定圆弧的起点或［圆心(C)］：_c          // 系统自动选择
指定圆弧的圆心：                        // 指定圆弧的圆心 1
指定圆弧的起点：                        // 指定圆弧的起点 2
指定圆弧的端点（按住 Ctrl 键以切换方向）或［角度(A)/弦
长(L)］：_a                            // 系统自动选择
指定夹角（按住 Ctrl 键以切换方向）：60
                                      // 输入圆弧的夹角角度
```

图 3-48　【圆心、起点、角度（E）】画圆弧

【圆心、起点、长度（L）】：以圆弧的圆心、起点、弧长方式绘制圆弧，如图 3-49 所示。

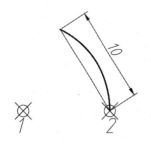

```
命令：_arc
指定圆弧的起点或［圆心(C)］：_c          // 系统自动选择
指定圆弧的圆心：                        // 指定圆弧的圆心 1
指定圆弧的起点：                        // 指定圆弧的起点 2
指定圆弧的端点（按住 Ctrl 键以切换方向）或［角度(A)/弦
长(L)］：_l                            // 系统自动选择
指定弦长（按住 Ctrl 键以切换方向）：10  // 输入弦长
```

图 3-49　【圆心、起点、长度（L）】画圆弧

【连续（O）】：绘制其他直线与非封闭曲线后选择【绘图】|【圆弧】|【继续】命令，系统将自动以刚才绘制的对象的终点作为即将绘制的圆弧的起点。

3.5.3　椭圆

椭圆是到两定点（焦点）的距离之和为定值的所有点的集合，与圆相比，椭圆的半径长度不一，形状由定义其长度和宽度的两条轴决定，较长的称为长轴，较短的称为短轴，如图 3-50 所示。在建筑绘图中，很多图形都是椭圆形的，如地面拼花、室内吊顶造型等，在机械制图中也一般用椭圆来绘制轴测图上的圆。

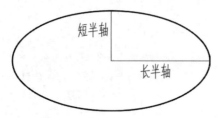

图 3-50　椭圆的长轴和短轴

在 AutoCAD 2022 中启动绘制【椭圆】命令有以下几种常用方法。

（1）功能区：单击【绘图】面板中的【椭圆】按钮 ⬭，即【圆心】⬭ 或【轴，端点】按钮 ⬭。

（2）菜单栏：执行【绘图】|【椭圆】命令。

（3）命令行：ELLIPSE 或 EL。

执行该命令后，可按如下命令行提示进行操作。

命令：_ellipse	// 执行【椭圆】命令
指定椭圆的轴端点或 [圆弧 (A) / 中心点 (C)]：_c	// 系统自动选择绘制对象为椭圆
指定椭圆的中心点：	// 在绘图区中指定椭圆的中心点
指定轴的端点：	// 在绘图区中指定一点
指定另一条半轴长度或 [旋转 (R)]：	// 在绘图区中指定一点或输入数值

在【绘图】面板【椭圆】下拉列表中有【圆心】⬭ 和【轴，端点】⬭ 两种方法，各方法含义介绍如下。

【圆心】⬭：通过指定椭圆的中心点、一条轴的一个端点及另一条轴的半轴长度来绘制椭圆，如图 3-51 所示。即命令行中的【中心点（C）】选项。

命令：_ellipse	// 执行【椭圆】命令
指定椭圆的轴端点或 [圆弧 (A) / 中心点 (C)]：_c	
	// 系统自动选择椭圆的绘制方法
指定椭圆的中心点：	// 指定中心点 1
指定轴的端点：	// 指定轴端点 2
指定另一条半轴长度或 [旋转 (R)]：15↙	
	// 输入另一半轴长度

图 3-51　【圆心】画椭圆

【轴，端点】⬭：通过指定椭圆一条轴的两个端点及另一条轴的半轴长度来绘制椭圆，如图 3-52 所示。即命令行中的【圆弧（A）】选项。

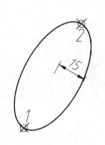

命令：_ellipse	// 执行【椭圆】命令
指定椭圆的轴端点或 [圆弧 (A) / 中心点 (C)]：	// 指定点 1
指定轴的另一个端点：	// 指定点 2
指定另一条半轴长度或 [旋转 (R)]：15↙	
	// 输入另一半轴的长度

图 3-52　【轴，端点】画椭圆

3.5.4　椭圆弧

椭圆弧是椭圆的一部分。绘制椭圆弧需要确定的参数有：椭圆弧所在椭圆的两条轴及椭圆弧的起点和终点的角度。执行【椭圆弧】命令的方法有以下两种。

（1）面板：单击【绘图】面板中的【椭圆弧】按钮 。

（2）菜单栏：选择【绘图】|【椭圆】|【椭圆弧】命令。

按上述方法执行命令后，便可按如下命令行提示进行操作。

```
命令：_ellipse                                    // 执行【椭圆弧】命令
指定椭圆的轴端点或 [圆弧 (A)/ 中心点 (C)]：_a        // 系统自动选择绘制对象为椭圆弧
指定椭圆弧的轴端点或 [中心点 (C)]：                 // 在绘图区指定椭圆一轴的端点
指定轴的另一个端点：                              // 在绘图区指定该轴的另一端点
指定另一条半轴长度或 [旋转 (R)]：                  // 在绘图区中指定一点或输入数值
指定起点角度或 [参数 (P)]：                        // 在绘图区中指定一点或输入椭圆弧的起始角度
指定端点角度或 [参数 (P)/ 夹角 (I)]：              // 在绘图区中指定一点或输入椭圆弧的终止角度
```

【椭圆弧】命令中各选项含义与【椭圆】命令一致，唯有在指定另一半轴长度后，会提示指定起点角度与端点角度来确定椭圆弧的大小，这时有两种指定方法，即【角度（A）】和【参数（P）】，分别介绍如下。

【角度（A）】：输入起点与端点角度来确定椭圆弧，角度以椭圆轴中较长的一条为基准进行确定，如图 3-53 所示。

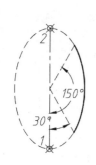

```
命令：_ellipse                                    // 执行【椭圆】命令
指定椭圆的轴端点或 [圆弧 (A)/ 中心点 (C)]：_a
                                                // 系统自动选择绘制椭圆弧
指定椭圆弧的轴端点或 [中心点 (C)]：               // 指定轴端点 1
指定轴的另一个端点：                             // 指定轴端点 2
指定另一条半轴长度或 [旋转 (R)]：6↙
                                                // 输入另一半轴长度
指定起点角度或 [参数 (P)]：30↙                   // 输入起始角度
指定端点角度或 [参数 (P)/ 夹角 (I)]：150↙        // 输入终止角度
```

图 3-53　【角度（A）】绘制椭圆弧

【参数（P）】：用参数化矢量方程式（$p(n) = c + a \times \cos(n) + b \times \sin(n)$，其中，$n$ 是用户输入的参数；c 是椭圆弧的半焦距；a 和 b 分别是椭圆长轴与短轴的半轴长）定义椭圆弧的端点角度。使用【起点参数】选项可以从角度模式切换到参数模式。模式用于控制计算椭圆的方法。

【夹角（I）】：指定椭圆弧的起点角度后，可选择该选项，然后输入夹角角度来确定圆弧，如图 3-54 所示。值得注意的是，89.4°～90.6°中的夹角值无效，因为此时椭圆将显示为一条直线，如图 3-55 所示。这些角度值的倍数将每隔 90°产生一次镜像效果。

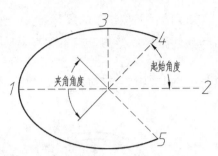
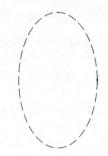

图 3-54 【夹角（I）】绘制椭圆弧 图 3-55 89.4°～90.6° 的夹角不显示椭圆弧

操作技巧：椭圆弧的起始角度从长轴开始计算。

3.6 课堂练习：绘制洗脸盆图形

洗脸盆是人们日常生活中不可缺少的卫生洁具。洗脸盆的材质，使用最多的是陶瓷、搪瓷生铁、搪瓷钢板，还有水磨石等。随着建材技术的发展，国内外已相继推出玻璃钢、人造大理石、人造玛瑙、不锈钢等新材料。

洗脸盆的种类较多，一般有以下几个常用品种：角型洗脸盆、普通型洗脸盆、立式洗脸盆、有沿台式洗脸盆和无沿台式洗脸盆，如图 3-56 所示。

图 3-56 洗脸盆

（1）绘制中心线。调用【构造线】命令绘制两条相互垂直的中心线。

（2）绘制外轮廓。调用【椭圆】命令，捕捉中心线交点为中心，绘制一个长轴长80、短轴长 65 的椭圆，如图 3-57 所示。

（3）绘制椭圆弧。调用【椭圆弧】命令，捕捉中心线交点为中心，绘制一个长轴长 70、短轴长 56 的椭圆弧，如图 3-58 所示。

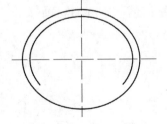

图 3-57 绘制椭圆 图 3-58 绘制椭圆弧

（4）绘制圆弧。在【绘图】面板上单击【圆弧】按钮下的展开箭头，选择【起点、端点、半径】命令，以椭圆弧的端点为起点和终点，绘制一个半径为200的圆弧，如图3-59所示。

（5）绘制水龙头安装孔。调用【圆】命令绘制两个半径为5的圆孔，最终结果如图3-60所示。

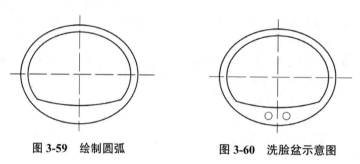

图3-59　绘制圆弧　　　　　图3-60　洗脸盆示意图

3.7　矩形与多边形

多边形图形包括矩形和正多边形，也是在绘图过程中使用较多的一类图形。

3.7.1　矩形

矩形就是人们通常说的长方形，是通过输入矩形的任意两个对角位置确定的，在AutoCAD中绘制矩形可以为其设置倒角、圆角以及宽度和厚度值，如图3-61所示。

直角矩形　　　　倒角矩形　　　　圆角矩形　　　有宽度的矩形　　有厚度的矩形

图3-61　各种样式的矩形

调用【矩形】命令的方法如下。

（1）功能区：在【默认】选项卡中，单击【绘图】面板中的【矩形】按钮 。

（2）菜单栏：执行【绘图】|【矩形】菜单命令。

（3）命令行：RECTANG 或 REC。

执行该命令后，命令行提示如下。

```
命令：_rectang                                    //执行【矩形】命令
指定第一个角点或 [倒角(C)/标高(E)/圆角(F)/厚度(T)/宽度(W)]：
                                                 //指定矩形的第一个角点
指定另一个角点或 [面积(A)/尺寸(D)/旋转(R)]：      //指定矩形的对角点
```

在指定第一个角点前，有5个子选项，而指定第二个对角点的时候有3个，各选项含义具体介绍如下。

【倒角（C）】：用来绘制倒角矩形，选择该选项后可指定矩形的倒角距离，如图 3-62 所示。设置该选项后，执行矩形命令时此值成为当前的默认值，若不需要设置倒角，则要再次将其设置为 0。

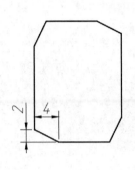

```
命令：_rectang
指定第一个角点或 [倒角(C)/标高(E)/圆角(F)/厚度(T)/
宽度(W)]：C                           //选择【倒角】选项
指定矩形的第一个倒角距离 <0.0000>：2//输入第一个倒角距离
指定矩形的第二个倒角距离 <2.0000>：4//输入第二个倒角距离
指定第一个角点或 [倒角(C)/标高(E)/圆角(F)/厚度(T)/
宽度(W)]：                            //指定第一个角点
指定另一个角点或 [面积(A)/尺寸(D)/旋转(R)]：
                                     //指定第二个角点
```

图 3-62　【倒角（C）】画矩形

【标高（E）】：指定矩形的标高，即 Z 方向上的值。选择该选项后可在高为标高值的平面上绘制矩形，如图 3-63 所示。

```
命令：_rectang
指定第一个角点或 [倒角(C)/标高(E)/圆角(F)/厚度(T)/
宽度(W)]：E                           //选择【标高】选项
指定矩形的标高 <0.0000>：10           //输入标高
指定第一个角点或 [倒角(C)/标高(E)/圆角(F)/厚度(T)/
宽度(W)]：                            //指定第一个角点
指定另一个角点或 [面积(A)/尺寸(D)/旋转(R)]：
                                     //指定第二个角点
```

图 3-63　【标高（E）】画矩形

【圆角（F）】：用来绘制圆角矩形。选择该选项后可指定矩形的圆角半径，绘制带圆角的矩形，如图 3-64 所示。

```
命令：_rectang
指定第一个角点或 [倒角(C)/标高(E)/圆角(F)/厚度(T)/
宽度(W)]：F                           //选择【圆角】选项
指定矩形的圆角半径 <0.0000>：5         //输入圆角半径值
指定第一个角点或 [倒角(C)/标高(E)/圆角(F)/厚度(T)/
宽度(W)]：                            //指定第一个角点
指定另一个角点或 [面积(A)/尺寸(D)/旋转(R)]：
                                     //指定第二个角点
```

图 3-64　【圆角（F）】画矩形

操作技巧： 如果矩形的长度和宽度太小而无法使用当前设置创建矩形时，绘制出来的矩形将不进行圆角或倒角。

【厚度（T）】：用来绘制有厚度的矩形，该选项为要绘制的矩形指定 Z 轴上的厚度值，如图 3-65 所示。

```
命令：_rectang
指定第一个角点或 [倒角(C)/标高(E)/圆角(F)/厚度(T)/
宽度(W)]：T                      //选择【厚度】选项
指定矩形的厚度 <0.0000>：2        //输入矩形厚度值
指定第一个角点或 [倒角(C)/标高(E)/圆角(F)/厚度(T)/
宽度(W)]：                       //指定第一个角点
指定另一个角点或 [面积(A)/尺寸(D)/旋转(R)]：
                                //指定第二个角点
```

图 3-65 【厚度（T）】画矩形

【宽度（W）】：用来绘制有宽度的矩形，该选项为要绘制的矩形指定线的宽度，效果如图 3-66 所示。

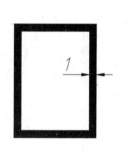

```
命令：_rectang
指定第一个角点或 [倒角(C)/标高(E)/圆角(F)/厚度(T)/
宽度(W)]：W                      //选择【宽度】选项
指定矩形的线宽 <0.0000>：1        //输入线宽值
指定第一个角点或 [倒角(C)/标高(E)/圆角(F)/厚度(T)/
宽度(W)]：                       //指定第一个角点
指定另一个角点或 [面积(A)/尺寸(D)/旋转(R)]：
                                //指定第二个角点
```

图 3-66 【宽度（W）】画矩形

【面积】：该选项提供另一种绘制矩形的方式，即通过确定矩形面积大小的方式绘制矩形。

【尺寸】：该选项通过输入矩形的长和宽确定矩形的大小。

【旋转】：选择该选项，可以指定绘制矩形的旋转角度。

3.7.2　多边形

正多边形是由三条或三条以上长度相等的线段首尾相接形成的闭合图形，其边数范围值为 3 ～ 1024。启动【多边形】命令有以下 3 种方法。

（1）功能区：在【默认】选项卡中，单击【绘图】面板中的【多边形】按钮⬡。

（2）菜单栏：选择【绘图】|【多边形】菜单命令。

（3）命令行：POLYGON 或 POL。

执行【多边形】命令后，命令行将出现如下提示。

```
命令：POLYGON↙                          // 执行【多边形】命令
输入侧面数 <4>：                         // 指定多边形的边数，默认状态为四边形
指定正多边形的中心点或 [边 (E)]：       // 确定多边形的一条边来绘制正多边形，
                                        // 由边数和边长确定
输入选项 [内接于圆 (I)/外切于圆 (C)] <I>： // 选择正多边形的创建方式
指定圆的半径：                           // 指定创建正多边形时的内接圆或外切
                                        // 于圆的半径
```

执行【多边形】命令时，在命令行中共有 4 种绘制方法，各方法具体介绍如下。

中心点：通过指定正多边形中心点的方式来绘制正多边形，为默认方式，如图 3-67 所示。

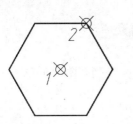

```
命令：_polygon
输入侧面数 <5>：6                        // 指定边数
指定正多边形的中心点或 [边 (E)]：        // 指定中心点1
输入选项 [内接于圆 (I)/外切于圆 (C)] <I>：
                                        // 选择多边形创建方式
指定圆的半径：100                        // 输入圆半径或指定端点2
```

图 3-67　中心点绘制多边形

【边 (E)】：通过指定多边形边的方式来绘制正多边形。该方式将通过边的数量和长度确定正多边形，如图 3-68 所示。选择该方式后不可指定【内接于圆】或【外切于圆】选项。

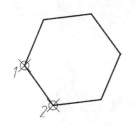

```
命令：_polygon
输入侧面数 <5>：6                        // 指定边数
指定正多边形的中心点或 [边 (E)]：E       // 选择【边】选项
指定边的第一个端点：                     // 指定多边形某条边的端点1
指定边的第一个端点：                     // 指定多边形某条边的端点2
```

图 3-68　【边 (E)】绘制多边形

【内接于圆 (I)】：该选项表示以指定正多边形内接圆半径的方式来绘制正多边形，如图 3-69 所示。

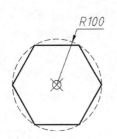

```
命令：_polygon
输入侧面数 <5>：6                        // 指定边数
指定正多边形的中心点或 [边 (E)]：        // 指定中心点
输入选项 [内接于圆 (I)/外切于圆 (C)] <I>：
                                        // 选择【内接于圆】方式
指定圆的半径：100                        // 输入圆半径
```

图 3-69　【内接于圆 (I)】绘制多边形

【外切于圆（C）】：内接于圆表示以指定正多边形内接圆半径的方式来绘制正多边形；外切于圆表示以指定正多边形外切圆半径的方式来绘制正多边形，如图 3-70 所示。

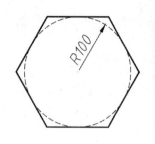

```
命令：_polygon
输入侧面数 <5>：6                              // 指定边数
指定正多边形的中心点或 [边 (E)]：             // 指定中心点
输入选项 [内接于圆 (I) / 外切于圆 (C)] <I>:C
                                            // 选择【外切于圆】方式
指定圆的半径：100                             // 输入圆半径
```

图 3-70　【外切于圆（C）】绘制多边形

3.8　课堂练习：绘制门图形

门指建筑物的出入口或安装在出入口能开关的装置，门是分割有限空间的一种实体，它的作用是可以连接和关闭两个或多个空间的出入口。

门的种类很多，按照材料和形式来分，可分成实木门、钢木门、防火门、防盗门等；按照位置来分，可分为外门、内门；按照开户方式来分，可分为平开门、弹簧门、卷帘门等，如图 3-71 和图 3-72 所示。

图 3-71　实木防盗门

图 3-72　卷帘门

本节介绍门立面图的绘制方法。

（1）调用 REC【矩形】命令，绘制尺寸为 2100×1000 的外矩形；按 Enter 键，继续使用【矩形】命令绘制内矩形，结果如图 3-73 所示。

（2）单击选择中间的矩形，调用 X【分解】命令，分解矩形；调用 E【删除】命令，删除矩形底边；单击选择左侧边，激活左下角的夹点，将夹点移动至外矩形的底边，结果如图 3-74 所示。

（3）单击【绘图】工具栏上的【多边形】按钮，设置侧面边数为 4，选择【内接于圆】选项，指定 A 点为圆心，在命令行提示【指定圆的半径】时，单击 B 点，可创建四边形。

（4）选择并激活四边形上方夹点，将夹点移动至矩形边的中点上，结果如图 3-75 所示。

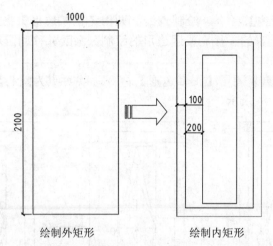

绘制外矩形   绘制内矩形

图 3-73 绘制矩形

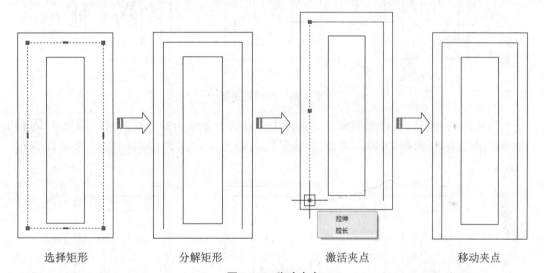

选择矩形   分解矩形   激活夹点   移动夹点

图 3-74 移动夹点

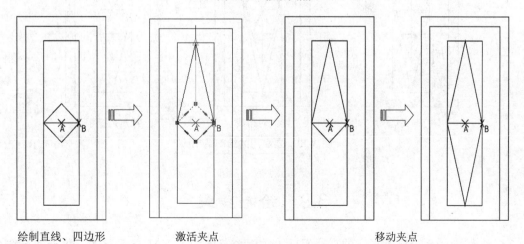

绘制直线、四边形   激活夹点   移动夹点

图 3-75 绘制四边形

（5）调用 L【直线】命令，绘制直线；调用【正多边形】命令，以 A 点为圆心，单击 B 点以确定多边形的半径完成四边形的绘制；激活并移动四边形的夹点使其与直线的端点相接。

（6）按 Enter 键重复调用【正多边形】命令，以 A 点为圆心，绘制半径为 185 的五边形，结果如图 3-76 所示。

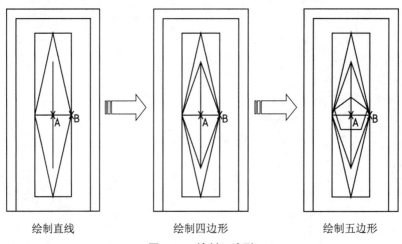

绘制直线　　　　　　　　绘制四边形　　　　　　　　绘制五边形

图 3-76　绘制五边形

（7）激活并移动五边形的夹点，调用 L【直线】命令，绘制对角线；调用 C【圆】命令，分别绘制半径为 30、10 的圆形来代表门把手，立面门的绘制结果如图 3-77 所示。

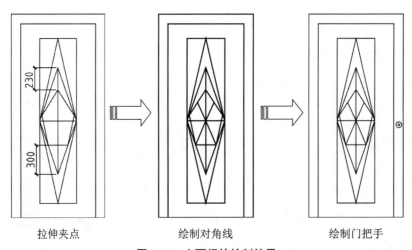

拉伸夹点　　　　　　　　绘制对角线　　　　　　　　绘制门把手

图 3-77　立面门的绘制结果

3.9　绘制多线

多线由一系列相互平行的直线组成，共组合范围为 1 ～ 16 条平行线，每一条直线都称为多线的一个元素。使用【多线】命令 MLINE / ML 可以通过确定起点和终点位置，一次性画出一组平行直线，而不需要逐一画出每一条平行线。在实际工程设计中，多线的应用非常广泛。

3.9.1　绘制多线

多线是一种由多条平行线组成的图形元素，其各平行线的数目以及平行线之间的宽度都是可以调整的，可以用于建筑图纸中的墙体、电子线路图中的平行线条等元素的绘制，如图 3-82 所示为利用多线工具绘制的墙体。

调用【多线】命令的方式有以下几种。

（1）菜单栏：执行【绘图】|【多线】命令。

（2）工具栏：单击【绘图】工具栏中的【多线】按钮 。

（3）功能区：单击【绘图】面板中的【多线】按钮 。

（4）命令行：在命令行中输入"MLINE/ML"。

执行上述任一命令后，即可调用【多线】命令，命令行提示如下。

```
命令： MLINEl
当前设置：对正 = 无，比例 = 1，样式 = 墙体
指定起点或 [ 对正 (J) / 比例 (S) / 样式 (ST)]：        // 指定多线的起点
指定下一点：
指定下一点或 [ 放弃 (U)]：                              // 指定终点，按 Enter 键退出多线绘制
```

命令行中各选项含义如下。

【对正（J）】：输入"J"，选择【对正】选项，此时命令行提示【输入对正类型 [上（T）/ 无（Z）/ 下（B）] < 无 >:】。输入括号中的字母可以选用相应的对应方式。输入"T"，选择【上】选项，表示在光标下方绘制多线，如图 3-78 所示；输入"Z"，选择【无】选项，表示绘制多线时光标位于多线的中心，如图 3-79 所示；输入"B"，选择【下】选项，表示在光标上方绘制多线，如图 3-80 所示。

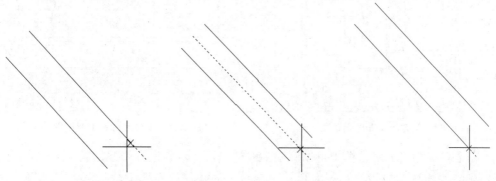

图 3-78　选择【上】选项　　　图 3-79　选择【无】选项　　　图 3-80　选择【下】选项

【比例（S）】：输入"S"，选择【比例】选项，用来指定多线元素间的宽度比例。选择该项，命令行提示【输入多线比例 <0.50>: 1】，输入的比例因子基于在多线样式

定义中建立的宽度。如图 3-81 所示为在不同比例参数的情况下多线的绘制结果。

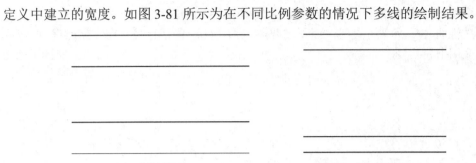

（a）【比例】为 100   （b）【比例】为 50

图 3-81　不同比例的多线

【样式（ST）】：输入"ST"，选择【样式】选项，用来设置多线样式。选择该项，命令行提示【输入多线样式名或 [?]:】。可直接输入已定义的多线样式的名称，输入"？"，可显示已定义的多线样式。

3.9.2　设置多线样式

系统默认的多线样式称为 STANDARD 样式，用户可以根据需要设置不同的多线样式。执行【格式】|【多线样式】命令，或者在命令行中输入"MLSTYLE"并按 Enter 键，系统弹出【多线样式】对话框，如图 3-83 所示。

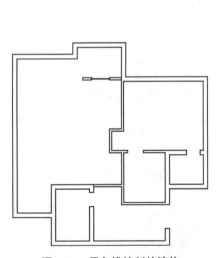

图 3-82　用多线绘制的墙体

图 3-83　【多线样式】对话框

在【多线样式】对话框中可以新建多线样式，并对其进行修改，以及重命名、加载、删除等操作。单击【新建】按钮，系统弹出【创建新的多线样式】对话框，如图 3-84 所示，在其文本框中输入新样式名称，单击【继续】按钮，系统打开【新建多线样式】对话框，在其中可以设置多线样式的封口、填充、元素特性等内容，如图 3-85 所示。

图 3-84 【创建新的多线样式】对话框   图 3-85 【新建多线样式】对话框

下面具体介绍【新建多线样式】对话框中各选项的含义。

【封口】：设置多线的平行线段之间两端封口的样式。各封口样式如图 3-86 所示。

【填充】：设置封闭的多线内的填充颜色，一般选择【无】，表示使用透明颜色填充。

【显示连接】：显示或隐藏每条多线线段顶点处的连接。

【图元】：构成多线的元素，通过单击【添加】按钮可以添加多线构成元素，也可以通过单击【删除】按钮删除这些元素。

【偏移】：设置多线元素从中线的偏移值，值为正表示向上偏移，值为负表示向下偏移。

【颜】：设置组成多线元素的直线线条颜色。

【线型】：设置组成多线元素的直线线条线型。

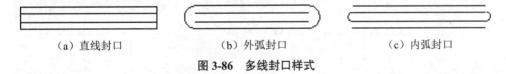

　（a）直线封口　　　　　　　　（b）外弧封口　　　　　　　　（c）内弧封口

图 3-86 多线封口样式

3.9.3 编辑多线

之前介绍了多线是复合对象，只能将其分解为多条直线后才能编辑。但在 AutoCAD 中，也可以用自带的【多线编辑工具】对话框进行编辑。打开【多线编辑工具】对话框的方法有以下 3 种。

（1）菜单栏：执行【修改】|【对象】|【多线】命令，如图 3-87 所示。

（2）命令行：MLEDIT。

（3）快捷操作：双击绘制的多线图形。

执行上述任一命令后，系统自动弹出【多线编辑工具】对话框，如图 3-88 所示。根据图样单击选择一种适合工具图标，即可使用该工具编辑多线。

图 3-87　【菜单栏】调用【多线】编辑命令　　　图 3-88　【多线编辑工具】对话框

【多线编辑工具】对话框中共有 4 列 12 种多线编辑工具：第一列为十字交叉编辑工具，第二列为 T 字交叉编辑工具，第三列为角点结合编辑工具，第四列为中断或接合编辑工具。具体介绍如下。

【十字闭合】：可在两条多线之间创建闭合的十字交点。选择该工具后，先选择第一条多线，作为打断的隐藏多线；再选择第二条多线，即前置的多线，效果如图 3-89 所示。

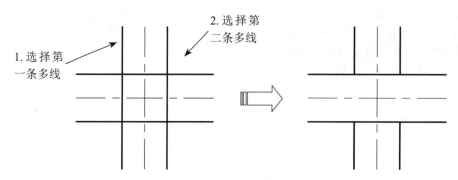

图 3-89　十字闭合

【十字打开】：在两条多线之间创建打开的十字交点。打断将插入第一条多线的所有元素和第二条多线的外部元素，效果如图 3-90 所示。

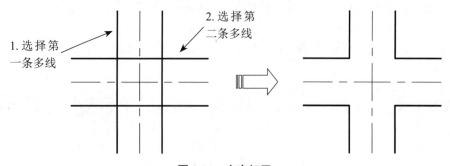

图 3-90　十字打开

【十字合并】：在两条多线之间创建合并的十字交点。选择多线的次序并不重要，效果如图 3-91 所示。

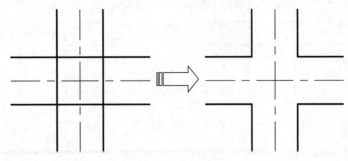

图 3-91 十字合并

操作技巧：对于双数多线来说，【十字打开】和【十字合并】结果是一样的；但对于三线，中间线的结果是不一样的，效果如图 3-92 所示。

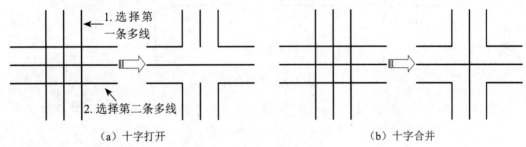

（a）十字打开　　　　　　　　　　　　　　　（b）十字合并

图 3-92 三线的编辑效果

【T 形闭合】：在两条多线之间创建闭合的 T 形交点。将第一条多线修剪或延伸到与第二条多线的交点处，如图 3-93 所示。

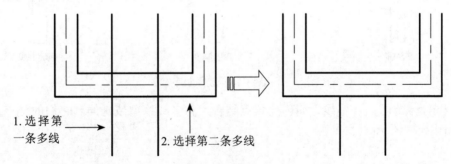

图 3-93 T 形闭合

【T 形打开】：在两条多线之间创建打开的 T 形交点。将第一条多线修剪或延伸到与第二条多线的交点处，如图 3-94 所示。

【T 形合并】：在两条多线之间创建合并的 T 形交点。将多线修剪或延伸到与另一条多线的交点处，如图 3-95 所示。

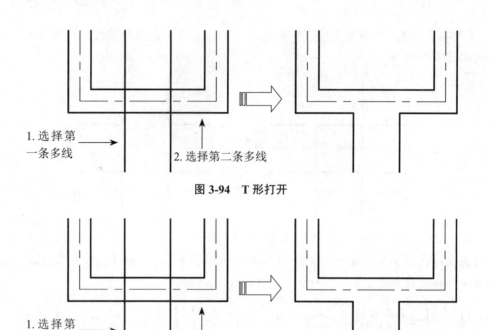

图 3-94　T 形打开

图 3-95　T 形合并

操作技巧:【T 形闭合】【T 形打开】和【T 形合并】的选择对象顺序应先选择 T 字的下半部分, 再选择 T 字的上半部分, 如图 3-96 所示。

图 3-96　选择顺序

【角点结合】:在多线之间创建角点结合。将多线修剪或延伸到它们的交点处, 效果如图 3-97 所示。

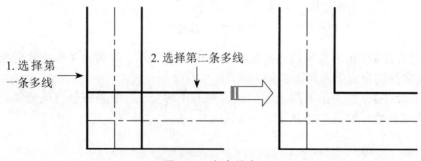

图 3-97　角点结合

【添加顶点】：向多线上添加一个顶点。新添加的角点就可以用于夹点编辑，效果如图 3-98 所示。

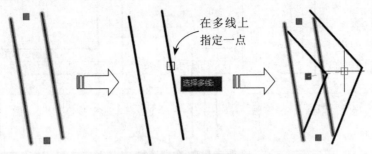

图 3-98 添加顶点

【删除顶点】：从多线上删除一个顶点，效果如图 3-99 所示。

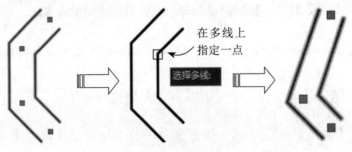

图 3-99 删除顶点

【单个剪切】：在选定多线元素中创建可见打断，效果如图 3-100 所示。

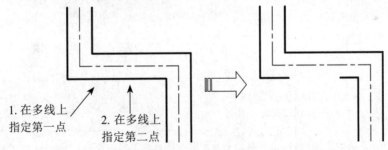

图 3-100 单个剪切

【全部剪切】：创建穿过整条多线的可见打断，效果如图 3-101 所示。

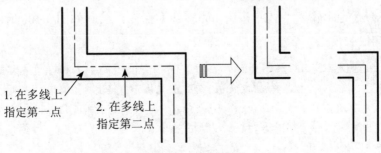

图 3-101 全部剪切

【全部接合】：将已被剪切的多线线段重新接合起来，如图 3-102 所示。

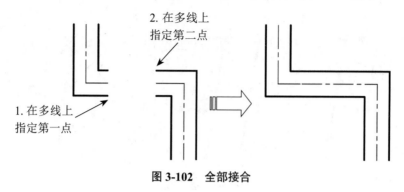

图 3-102　全部接合

3.10　课堂练习：多线绘制墙体

【多线】可一次性绘制出大量平行线的特性，非常适合于用来绘制室内、建筑平面图中的墙体。

（1）单击【快速访问】工具栏中的【打开】按钮，打开"第 3 章 \3.10 课堂练习：多线绘制墙体 .dwg"文件，如图 3-103 所示。

（2）创建【墙体】多线样式。按前文介绍的方法创建【墙体】多线样式，如图 3-104 所示。

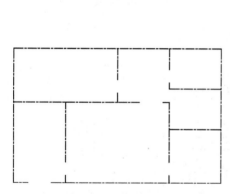

图 3-103　素材图形

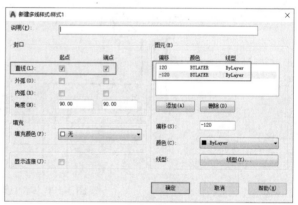

图 3-104　创建墙体多线样式

（3）在命令行中输入"ML"，调用【多线】命令，绘制如图 3-105 所示墙体，命令行提示如下。

```
命令：_mline↙                              // 调用【多线】命令
当前设置：对正 = 上，比例 = 20.00，样式 = 墙体
指定起点或 [ 对正 (J)/ 比例 (S)/ 样式 (ST)]：S↙    // 激活【比例 (S)】选项
输入多线比例 <20.00>：1↙                    // 输入多线比例
当前设置：对正 = 上，比例 = 1.00，样式 = 墙体
```

```
指定起点或 [对正 (J) / 比例 (S) / 样式 (ST)]: J✓        // 激活【对正 (J)】选项

输入对正类型 [上 (T) / 无 (Z) / 下 (B)] <上>: Z✓      // 激活【无 (Z)】选项

当前设置: 对正 = 无, 比例 = 1.00, 样式 = 墙体

指定起点或 [对正 (J) / 比例 (S) / 样式 (ST)]:            // 沿着轴线绘制墙体

指定下一点:

指定下一点或 [放弃 (U)]:

指定下一点或 [闭合 (C) / 放弃 (U)]: ✓                   // 按 Enter 键结束绘制
```

（4）按空格键重复命令，绘制非承重墙，把比例设置为 0.5，命令行提示如下。

```
命令: MLINE✓                                          // 调用【多线】命令

当前设置: 对正 = 无, 比例 = 1.00, 样式 = 墙体

指定起点或 [对正 (J) / 比例 (S) / 样式 (ST)]: S✓        // 激活【比例 (S)】选项

输入多线比例 <1.00>: 0.5✓                              // 输入多线比例

当前设置: 对正 = 无, 比例 = 0.50, 样式 = 墙体

指定起点或 [对正 (J) / 比例 (S) / 样式 (ST)]: J✓        // 激活【对正 (J)】选项

输入对正类型 [上 (T) / 无 (Z) / 下 (B)] <无>: Z✓      // 激活【无 (Z)】选项

当前设置: 对正 = 无, 比例 = 0.50, 样式 = 墙体

指定起点或 [对正 (J) / 比例 (S) / 样式 (ST)]:

指定下一点:                                            // 沿着轴线绘制墙体

指定下一点或 [放弃 (U)]: ✓                             // 按 Enter 键结束绘制
```

（5）最终效果如图 3-106 所示。

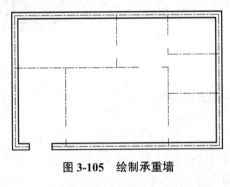

图 3-105   绘制承重墙

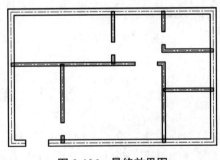

图 3-106   最终效果图

（6）在命令行中输入"MLEDIT"，调用【多线编辑】命令，打开【多线编辑工具】对话框，如图 3-107 所示。

（7）选择对话框中的【T 形合并】选项，系统自动返回到绘图区域，根据命令行提示对墙体结合部进行编辑，命令行提示如下。

```
命令: MLEDIT✓                                         // 调用【多线编辑】命令

选择第一条多线:                                        // 选择竖直墙体

选择第二条多线:                                        // 选择水平墙体

选择第一条多线 或 [放弃 (U)]: ✓                        // 重复操作
```

图 3-107 【多线编辑工具】对话框

（8）重复上述操作，对所有墙体执行【T 形合并】命令，效果如图 3-108 所示。

（9）在命令行中输入"LA"，调用【图层特性管理器】命令，在弹出的【图层特性管理器】选项板中，隐藏【轴线】图层，最终效果如图 3-109 所示。

图 3-108 合并墙体　　　　图 3-109 隐藏轴线

3.11 绘制多段线

多段线由相连的直线段和弧线段组成，但 AutoCAD 将这些对象作为一个整体来处理，不能分别编辑。在 AutoCAD 2022 中绘制多段线有以下几种常用方法。

（1）命令行：在命令行中输入"PLINE/PL"。

（2）功能区：单击【绘图】面板中的【多段线】按钮，如图 3-110 所示。

（3）工具栏：单击【绘图】工具栏中的【多段线】按钮。

（4）菜单栏：执行【绘图】|【多段线】命令。

执行上述任一命令后，绘制如图 3-111 所示多段线，命令行的提示如下。

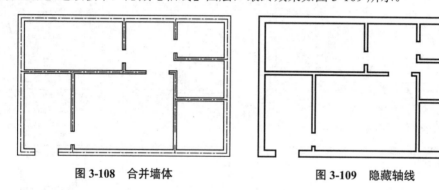

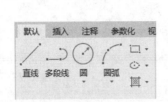

图 3-110 功能区【多段线】按钮

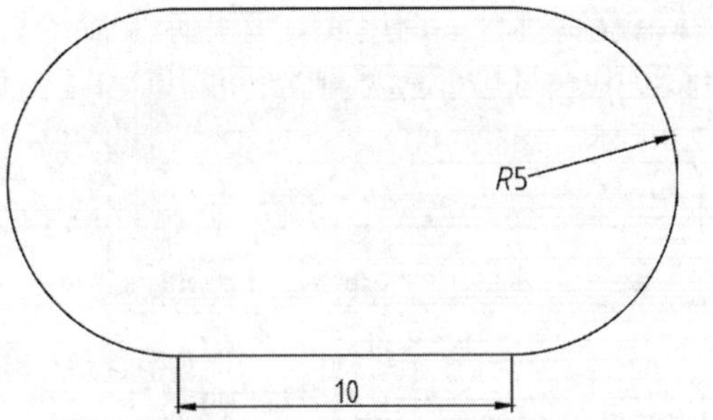

图 3-111 多段线绘制实例

/选择【圆弧】选项，切换至绘制圆弧方式/

指定圆弧的端点或 [角度 (A) / 圆心 (CE) / 闭合 (CL) / 方向 (D) / 半宽 (H) / 直线 (L) / 半径 (R) / 第二个点 (S) / 放弃 (U) / 宽度 (W)]:@0,10✓

指定圆弧的端点或 [角度 (A) / 圆心 (CE) / 闭合 (CL) / 方向 (D) / 半宽 (H) / 直线 (L) / 半径 (R) / 第二个点 (S) / 放弃 (U) / 宽度 (W)]: L✓

/选择【直线】选项，切换至绘制直线方式/

指定下一点或 [圆弧 (A) / 闭合 (C) / 半宽 (H) / 长度 (L) / 放弃 (U) / 宽度 (W)]:@10<180

指定下一点或 [圆弧 (A) / 闭合 (C) / 半宽 (H) / 长度 (L) / 放弃 (U) / 宽度 (W)]: A✓

/选择【圆弧】选项，切换绘制圆弧/

指定圆弧的端点或 [角度 (A) / 圆心 (CE) / 闭合 (CL) / 方向 (D) / 半宽 (H) / 直线 (L) / 半径 (R) / 第二个点 (S) / 放弃 (U) / 宽度 (W)]: CL✓　　　//选择【闭合】选项，封闭图形

3.12 样条曲线

样条曲线是经过或接近一系列给定点的平滑曲线，它能够自由编辑，以及控制曲线与点的拟合程度。在景观设计中，常用来绘制水体、流线型的园路及模纹等；在建筑制图中，常用来表示剖面符号等图形；在机械产品设计领域则常用来表示某些产品的轮廓线或剖切线。双击绘制的多线图形可打开【多线编辑工具】对话框进行编辑，如图 3-112 所示。

3.12.1 绘制样条曲线

在机械绘图中，样条曲线通常用来表示分断面的部分。使用该命令可以创建经过或靠近一组拟合点或由控制框的顶点定义的平滑曲线，如图 3-113 所示。

样条曲线使用拟合点或控制点进行定义。默认情况下，拟合点与样条曲线重合，而控制点定义控制框。控制框提供了一种便捷的方法，用来设置样条曲线的形状。每种方法都有其优点。

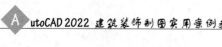

图 3-112 【多线编辑工具】对话框　　　　　　图 3-113 绘制样条线曲线

绘制样条曲线有以下几种方法。

（1）菜单栏：执行【绘图】|【样条曲线】|【拟合】或【控制点】命令。

（2）工具栏：单击【绘图】工具栏中的【样条曲线】按钮～。

（3）命令行：在命令行中输入"SPLINE/SPL"。

（4）功能区：单击【绘图】面板中的【多段线】按钮　。

执行以上任意一种命令后，在【绘图区】任意指定两个点后，命令行将出现如下提示。

> 指定第一个点或 [方式 (M) / 节点 (K) / 对象 (O)]：

其各选项含义如下。

【方式（M）】：通过该选项决定样条曲线的创建方式，分为【拟合】与【控制点】两种。

【节点（K）】：通过该选项决定样条曲线节点参数化的运算方式，分为【弦】【平方根】【统一】三种方式。

【对象（O）】：将样条曲线拟合多段线转换为等价的样条曲线。样条曲线拟合多段线是指使用 PEDIT 命令中【样条曲线】选项，将普通多段线转换成样条曲线的对象。

3.12.2　编辑样条曲线

样条曲线绘制完成后，往往不能满足实际使用要求，此时可以利用样条曲线编辑命令对其进行编辑，以达到符合绘制要求的样条曲线。

执行【修改】|【对象】|【样条曲线】命令，在绘图区选择要编辑的样条曲线，命令行出现如下提示。

> 输入选项 [闭合 (C) / 合并 (J) / 拟合数据 (F) / 编辑顶点 (E) / 转换为多段线 (P) / 反转 (R) / 放弃 (U) / 退出 (X)] < 退出 >

命令行中各选项的含义如下。

1. 拟合数据（F）

修改样条曲线所通过的主要控制点。使用该选项后，样条曲线上各控制点将会被激活，命令行中会出现进一步的提示信息。

> 输入拟合数据选项
> [添加 (A) / 闭合 (C) / 删除 (D) / 扭折 (K) / 移动 (M) / 清理 (P) / 切线 (T) / 公差 (L) / 退出 (X)] <退出>:

各选项含义如下。

【添加（A）】：为样条曲线添加新的控制点。

【删除（D）】：删除样条曲线中的控制点。

【移动（M）】：移动控制点在图形中的位置，按 Enter 键可以依次选取各点。

【清理（P）】：从图形数据库中清除样条曲线的拟合数据。

【切线（T）】：修改样条曲线在起点和端点的切线方向。

【公差（L）】：重新设置拟合公差的值。

2. 闭合（C）

选取该选项，可以将样条曲线封闭，如图 3-114 所示。

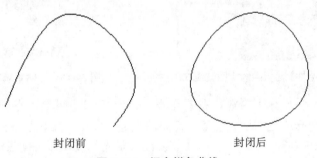

封闭前   封闭后

图 3-114 闭合样条曲线

3. 编辑顶点（E）

选择该选项，通过拖动鼠标的方式，移动样条曲线各控制点处的夹点，以达到编辑样条曲线的目的。

3.13 图案填充与渐变色填充

使用 AutoCAD 的图案和渐变色填充功能，可以方便地对图案和渐变色填充，以区别不同形体的各个组成部分。

3.13.1 图案填充

在图案填充过程中，用户可以根据实际需求选择不同的填充样式，也可以对已填充的图案进行编辑。执行【图案填充】命令的方法有以下 3 种。

（1）功能区：在【默认】选项卡中，单击【绘图】面板中的【图案填充】按钮，如图 3-115 所示。

（2）菜单栏：选择【绘图】|【图案填充】菜单命令，如图 3-116 所示。

（3）命令行：BHATCH 或 CH 或 H。

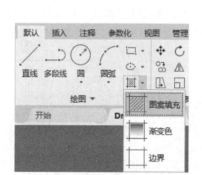

图 3-115　【绘图】面板中的【图案填充】按钮　　　**图 3-116　【图案填充】菜单命令**

在 AutoCAD 中执行【图案填充】命令后，将显示【图案填充创建】选项卡，如图 3-117 所示。选择所选的填充图案，在要填充的区域中单击，生成效果预览，然后于空白处单击或单击【关闭】面板上的【关闭图案填充】按钮即可创建。

图 3-117　【图案填充创建】选项卡

该选项卡由【边界】【图案】【特性】【原点】【选项】和【关闭】6 个面板组成，分别介绍如下。

1.【边界】面板

如图 3-118 所示为展开【边界】面板中隐藏的选项，其面板中各选项的含义如下。

【拾取点】：单击此按钮，然后在填充区域中单击一点，AutoCAD 自动分析边界集，并从中确定包围该点的闭合边界。

【选择】：单击此按钮，然后根据封闭区域选择对象确定边界。可通过选择封闭对象的方法确定填充边界，但并不自动检测内部对象，如图 3-119 所示。

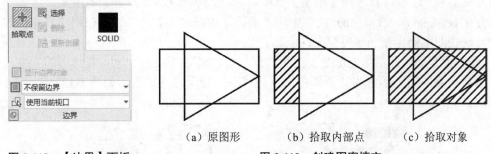

图 **3-118**　【边界】面板　　　　　　　图 **3-119**　创建图案填充

【删除】：用于取消边界，边界即为在一个大的封闭区域内存在的一个独立的小区域。

【重新创建】：编辑填充图案时，可利用此按钮生成与图案边界相同的多段线或面域。

【显示边界对象】：单击按钮，AutoCAD 显示当前的填充边界。使用显示的夹点可修改图案填充边界。

【保留边界对象】：创建图案填充时，创建多段线或面域作为图案填充的边缘，并将图案填充对象与其关联。单击下拉按钮，在下拉列表中包括【不保留边界】【保留边界：多段线】【保留边界：面域】。

【选择新边界集】：指定对象的有限集（称为边界集），以便由图案填充的拾取点进行评估。单击下拉按钮，在下拉列表中展开【使用当前视口】选项，根据当前视口范围中的所有对象定义边界集，选择此选项将放弃当前的任何边界集。

2.【图案】面板

显示所有预定义和自定义图案的预览图案。单击右侧的按钮可展开【图案】面板，拖动滚动条选择所需的填充图案，如图 3-120 所示。

3.【特性】面板

如图 3-121 所示为展开的【特性】面板中的隐藏选项，其各选项含义如下。

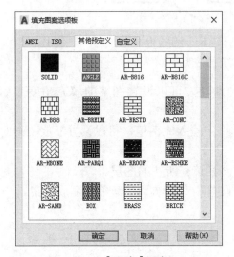

图 **3-120**　【图案】面板

图 **3-121**　【特性】面板

【图案】▨：单击下拉按钮▾，在下拉列表中包括【实体】【图案】【渐变色】【用户定义】4 个选项。若选择【图案】选项，则使用 AutoCAD 预定义的图案，这些图案保存在 acad.pat 和 acadiso.pat 文件中。若选择【用户定义】选项，则采用用户定制的图案，这些图案保存在 .pat 类型文件中。

【颜色】▨（图案填充颜色）/ ▨（背景色）：单击下拉按钮▾，在弹出的下拉列表中选择需要的图案颜色和背景颜色，默认状态下为无背景颜色，如图 3-122 与图 3-123 所示。

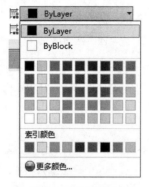

图 3-122　选择图案颜色　　　　　图 3-123　选择背景颜色

【图案填充透明度】▨图案填充透明度：通过拖动滑块，可以设置填充图案的透明度，如图 3-124 所示。设置完透明度之后，需要单击状态栏中的【显示 / 隐藏透明度】按钮▨，透明度才能显示出来。

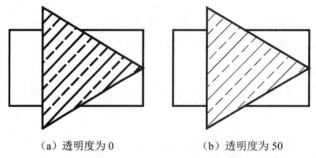

（a）透明度为 0　　　　　　　（b）透明度为 50

图 3-124　设置图案填充的透明度

【角度】角度　　　　2：通过拖动滑块，可以设置图案的填充角度，如图 3-125 所示。

【比例】▨1　　　　：通过在文本框中输入比例值，可以设置缩放图案的比例，如图 3-126 所示。

【图层】▨：在右方的下拉列表中可以指定图案填充所在的图层。

【相对于图纸空间】▨：适用于布局。用于设置相对于布局空间单位缩放图案。

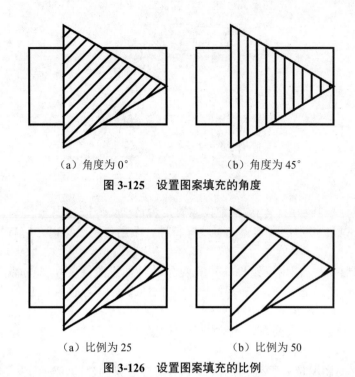

（a）角度为 0°   （b）角度为 45°

图 3-125　设置图案填充的角度

（a）比例为 25   （b）比例为 50

图 3-126　设置图案填充的比例

【双】▦：只有在【用户定义】选项时才可用。用于将绘制两组相互呈 90°的直线填充图案，从而构成交叉线填充图案。

【ISO 笔宽】：设置基于选定笔宽缩放 ISO 预定义图案。只有图案设置为 ISO 图案的一种时才可用。

4.【原点】面板

如图 3-127 所示是【原点】展开隐藏的面板选项，指定原点的位置有【左下】【右下】【左上】【右上】【中心】【使用当前原点】6 种方式。

【设定原点】▨：指定新的图案填充原点，如图 3-128 所示。

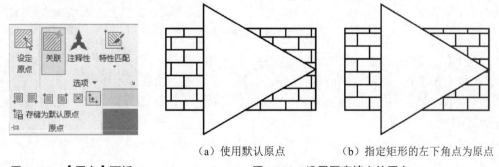

图 3-127　【原点】面板   （a）使用默认原点   （b）指定矩形的左下角点为原点

                                         图 3-128　设置图案填充的原点

5.【选项】面板

如图 3-129 所示为展开的【选项】面板中的隐藏选项，其各选项含义如下。

图 3-129　【选项】面板

【关联】：控制当用户修改当前图案时是否自动更新图案填充。

【注释性】：指定图案填充为可注释特性。单击信息图标以了解有相关注释性对象的更多信息。

【特性匹配】：使用选定图案填充对象的特性设置图案填充的特性，图案填充原点除外。单击下拉按钮，在下拉列表中包括【使用当前原点】和【使用原图案原点】。

【允许的间隙】：指定要在几何对象之间桥接最大的间隙，这些对象经过延伸后将闭合边界。

【创建独立的图案填充】：一次在多个闭合边界创建的填充图案是各自独立的。选择时，这些图案是单一对象。

【孤岛】：在闭合区域内的另一个闭合区域。单击下拉按钮，在下拉列表中包含【无孤岛检测】【普通孤岛检测】【外部孤岛检测】和【忽略孤岛检测】，如图 3-130 所示。其中各选项的含义如下。

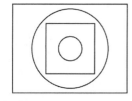
（a）无填充

（b）普通填充方式

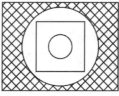
（c）外部填充方式

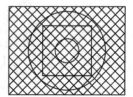
（d）忽略填充方式

图 3-130　孤岛的 3 种显示方式

（1）【无孤岛检测】：关闭以使用传统孤岛检测方法。

（2）【普通】：从外部边界向内填充，即第一层填充，第二层不填充。

（3）【外部】：从外部边界向内填充，即只填充从最外边界向内第一边界之间的区域。

（4）【忽略】：忽略最外层边界包含的其他任何边界，从最外层边界向内填充全部图形。

【绘图次序】：指定图案填充的创建顺序。单击下拉按钮，在下拉列表中包括【不指定】【后置】【前置】【置于边界之后】【置于边界之前】。默认情况下，图案填充绘制次序是置于边界之后。

【图案填充和渐变色】对话框：单击【选项】面板上的按钮，打开【图案填充和渐变色】对话框，如图 3-131 所示。其中的选项与【图案填充创建】选项卡中的选项基本相同。

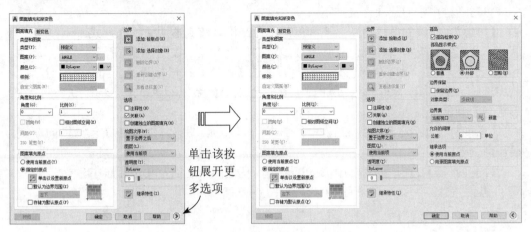

图 3-131　【图案填充和渐变色】对话框

6.【关闭】面板

　　单击面板上的【关闭图案填充创建】按钮，可退出图案填充。也可按 Esc 键代替此按钮操作。

　　在弹出【图案填充创建】选项卡之后，再在命令行中输入"T"，即可进入设置界面，即打开【图案填充和渐变色】对话框。单击该对话框右下角的【更多选项】按钮，展开如图 3-131 所示的对话框，显示出更多选项。对话框中的选项含义与【图案填充创建】选项卡基本相同，不再赘述。

3.13.2　渐变色填充

　　在绘图过程中，有些图形在填充时需要用到一种或多种颜色。例如，绘制装潢、美工图纸等。在 AutoCAD 2022 中调用【图案填充】的方法有如下几种。

　　（1）功能区：在【默认】选项卡中，单击【绘图】面板中的【渐变色】按钮。

　　（2）菜单栏：执行【绘图】|【图案填充】命令。

　　执行【渐变色】填充操作后，将弹出如图 3-132 所示的【图案填充创建】选项卡。该选项卡同样由【边界】【图案】等 6 个面板组成，只是图案换成了渐变色，各面板功能与之前介绍过的图案填充一致，在此不重复介绍。

图 3-132　【图案填充创建】选项卡

　　如果在命令行提示【拾取内部点或 [选择对象（S）/ 放弃（U）/ 设置（T）]】时，

激活【设置（T）】选项，将打开如图3-133所示的【图案填充和渐变色】对话框，并自动切换到【渐变色】选项卡。

该对话框中常用选项含义如下。

【单色】：指定的颜色将从高饱和度的单色平滑过渡到透明的填充方式。

【双色】：指定的两种颜色进行平滑过渡的填充方式，如图3-134所示。

【颜色样本】：设定渐变填充的颜色。单击【浏览】按钮打开【选择颜色】对话框，从中选择AutoCAD索引颜色（AIC）、真彩色或配色系统颜色。显示的默认颜色为图形的当前颜色。

【渐变样式】：在渐变区域有9种固定渐变填充的图案，这些图案包括径向渐变、线性渐变等。

【向列表框】：在该列表框中，可以设置渐变色的角度以及其是否居中。

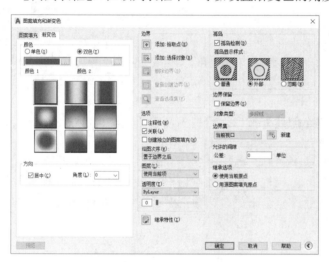

图3-133　【渐变色】选项卡　　　　　图3-134　渐变色填充效果

3.13.3　编辑填充的图案

在为图形填充了图案后，如果对填充效果不满意，还可以通过【编辑图案填充】命令对其进行编辑。可编辑内容包括填充比例、旋转角度和填充图案等。AutoCAD 2022增强了图案填充的编辑功能，可以同时选择并编辑多个图案填充对象。

执行【编辑图案填充】命令的方法有以下常用的几种。

（1）功能区：在【默认】选项卡中，单击【修改】面板中的【编辑图案填充】按钮，如图3-135所示。

（2）菜单栏：选择【修改】|【对象】|【图案填充】菜单命令，如图3-136所示。

（3）命令行：HATCHEDIT或HE。

（4）快捷操作1：在要编辑的对象上单击鼠标右键，在弹出的右键快捷菜单中选择【图案填充编辑】选项。

（5）快捷操作2：在绘图区双击要编辑的图案填充对象。

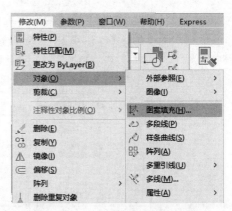

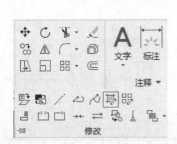

图 3-135　【修改】面板中的【编辑图案填充】按钮　　　　**图 3-136**　【图案填充】菜单命令

　　调用该命令后，先选择图案填充对象，系统弹出【图案填充编辑】对话框，如图 3-137 所示。该对话框中的参数与【图案填充和渐变色】对话框中的参数一致，修改参数即可修改图案填充效果。

图 3-137　【图案填充编辑】对话框

3.14　课堂练习：填充室内鞋柜立面

　　室内设计是否美观，很大程度上取决于它在主要立面上的艺术处理，包括造型与装修是否优美。在设计阶段中，立面图便主要是用来研究这种艺术处理的，主要反映房屋的外貌和立面装修的做法。因此室内立面图的绘制，很大程度上需要通过填充来表达这种装修做法。本例便通过填充室内鞋柜立面，让读者熟练掌握图案填充的方法。

（1）打开"第3章\3.14 课堂练习：填充室内鞋柜立面.dwg"素材文件，如图 3-138 所示。

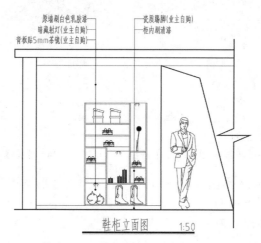

图 3-138　素材图形

（2）填充墙体结构图案。在命令行中输入 H【图案填充】命令并按 Enter 键，系统在面板上弹出【图案填充创建】选项卡，如图 3-139 所示，在【图案】面板中设置 ANSI31，【特性】面板中设置【填充图案颜色】为8，【填充图案比例】为20，设置完成后，拾取墙体为内部拾取点填充，按空格键退出，填充效果如图 3-140 所示。

图 3-139　【图案填充创建】选项卡

（3）继续填充墙体结构图案。按空格键再次调用【图案填充】命令，选择【图案】为 AR-CON，【填充图案颜色】为8，【填充图案比例】为1，填充效果如图 3-141 所示。

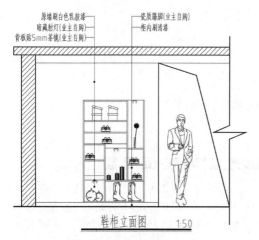

图 3-140　填充墙体钢筋

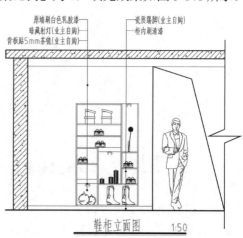

图 3-141　填充墙体混凝土

（4）填充鞋柜背景墙面。按空格键再次调用【图案填充】命令，选择【图案】为 AR-SAND，【填充图案颜色】为 8，【填充图案比例】为 3，填充效果如图 3-142 所示。

（5）填充鞋柜玻璃。按空格键再次调用【图案填充】命令，选择【图案】为 AR-RROOF，【填充图案颜色】为 8，【填充图案比例】为 10，最终填充效果如图 3-143 所示。

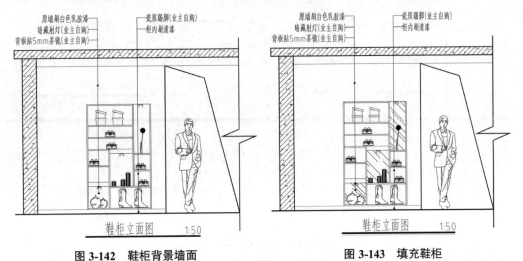

图 3-142　鞋柜背景墙面　　　　　　　　图 3-143　填充鞋柜

3.15　课堂练习：创建无边界的混凝土填充

在绘制建筑设计的剖面图时，常需要使用【图案填充】命令来表示混凝土或实体地面等。这类填充的一个特点就是范围大，边界不规则，如果仍使用常规的办法先绘制边界再进行填充，虽然可行，但效果并不好。本例便直接从调用【图案填充】命令开始，一边选择图案，一边手动指定边界。

（1）打开"第 3 章 \3.15 课堂练习：创建无边界的混凝土填充 .dwg"素材文件，如图 3-144 所示。

（2）在命令行中输入"-HATCH"命令后回车，命令行操作提示如下。

```
命令：-HATCH                                          //执行完整的【图案填充】命令
指定内部点或 ［特性(P)/选择对象(S)/绘图边界(W)/删除边界(B)/高级(A)/绘图次序
(DR)/原点(O)/注释性(AN)/图案填充颜色(CO)/图层(LA)/透明度(T)］：P↙
                                                     //选择【特性】命令
输入图案名称或 ［?/实体(S)/用户定义(U)/渐变色(G)］：AR-CONC↙
                                                     //输入混凝土填充的名称
指定图案缩放比例 <1.0000>:10↙                          //输入填充的缩放比例
指定图案角度 <0>：45↙                                  //输入填充的角度
当前填充图案： AR-CONC
指定内部点或 ［特性(P)/选择对象(S)/绘图边界(W)/删除边界(B)/高级(A)/绘图次序
(DR)/原点(O)/注释性(AN)/图案填充颜色(CO)/图层(LA)/透明度(T)］：W↙
                                                     //选择【绘图编辑】命令，手动绘制边界
```

（3）在绘图区依次捕捉点，注意打开捕捉模式，如图 3-144 所示。捕捉完之后按两次 Enter 键。

（4）系统提示指定内部点，点选绘图区的封闭区域回车，绘制结果如图 3-145 所示。

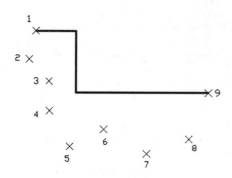

图 3-144　指定填充边界参考点

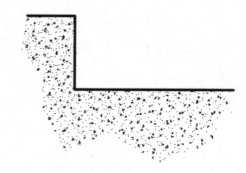

图 3-145　创建的填充图案结果

3.16　课后总结

本章主要介绍了如何创建直线、圆、椭圆和正多边形等基本几何图形。在 AutoCAD 中创建基本的几何图形是很简单的，但要真正掌握 AutoCAD 的各种绘图技巧，需要熟练地将单个命令与具体练习相结合，在练习的过程中巩固已学的命令，体会作图的方法，这样才能全面、深入地掌握 AutoCAD 软件。

3.17　课后习题

1. 选择题

（1）在 AutoCAD 中，构成图形的最小图形单元是（　　）。

A. 点　　　　　　　　　　　　B. 直线

C. 圆弧　　　　　　　　　　　D. 椭圆弧

（2）已知一个圆，如果要快速绘制这个圆的同心圆，采用什么方式最佳？（　　）

A. ELLIPSE　　　　　　　　　B. CIRCLE

C. MIRROR　　　　　　　　　D. OFFSET

（3）如果要通过指定的值为半径，绘制一个与两个对象相切的圆，应选择【圆】命令中的哪个子命令？（　　）

A. 圆心、半径　　　　　　　　B. 相切、相切、相切

C. 三点　　　　　　　　　　　D. 相切、相切、半径

2. 实例题

（1）绘制地板砖花纹平面图，图形尺寸请参考如图 3-146 所示的尺寸标注。

（2）绘制排水井圈详图，图形尺寸请参考如图 3-147 所示的尺寸标注。

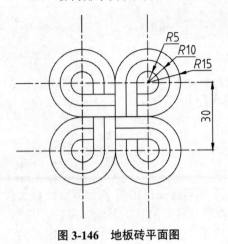

图 3-146　地板砖平面图

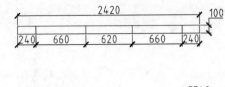

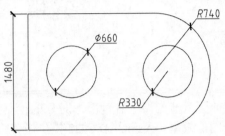

图 3-147　排水井圈详图

chapter *4*

第4章

编辑二维图形

前面章节学习了各种图形对象的绘制方法，为了创建图形的更多细节特征以及提高绘图的效率，AutoCAD 2022 提供了许多编辑命令，常用的有：移动、复制、修剪、倒角与圆角等。本章讲解这些命令的使用方法，以进一步提高读者绘制复杂图形的能力。使用编辑命令，能够方便地改变图形的大小、位置、方向、数量及形状，从而绘制出更为复杂的图形。

4.1 选择对象的方法

在编辑图形之前，首先选择需要编辑的图形。AutoCAD 2022 提供了多种选择对象的基本方法，如点选、窗口、窗交、圈围、圈交、栏选等。

在命令行中输入"SELECT"并按 Enter 键，然后输入"？"，命令行操作如下。

```
命令：SELECT↙
选择对象：？
需要点或 窗口(W)/上一个(L)/窗交(C)/框(BOX)/全部(ALL)/栏选(F)/圈围(WP)/
圈交(CP)/编组(G)/添加(A)/删除(R)/多个(M)/前一个(P)/放弃(U)/自动(AU)/单个
(SI)/子对象(SU)/对象(O)
```

命令行中提供了多种选择方式，其中部分选项讲解如下。

4.1.1 点选

AutoCAD 2022 中，最简单、最快捷的选择对象方法是使用鼠标单击。在未对任何对象进行编辑时，使用鼠标单击对象，如图 4-1 所示，被选中的目标将显示相应的夹点。如果是在编辑过程中选择对象，十字光标显示为方框形状口，被选择的对象则亮显。

提示：使用鼠标单击选择对象可以快速完成对象选择。但是，这种选择方式的缺点是一次只能选择图中的某一实体，如果要选择多个实体，则需依次单击各个对象对其进行逐个选择。如果要取消选择某些对象，可以在按住 Shift 键

图 4-1 单击对象

的同时单击要取消选择的对象，如图 4-2 所示。

图 4-2　选择多个对象

4.1.2　窗口与窗交

窗选对象是通过拖动生成一个矩形区域（长按鼠标左键则生成套索区域），将区域内的对象选择。根据拖动方向的不同，窗选又分为窗口选择和窗交选择。

1. 窗口选择对象

窗口选择对象是按住鼠标左键向右上方或右下方拖动，此时绘图区将会出现一个实线的矩形框，如图 4-3 所示。释放鼠标左键后，完全处于矩形范围内的对象将被选中，如图 4-4 所示的虚线部分为被选择的部分。

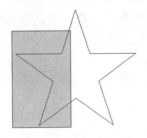　

图 4-3　窗口选择对象　　　　图 4-4　窗口选择后的效果

2. 窗交选择对象

窗交选择是按住鼠标左键向左上方或左下方拖动，此时绘图区将出现一个虚线的矩形框，如图 4-5 所示。释放鼠标左键后，部分或完全在矩形内的对象都将被选中，如图 4-6 所示的虚线部分为被选择的部分。

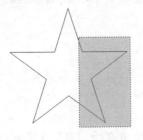　

图 4-5　窗交选择对象　　　　图 4-6　窗交选择后的效果

4.1.3　圈围与圈交

围选对象是根据需要自行绘制不规则的选择范围，包括圈围和圈交两种方法。

1. 圈围对象

圈围是一种多边形窗口选择方法，与窗口选择对象的方法类似，不同的是圈围方法可以构造任意形状的多边形，如图 4-7 所示。完全包含在多边形区域内的对象才能被选中，如图 4-8 所示的虚线部分为被选择的部分。

在命令行中输入"SELECT"并按 Enter 键，再输入"WP"并按 Enter 键，即可进入圈围选择模式。

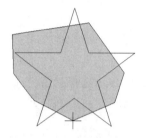　

图 4-7　圈围选择对象　　　　图 4-8　圈围选择后的效果

2. 圈交对象

圈交是一种多边形窗交选择方法，与窗交选择对象的方法类似，不同的是圈交使用多边形边界框选图形，如图 4-9 所示。部分或全部处于多边形范围内的图形都被选中，如图 4-10 所示的虚线部分为被选择的部分。

在命令行中输入"SELECT"并按 Enter 键，再输入"CP"并按 Enter 键，即可进入圈交选择模式。

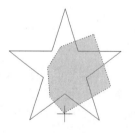　

图 4-9　圈交选择对象　　　　图 4-10　圈交选择后的效果

4.1.4　栏选

栏选图形即在选择图形时拖出任意折线，如图 4-11 所示。凡是与折线相交的图形对象均被选中，如图 4-12 所示的虚线部分为被选择的部分。使用该方式选择连续性对象非常方便，但栏选线不能封闭与相交。

在命令行中输入"SELECT"并按 Enter 键，再输入"F"并按 Enter 键，即可进入栏选模式。

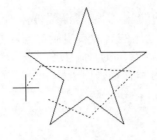

图 4-11　栏选选择对象　　　　图 4-12　栏选选择后的效果

4.1.5　快速选择

快速选择可以根据对象的图层、线型、颜色、图案填充等特性选择对象，从而可以准确快速地从复杂的图形中选择满足某种特性的图形对象。

选择【工具】|【快速选择】命令，弹出【快速选择】对话框，如图 4-13 所示。用户可以根据要求设置选择范围，单击【确定】按钮，完成选择操作。

如要选择图 4-14 中的圆弧，除了手动选择的方法外，就可以利用快速选择工具来进行选取。选择【工具】|【快速选择】命令，弹出【快速选择】对话框，在【对象类型】下拉列表框中选择【圆弧】选项，单击【确定】按钮，选择结果如图 4-15 所示。

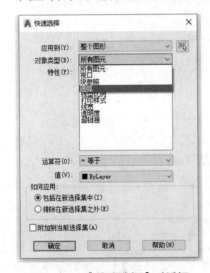

图 4-13　【快速选择】对话框　　　图 4-14　示例图形　　　图 4-15　快速选择后的结果

4.2　图形的复制

一张电气设计图纸中会有很多形状完全相同的图形，如开关、电灯，使用 AutoCAD 提供的复制、偏移、镜像、阵列等工具，可以快速创建这些相同的对象。

4.2.1 复制对象

【复制】命令是指在不改变图形大小、方向的前提下，重新生成一个或多个与原对象一模一样的图形。在命令执行过程中，需要确定的参数有复制对象、基点和第二点，配合坐标、对象捕捉、栅格捕捉等其他工具，可以精确复制图形。

在 AutoCAD 2022 中调用【复制】命令有以下几种常用方法。

（1）功能区：单击【修改】面板中的【复制】按钮 🔁。

（2）菜单栏：执行【修改】|【复制】命令。

（3）命令行：COPY 或 CO 或 CP。

执行【复制】命令后，选取需要复制的对象，指定复制基点，然后拖动鼠标指定新基点即可完成复制操作，继续单击，还可以复制多个图形对象，如图 4-16 所示。命令行操作如下。

```
命令：_copy                                        // 执行【复制】命令
选择对象：找到 1 个                                 // 选择要复制的图形
当前设置：复制模式 = 多个                           // 当前的复制设置
指定基点或 [位移(D)/模式(O)] <位移>：              // 指定复制的基点
指定第二个点或 [阵列(A)] <使用第一个点作为位移>：    // 指定放置点 1
指定第二个点或 [阵列(A)/退出(E)/放弃(U)] <退出>：   // 指定放置点 2
指定第二个点或 [阵列(A)/退出(E)/放弃(U)] <退出>：   // 按 Enter 键完成操作
```

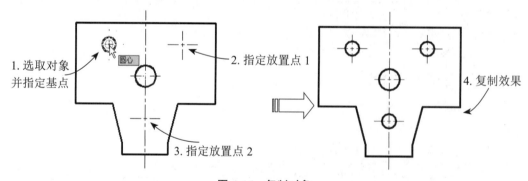

图 4-16   复制对象

其命令子选项含义说明如下。

【位移（D）】：使用坐标指定相对距离和方向。指定的两点定义一个矢量，指示复制对象的放置离原位置有多远以及以哪个方向放置。基本与【移动】【拉伸】命令中的【位移（D）】选项一致，在此不多加赘述。

【模式（O）】：该选项可控制【复制】命令是否自动重复。选择该选项后会有【单一（S）】【多个（M）】两个子选项，【单一（S）】可创建选择对象的单一副本，执行一次复制后便结束命令；而【多个（M）】则可以自动重复。

【阵列（A）】：选择该选项，可以线性阵列的方式快速大量复制对象，如图 4-17 所示。命令行操作如下。

```
命令：_copy                                        // 执行【复制】命令
选择对象：找到 1 个                                  // 选择复制对象
当前设置：  复制模式 = 多个
指定基点或 [ 位移 (D) / 模式 (O) ] < 位移 >：          // 指定复制基点
指定第二个点或 [ 阵列 (A) ] < 使用第一个点作为位移 >：A   // 输入 "A"，选择【阵列】选项
输入要进行阵列的项目数：4                             // 输入阵列的项目数
指定第二个点或 [ 布满 (F) ]：10                       // 移动鼠标确定阵列间距
指定第二个点或 [ 阵列 (A) / 退出 (E) / 放弃 (U) ] < 退出 >：  // 按 Enter 键完成操作
```

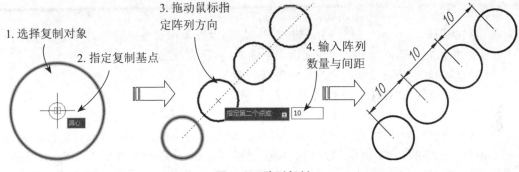

图 4-17 阵列复制

4.2.2 偏移对象

使用【偏移】工具可以创建与源对象成一定距离的形状相同或相似的新图形对象。可以进行偏移的图形对象包括直线、曲线、多边形、圆、圆弧等。

在 AutoCAD 2022 中调用【偏移】命令有以下几种常用方法。

（1）功能区：单击【修改】面板中的【偏移】按钮 ⊂。

（2）菜单栏：执行【修改】|【偏移】命令。

（3）命令行：OFFSET 或 O。

偏移命令需要输入的参数有需要偏移的【源对象】【偏移距离】和【偏移方向】。只要在需要偏移的一侧的任意位置单击即可确定偏移方向，也可以指定偏移对象通过已知的点。执行【偏移】命令后命令行操作如下。

```
命令：_OFFSET✓                                     // 调用【偏移】命令
指定偏移距离或 [ 通过 (T) / 删除 (E) / 图层 (L) ] < 通过 >：  // 输入偏移距离
选择要偏移的对象，或 [ 退出 (E) / 放弃 (U) ] < 退出 >：      // 选择偏移对象
指定通过点或 [ 退出 (E) / 多个 (M) / 放弃 (U) ] < 退出 >：   // 输入偏移距离或指定目标点
```

命令行中各选项的含义如下。

【通过（T）】：指定一个通过点定义偏移的距离和方向，如图 4-18 所示。

【删除（E）】：偏移源对象后将其删除。

【图层（L）】：确定将偏移对象创建在当前图层上还是源对象所在的图层上。

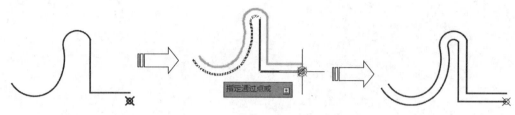

图 4-18　【通过（T）】偏移效果

4.2.3　镜像对象

　　【镜像】命令是指将图形绕指定轴（镜像线）镜像复制，常用于绘制结构规则且有对称特点的图形。AutoCAD 2022 通过指定临时镜像线镜像对象，镜像时可选择删除或保留原对象。在 AutoCAD 2022 中【镜像】命令的调用方法如下。

　　（1）功能区：单击【修改】面板中的【镜像】按钮⚠。

　　（2）菜单栏：执行【修改】|【镜像】命令。

　　（3）命令行：MIRROR 或 MI。

　　在命令执行过程中，需要确定镜像复制的对象和对称轴。对称轴可以是任意方向的，所选对象将根据该轴线进行对称复制，并且可以选择删除或保留源对象。在实际工程设计中，许多对象都为对称形式，如果绘制了这些图例的一半，就可以通过【镜像】命令迅速得到另一半，如图 4-19 所示。

　　调用【镜像】命令，命令行提示如下。

命令：_MIRROR	// 调用【镜像】命令
选择对象：指定对角点：找到 14 个	// 选择镜像对象
指定镜像线的第一点：	// 指定镜像线第一点 A
指定镜像线的第二点：	// 指定镜像线第二点 B
要删除源对象吗？[是(Y)/否(N)]<N>：↙	// 选择是否删除源对象，或按 Enter 键结束命令

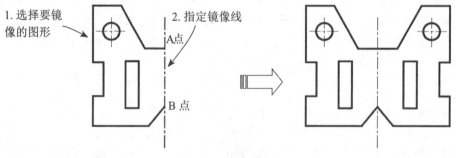

图 4-19　镜像图形

　　【镜像】操作十分简单，命令行中的子选项不多，只有在结束命令前可选择是否删除源对象。如果选择【是】，则删除选择的镜像图形，效果如图 4-20 所示。

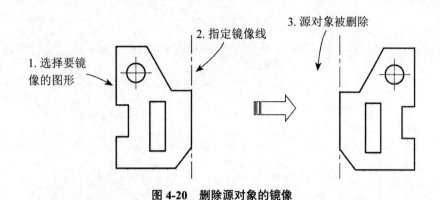

图 4-20　删除源对象的镜像

4.2.4　阵列对象

　　【复制】【镜像】和【偏移】等命令，一次只能复制得到一个对象副本。如果想要按照一定规律大量复制图形，可以使用 AutoCAD 2022 提供的【阵列】命令。【阵列】是一个功能强大的多重复制命令，它可以一次将选择的对象复制多个并按指定的规律进行排列。

　　在 AutoCAD 2022 中，提供了 3 种【阵列】方式：矩形阵列、极轴（即环形）阵列、路径阵列，可以按照矩形、环形（极轴）和路径的方式，以定义的距离、角度和路径复制出源对象的多个对象副本，如图 4-21 所示。

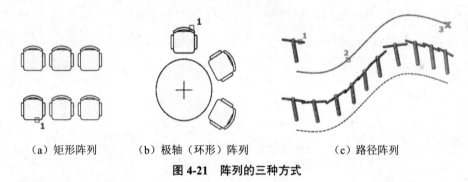

（a）矩形阵列　　　　　（b）极轴（环形）阵列　　　　　（c）路径阵列

图 4-21　阵列的三种方式

1. 矩形阵列

　　矩形阵列就是将图形呈行列类进行排列，如园林平面图中的道路绿化、建筑立面图的窗格、规律摆放的桌椅等。调用【阵列】命令的方法如下。

　　（1）功能区：在【默认】选项卡中，单击【修改】面板中的【矩形阵列】按钮 ，如图 4-22 所示。

　　（2）菜单栏：执行【修改】|【阵列】|【矩形阵列】命令，如图 4-23 所示。

　　（3）命令行：ARRAYRECT。

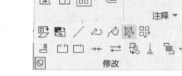

图 4-22　【功能区】调用【矩形阵列】命令　　　　**图 4-23　【菜单栏】调用【阵列】命令**

使用矩形阵列需要设置的参数有阵列的【源对象】【行】和【列】的数目、【行距】和【列距】。行和列的数目决定了需要复制的图形对象有多少个。

调用【阵列】命令，功能区显示矩形方式下的【阵列创建】选项卡，如图 4-24 所示，命令行提示如下。

```
命令：_arrayrect                        //调用【矩形阵列】命令
选择对象：找到 1 个                      //选择要阵列的对象
类型 = 矩形  关联 = 是                   //显示当前的阵列设置
选择夹点以编辑阵列或 [ 关联 (AS) / 基点 (B) / 计数 (COU) / 间距 (S) / 列数 (COL) / 行数 (R) /
层数 (L) / 退出 (X)]：↙                  //设置阵列参数，按 Enter 键退出
```

默认	插入	注释	参数化	视图	管理	输出	附加模块	协作	Express Tools	精选应用	阵列创建	布局

类型		列		行		层级		特性		关闭
矩形	列数： 4	行数： 3	级别： 1		关联 基点	关闭阵列
	介于： 294.3821	介于： 294.3821	介于： 1			
	总计： 883.1463	总计： 588.7642	总计： 1			

图 4-24　【阵列创建】选项卡

命令行中主要选项介绍如下。

【关联（AS）】：指定阵列中的对象是关联的还是独立的。选择【是】，则单个阵列对象中的所有阵列项目皆关联，类似于块，更改源对象则所有项目都会更改，如图 4-25 所示；选择【否】，则创建的阵列项目均作为独立对象，更改一个项目不影响其他项目。图 4-24【阵列创建】选项卡中的【关联】按钮亮显则为【是】，反之为【否】。

【基点（B）】：定义阵列基点和基点夹点的位置，默认为质心。该选项只有在启用【关联】时才有效。效果同【阵列创建】选项卡中的【基点】按钮。

【计数（COU）】：可指定行数和列数，并使用户在移动光标时可以动态观察阵列结果。效果同【阵列创建】选项卡中的【列数】【行数】文本框。

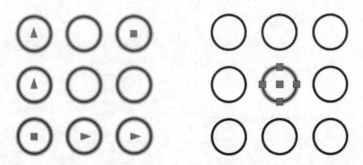

(a) 选择【是】：所有对象关联　　　(b) 选择【否】：所有对象独立

图 4-25　阵列的关联效果

【间距（S）】：指定行间距和列间距并使用户在移动光标时可以动态观察结果。效果同【阵列创建】选项卡中的两个【介于】文本框。

【列数（COL）】：依次编辑列数和列间距，效果同【阵列创建】选项卡中的【列】面板。

【行数（R）】：依次指定阵列中的行数、行间距以及行之间的增量标高。【增量标高】即相当于本书矩形章节中的【标高】选项，指三维效果中 Z 轴方向上的增量，如图 4-26 所示即为【增量标高】为 10 的效果。

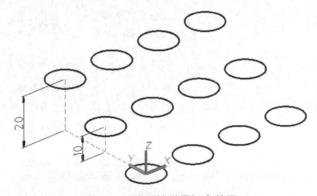

图 4-26　阵列的增量标高效果

【层数（L）】：指定三维阵列的层数和层间距，效果同【阵列创建】选项卡中的【层级】面板，二维情况下无须设置。

2. 路径阵列

路径阵列可沿曲线（可以是直线、多段线、三维多段线、样条曲线、螺旋、圆弧、圆或椭圆）阵列复制图形，通过设置不同的基点，能得到不同的阵列结果。在园林设计中，使用路径阵列可快速复制园路与街道旁的树木，或者草地中的汀步图形。

调用【路径阵列】命令的方法如下。

（1）功能区：在【默认】选项卡中，单击【修改】面板中的【路径阵列】按钮 ，如图 4-27 所示。

（2）菜单栏：执行【修改】|【阵列】|【路径阵列】命令，如图 4-28 所示。

（3）命令行：ARRAYPATH。

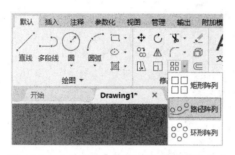

图 4-27　【功能区】调用【路径阵列】命令　　　　**图 4-28　【菜单栏】调用【路径阵列】命令**

路径阵列需要设置的参数有【阵列路径】【阵列对象】和【阵列数量】【方向】等。调用【阵列】命令，功能区显示路径方式下的【阵列创建】选项卡，如图 4-29 所示，命令行提示如下。

```
命令：_arraypath                          // 调用【路径阵列】命令
选择对象：找到 1 个                        // 选择要阵列的对象
选择对象：
类型 = 路径　关联 = 是                     // 显示当前的阵列设置
选择路径曲线：                            // 选取阵列路径
选择夹点以编辑阵列或 [关联(AS)/方法(M)/基点(B)/切向(T)/项目(I)/行(R)/层
(L)/对齐项目(A)/Z方向(Z)/退出(X)] <退出>：✓   // 设置阵列参数，按 Enter 键退出
```

图 4-29　【阵列创建】选项卡

命令行中主要选项介绍如下。

【关联（AS）】：与【矩形阵列】中的【关联】选项相同，这里不重复讲解。

【方法（M）】：控制如何沿路径分布项目，有【定数等分（D）】和【定距等分（M）】两种方式。

【基点（B）】：定义阵列的基点。路径阵列中的项目相对于基点放置，选择不同的基点，进行路径阵列的效果也不同，如图 4-30 所示。效果同【阵列创建】选项卡中的【基点】按钮。

【切向（T）】：指定阵列中的项目如何相对于路径的起始方向对齐，不同基点、切向的阵列效果如图 4-31 所示。效果同【阵列创建】选项卡中的【切线方向】按钮。

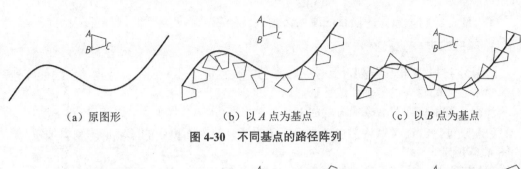

（a）原图形　　　　　　（b）以 A 点为基点　　　　　（c）以 B 点为基点

图 4-30　不同基点的路径阵列

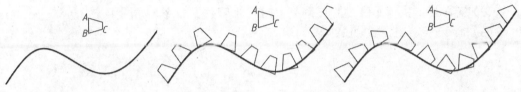

（a）原图形　　（b）以 A 点为基点，AB 为方向矢量　　（c）以 B 点为基点，BC 为方向矢量

图 4-31　不同基点、切向的路径阵列

【项目（I）】：根据【方法】设置，指定项目数（方法为定数等分）或项目之间的距离（方法为定距等分）。效果同【阵列创建】选项卡中的【项目】面板。

【行（R）】：指定阵列中的行数、它们之间的距离以及行之间的增量标高，如图 4-32 所示。效果同【阵列创建】选项卡中的【行】面板。

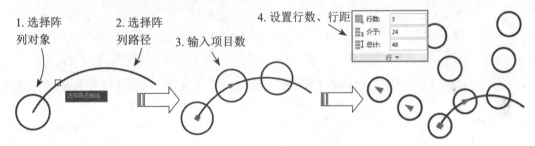

图 4-32　路径阵列的【行】效果

【层（L）】：指定三维阵列的层数和层间距，效果同【阵列创建】选项卡中的【层级】面板，二维情况下无须设置。

【对齐项目（A）】：指定是否对齐每个项目以与路径的方向相切，对齐相对于第一个项目的方向，效果对比如图 4-33 所示。【阵列创建】选项卡中的【对齐项目】按钮亮显则开启，反之关闭。

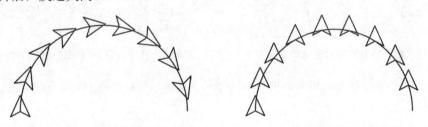

（a）开启【对齐项目】效果　　　　　　（b）关闭【对齐项目】效果

图 4-33　对齐项目效果

Z 方向：控制是否保持项目的原始 Z 方向或沿三维路径自然倾斜项目。

3. 环形阵列

【环形阵列】即极轴阵列，是以某一点为中心点进行环形复制，阵列结果是使阵列对象沿中心点的四周均匀排列成环形。

调用【极轴阵列】命令的方法如下。

（1）功能区：在【默认】选项卡中，单击【修改】面板中的【环形阵列】按钮 ，如图 4-34 所示。

（2）菜单栏：执行【修改】|【阵列】|【环形阵列】命令，如图 4-35 所示。

（3）命令行：ARRAYPOLAR。

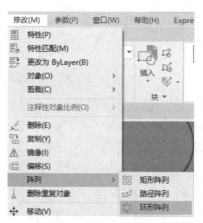

图 4-34　【功能区】调用【环形阵列】命令　　图 4-35　【菜单栏】调用【环形阵列】命令

【环形阵列】需要设置的参数有阵列的【源对象】【项目总数】【中心点位置】和【填充角度】。填充角度是指全部项目排成的环形所占有的角度。例如，对于 360°填充，所有项目将排满一圈，如图 4-36 所示；对于 240°填充，所有项目只排满三分之二圈，如图 4-37 所示。

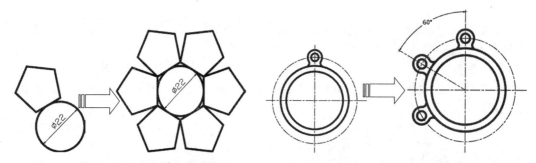

图 4-36　指定项目总数和填充角度阵列　　　图 4-37　指定项目总数和项目间的角度阵列

调用【阵列】命令，功能区面板显示【阵列创建】选项卡，如图 4-38 所示，命令行提示如下。

```
命令：_arraypolar                                    // 调用【环形阵列】命令
选择对象：找到 1 个                                    // 选择阵列对象
选择对象：
类型 = 极轴　关联 = 是                                 // 显示当前的阵列设置
指定阵列的中心点或 [ 基点 (B) / 旋转轴 (A)]：           // 指定阵列中心点
选择夹点以编辑阵列或 [ 关联 (AS) / 基点 (B) / 项目 (I) / 项目间角度 (A) / 填充角度 (F) / 行
(ROW) / 层 (L) / 旋转项目 (ROT) / 退出 (X)] < 退出 >：✓   // 设置阵列参数并按 Enter 键退出
```

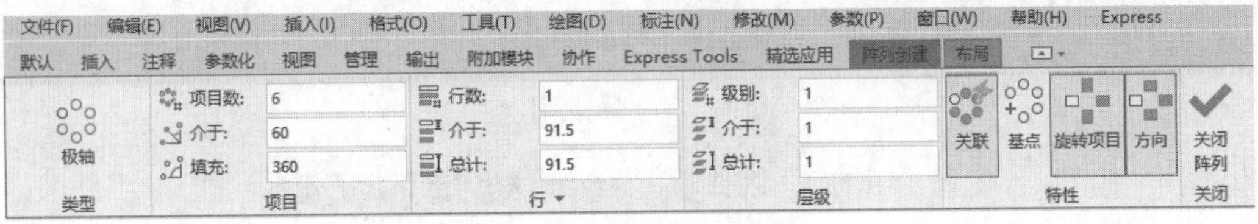

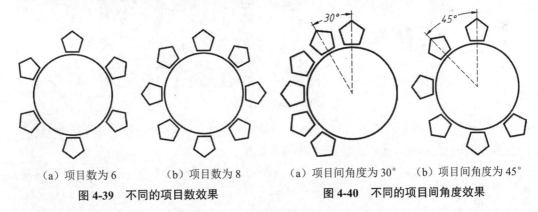

图 4-38　【阵列创建】选项卡

命令行主要选项介绍如下。

【关联（AS）】：与【矩形阵列】中的【关联】选项相同，这里不重复讲解。

【基点（B）】：指定阵列的基点，默认为质心，效果同【阵列创建】选项卡中的【基点】按钮。

【项目（I）】：使用值或表达式指定阵列中的项目数，默认为 360° 填充下的项目数，如图 4-39 所示。

【项目间角度（A）】：使用值表示项目之间的角度，如图 4-40 所示。同【阵列创建】选项卡中的【项目】面板。

（a）项目数为 6　　　　（b）项目数为 8　　　　　（a）项目间角度为 30°　　（b）项目间角度为 45°

图 4-39　不同的项目数效果　　　　　　　　图 4-40　不同的项目间角度效果

【填充角度（F）】：使用值或表达式指定阵列中第一个和最后一个项目之间的角度，即环形阵列的总角度。

【行（ROW）】：指定阵列中的行数、它们之间的距离以及行之间的增量标高，效果与【路径阵列】中的【行（R）】选项一致，在此不重复讲解。

【层（L）】：指定三维阵列的层数和层间距，效果同【阵列创建】选项卡中的【层级】面板，二维情况下无须设置。

【旋转项目（ROT）】：控制在阵列项时是否旋转项，效果对比如图 4-41 所示。【阵列创建】选项卡中的【旋转项目】按钮亮显则开启，反之关闭。

（a）开启【旋转项目】效果　　　（b）关闭【旋转项目】效果

图 4-41　旋转项目效果

4.3　课堂练习：绘制推拉门图形

　　拉门源于中国，经中国文化传至朝鲜、日本。最初的推拉门只用于卧室或更衣间衣柜的推拉门，但随着技术的发展与装修手段的多样化，从传统的板材表面，到玻璃、布艺、藤编、铝合金型材，从推拉门、折叠门到隔断门，推拉门的功能和使用范围在不断扩展。在这种情况下，推拉门的运用开始变得多样和丰富。除了最常见的隔断门之外，推拉门广泛运用于书柜、壁柜、客厅、展示厅、推拉式户门等，如图 4-42所示。

图 4-42　推拉门

　　（1）单击【快速访问】工具栏中的【打开】按钮📂，打开"第 4 章 \4.3 课堂练习：绘制推拉门图形 .dwg"文件，如图 4-43 所示。

　　（2）在【默认】选项卡中，单击【修改】面板中的【偏移】按钮⊑，向外偏移矩形，如图 4-44 所示，命令行操作如下。

```
命令：_offset                                    // 调用【偏移】命令
当前设置：删除源 = 否   图层 = 源   OFFSETGAPTYPE=0
指定偏移距离或 [ 通过 (T)/ 删除 (E)/ 图层 (L)] <400.0000>:30↙  // 设置偏移距离
选择要偏移的对象，或 [ 退出 (E)/ 放弃 (U)] < 退出 >：        // 选择矩形为偏移对象
指定要偏移的那一侧上的点，或 [ 退出 (E)/ 多个 (M)/ 放弃 (U)] < 退出 >：
                                       // 在矩形外侧单击鼠标，指定偏移方向
```

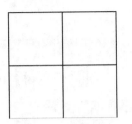

图 4-43　打开素材图形

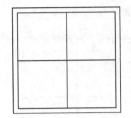

图 4-44　向外偏移矩形

（3）按 Enter 键，再次调用【偏移】命令，向两侧偏移矩形内侧的水平和垂直直线，如图 4-45 所示。

（4）调用 TR【修剪】命令，修剪多余的直线，最终得到如图 4-46 所示的推拉门图形。

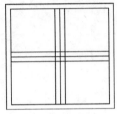

图 4-45　偏移直线

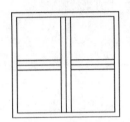

图 4-46　偏移图形

4.4　课堂练习：阵列复制窗户

本练习以立面图中绘制窗户为例，讲解阵列图形的方法。

（1）单击【快速访问】工具栏中的【打开】按钮，打开"第 4 章 \4.4 课堂练习：阵列复制窗户 .dwg"文件，如图 4-47 所示。

（2）在【默认】选项卡中，单击【修改】面板中的【矩形阵列】按钮，复制图形，命令行操作如下。

```
命令：_arrayrect                                    // 调用【矩形阵列】命令
选择对象：找到 1 个，总计 17 个                      // 选择窗户和窗台和图形
类型 = 矩形　关联 = 是
选择夹点以编辑阵列或 [ 关联 (AS) / 基点 (B) / 计数 (COU) / 间距 (S) / 列数 (COL) / 行数 (R) /
层数 (L) / 退出 (X)] < 退出 >:COR
需要点或选项关键字。
选择夹点以编辑阵列或 [ 关联 (AS) / 基点 (B) / 计数 (COU) / 间距 (S) / 列数 (COL) / 行数 (R) /
层数 (L) / 退出 (X)] < 退出 >:COL
输入列数数或 [ 表达式 (E)] <4>: 3
指定 列数 之间的距离或 [ 总计 (T) / 表达式 (E)] <2592.6264>: 4000
选择夹点以编辑阵列或 [ 关联 (AS) / 基点 (B) / 计数 (COU) / 间距 (S) / 列数 (COL) / 行数 (R) /
层数 (L) / 退出 (X)] < 退出 >:R
输入行数数或 [ 表达式 (E)] <3>: 3
指定 行数 之间的距离或 [ 总计 (T) / 表达式 (E)] <2501.1011>:3300
```

（3）矩形阵列效果如图 4-48 所示。

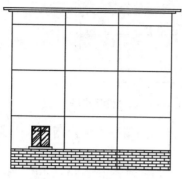

图 4-47　打开素材图形

图 4-48　矩形阵列结果

4.5　改变图形的大小及位置

对于已经绘制好的图形对象，有时需要改变图形的大小及它们的位置，改变的方式有很多种，例如移动、旋转、拉伸和缩放等，下面将做详细介绍。

4.5.1　移动图形

移动图形是指将图形从一个位置平移到另一个位置，移动过程中图形的大小、形状和角度都不会改变。执行【移动】命令的方法有以下几种。

（1）功能区：单击【修改】面板中的【移动】按钮 ⊕，如图 4-49 所示。

（2）菜单栏：执行【修改】|【移动】命令，如图 4-50 所示。

（3）命令行：MOVE 或 M。

图 4-49　【修改】面板中的【移动】按钮

图 4-50　【移动】菜单命令

调用【移动】命令后，根据命令行提示，在绘图区中拾取需要移动的对象后单击右键确定，然后拾取移动基点，最后指定第二个点（目标点）即可完成移动操作，如图 4-51 所示。命令行操作如下。

命令：_move	// 执行【移动】命令
选择对象：找到 1 个	// 选择要移动的对象
指定基点或 [位移(D)] <位移>：	// 选取移动的参考点
指定第二个点或 <使用第一个点作为位移>：	// 选取目标点，放置图形

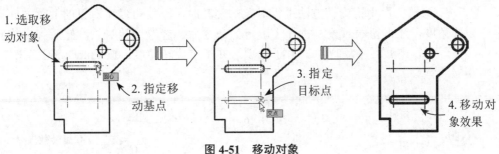

图 4-51 移动对象

4.5.2 旋转图形

旋转图形是将图形绕某个基点旋转一定的角度。执行【旋转】命令的方法有以下几种。

（1）功能区：单击【修改】面板中的【旋转】按钮 ○，如图 4-52 所示。

（2）菜单栏：执行【修改】|【旋转】命令，如图 4-53 所示。

（3）命令行：ROTATE 或 RO。

图 4-52 【修改】面板中的【旋转】按钮

图 4-53 【旋转】菜单命令

按上述方法执行【旋转】命令后，提示如下。

命令：ROTATE	// 执行【旋转】命令
UCS 当前的正角方向：ANGDIR=逆时针 ANGBASE=0	// 当前的角度测量方式和基准
选择对象：找到 1 个	// 选择要旋转的对象
指定基点：	// 指定旋转的基点
指定旋转角度，或 [复制(C)/参照(R)] <0>： 45	// 输入旋转的角度

在命令行提示【指定旋转角度】时，除了默认的旋转方法，还有【复制（C）】和【参照（R）】两种旋转，分别介绍如下。

默认旋转：利用该方法旋转图形时，源对象将按指定的旋转中心和旋转角度旋转至新位置，不保留对象的原始副本。执行上述任一命令后，选取旋转对象，然后指定旋转中心，根据命令行提示输入旋转角度，按 Enter 键完成旋转对象操作。

【复制（C）】：使用该旋转方法进行对象的旋转时，不仅可以将对象的放置方向调整一定的角度，还保留源对象。执行【旋转】命令后，选取旋转对象，然后指定旋转中心，在命令行中激活【复制（C）】子选项，并指定旋转角度，按 Enter 键退出操作，如图 4-54 所示。

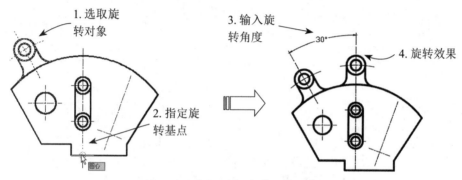

图 4-54　【复制（C）】旋转对象

【参照（R）】：可以将对象从指定的角度旋转到新的绝对角度，特别适合于旋转那些角度值为非整数或未知的对象。执行【旋转】命令后，选取旋转对象然后指定旋转中心，在命令行中激活【参照（R）】子选项，再指定参照第一点、参照第二点，这两点的连线与 X 轴的夹角即为参照角，接着移动鼠标即可指定新的旋转角度，如图 4-55 所示。

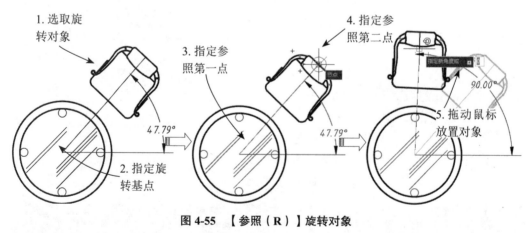

图 4-55　【参照（R）】旋转对象

4.5.3　缩放图形

缩放图形是将图形对象以指定的缩放基点，放大或缩小一定比例，与【旋转】命令类似，可以选择【复制】选项，在生成缩放对象时保留源对象。执行【缩放】命令的方法有以下几种。

（1）功能区：单击【修改】面板中的【缩放】按钮🔲，如图 4-56 所示。

（2）菜单栏：执行【修改】|【缩放】命令，如图 4-57 所示。

（3）命令行：SCALE 或 SC。

图 4-56 【修改】面板中的【缩放】按钮　　图 4-57 【缩放】菜单命令

执行以上任一方式启用【缩放】命令后，命令行操作提示如下。

命令：_scale	// 执行【缩放】命令
选择对象：找到 1 个	// 选择要缩放的对象
指定基点：	// 选取缩放的基点
指定比例因子或 [复制(C)/参照(R)]：2	// 输入比例因子

【缩放】命令与【旋转】差不多，除了默认的操作之外，同样有【复制（C）】和【参照（R）】两个子选项，介绍如下。

默认缩放：指定基点后直接输入比例因子进行缩放，不保留对象的原始副本。

【复制（C）】：在命令行输入"C"，选择该选项进行缩放后可以在缩放时保留源图。

【参照（R）】：如果选择该选项，则命令行会提示用户需要输入【参照长度】和【新长度】数值，由系统自动计算出两长度之间的比例数值，从而定义出图形的缩放因子，对图形进行缩放操作，如图 4-58 所示。

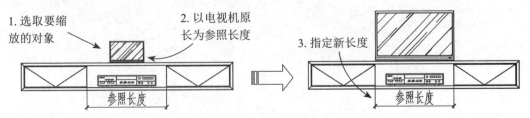

图 4-58 【参照（R）】缩放图形

4.5.4　拉伸图形

拉伸是将图形的一部分线条沿指定矢量方向拉长。执行【拉伸】命令的方法有以下几种。

（1）面板：单击【修改】面板中的【拉伸】按钮 $\square$ 。

（2）菜单栏：选择【修改】|【拉伸】命令。

（3）命令行：STRETCH 或 S。

执行【拉伸】命令需要选择拉伸对象、拉伸基点和第二点，基点和第二点定义的矢量决定了拉伸的方向和距离。

【拉伸】命令需要设置的主要参数有【拉伸对象】【拉伸基点】和【拉伸位移】三项。【拉伸位移】决定了拉伸的方向和距离，如图 4-59 所示，命令行操作如下。

```
命令：_stretch                              // 执行【拉伸】命令
以交叉窗口或交叉多边形选择要拉伸的对象 ...
选择对象：指定对角点：找到 1 个
选择对象：                                  // 以窗交、圈围等方式选择拉伸对象
指定基点或 [位移 (D)] <位移>：              // 指定拉伸基点
指定第二个点或 <使用第一个点作为位移>：      // 指定拉伸终点
```

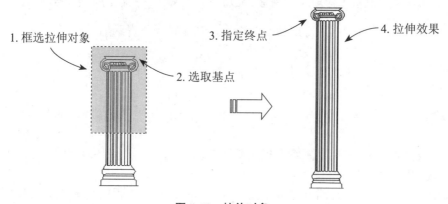

图 4-59　拉伸对象

拉伸遵循以下原则。

（1）通过单击选择和窗口选择获得的拉伸对象将只被平移，不被拉伸。

（2）通过框选选择获得的拉伸对象，如果所有夹点都落入选择框内，图形将发生平移，如图 4-60 所示；如果只有部分夹点落入选择框，图形将沿拉伸位移拉伸，如图 4-61 所示；如果没有夹点落入选择窗口，图形将保持不变，如图 4-62 所示。

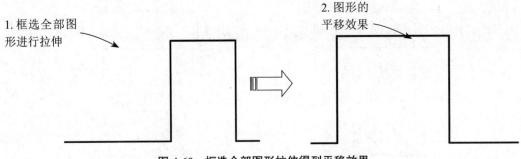

1. 框选全部图形进行拉伸

2. 图形的平移效果

图 4-60　框选全部图形拉伸得到平移效果

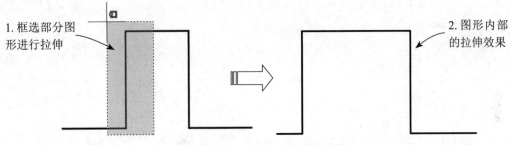

1. 框选部分图形进行拉伸

2. 图形内部的拉伸效果

图 4-61　框选部分图形拉伸得到拉伸效果

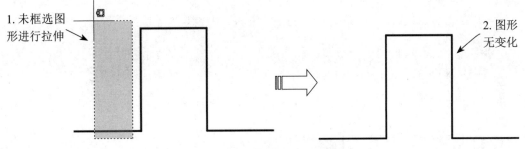

1. 未框选图形进行拉伸

2. 图形无变化

图 4-62　未框选图形拉伸无效果

4.6　课堂练习：完善组合沙发图形

（1）单击【快速访问】工具栏中的【打开】按钮，打开"第 4 章 \4.6 课堂练习：完善组合沙发图形 .dwg"素材文件，如图 4-63 所示。

（2）调用 SC【缩放】命令，根据命令行的提示，调整沙发的大小，如图 4-64 所示，命令行操作如下。

```
命令：_scale
选择对象：指定对角点：找到 19 个           // 使用窗口选择方式选择小沙发图形
指定基点：                                // 指定沙发上的一个点
指定比例因子或 [复制 (C)/参照 (R)]：2     // 将沙发放大两倍
```

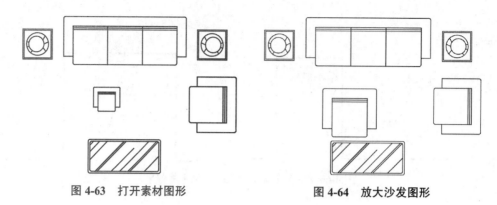

图 4-63　打开素材图形　　　　　　图 4-64　放大沙发图形

（3）调用 RO【旋转】命令，将沙发图形逆时针方向旋转 90°，如图 4-65 所示，命令行操作如下。

```
命令：_rotate                                    //调用【旋转】命令
UCS 当前的正角方向： ANGDIR=逆时针  ANGBASE=0
选择对象：指定对角点：找到 19 个                   //选择缩放后的沙发图形
指定基点：                                       //在沙发左下方位置拾取一点
指定旋转角度，或 [复制(C)/参照(R)] <0>:90↙        //输入旋转角度，逆时针方向为正
```

（4）调用 M【移动】命令，将茶几图形移动至沙发中间的位置，如图 4-66 所示，命令行操作如下。

```
命令：_move                                      //调用【移动】命令
选择对象：指定对角点：找到 20 个                    //选择茶几图形
指定基点或 [位移(D)] <位移>:                       //在茶几图形上任意拾取一点
指定第二个点或 <使用第一个点作为位移>:              //垂直向上移动光标拾取一点
```

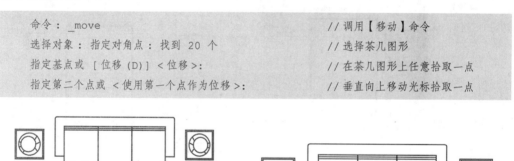
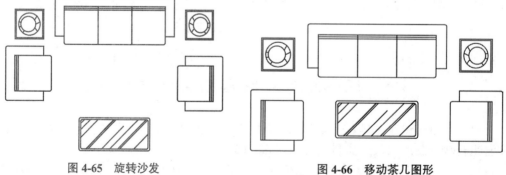

图 4-65　旋转沙发　　　　　　　　图 4-66　移动茶几图形

4.7　辅助绘图

图形绘制完成后，有时还需要对细节部分做一定的处理，这些细节处理包括倒角、

倒圆的调整等；此外，部分图形可能还需要分解或打断进行二次编辑，如矩形、多边形等。

4.7.1　修剪对象

【修剪】命令是指将超出边界的多余部分删除。修剪操作可以修剪直线、圆、弧、多段线、样条曲线和射线等。在调用命令的过程中，需要设置的参数有修剪边界和修剪对象两类。

调用【修剪】命令有以下几种方法。

（1）功能区：单击【修改】面板中的【修剪】按钮，如图 4-67 所示。

（2）菜单栏：执行【修改】|【修剪】命令，如图 4-68 所示。

（3）命令行：TRIM 或 TR。

图 4-67　【修改】面板中的【修剪】按钮　　图 4-68　【修剪】菜单命令

执行上述任一命令后，选择作为剪切边的对象（可以是多个对象），命令行提示如下。

```
当前设置：投影 =UCS，边 = 无
选择边界的边 ...
选择对象或 <全部选择>：              //鼠标选择要作为边界的对象
选择对象：                          // 可以继续选择对象或按 Enter 键结束选择
选择要延伸的对象，或按住 Shift 键选择要延伸的对象，或 [ 栏选 (F) / 窗交 (C) / 投影 (P) /
边 (E) / 放弃 (U)]：                 //选择要修剪的对象
```

执行【修剪】命令并选择对象之后，在命令行中会出现一些选择类的选项，这些选项的含义如下。

【栏选（F）】：用栏选的方式选择要修剪的对象。

【窗交（C）】：用窗交方式选择要修剪的对象。

【投影（P）】：用以指定修剪对象时使用的投影方式，即选择进行修剪的空间。

【边（E）】：指定修剪对象时是否使用【延伸】模式，默认选项为【不延伸】模式，即修剪对象必须与修剪边界相交才能够修剪。如果选择【延伸】模式，则修剪对象与修剪边界的延伸线相交即可被修剪。例如，如图 4-69 所示的圆弧，使用【延伸】模式才能够被修剪。

【放弃（U）】：放弃上一次的修剪操作。

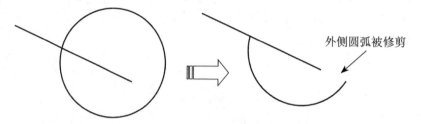

外侧圆弧被修剪

图 4-69　延伸模式修剪效果

剪切边也可以同时作为被剪边。默认情况下，选择要修剪的对象（即选择被剪边），系统将以剪切边为界，将被剪切对象上位于拾取点一侧的部分剪切掉。

利用【修剪】工具可以快速完成图形中多余线段的删除效果，如图 4-70 所示。

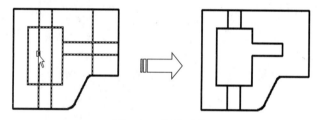

图 4-70　修剪对象

在修剪对象时，可以一次选择多个边界或修剪对象，从而实现快速修剪。例如，要将一个【井】字形路口打通，在选择修剪边界时可以使用【窗交】方式同时选择 4 条直线，如图 4-71（b）所示；然后按 Enter 键确认，再将光标移动至要修剪的对象上，如图 4-71（c）所示；单击鼠标即可完成一次修剪，依次在其他段上单击，则能得到最终的修剪结果，如图 4-71（d）所示。

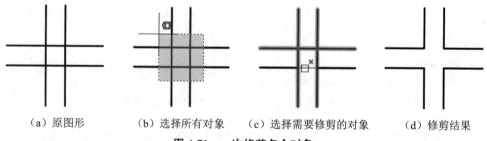

（a）原图形　　　（b）选择所有对象　　　（c）选择需要修剪的对象　　　（d）修剪结果

图 4-71　一次修剪多个对象

4.7.2　删除图形

【删除】命令可将多余的对象从图形中完全清除，是 AutoCAD 最为常用的命令之一，使用也最为简单。在 AutoCAD 2022 中执行【删除】命令的方法有以下 4 种。

（1）功能区：在【默认】选项卡中，单击【修改】面板中的【删除】按钮 ，如图 4-72 所示。

（2）菜单栏：选择【修改】|【删除】菜单命令，如图 4-73 所示。

（3）命令行：ERASE 或 E。

（4）快捷操作：选中对象后直接按 Delete 键。

图 4-72　【修改】面板中的【删除】按钮　　　　**图 4-73**　【删除】菜单命令

执行上述命令后，根据命令行的提示选择需要删除的图形对象，按 Enter 键即可删除已选择的对象，如图 4-74 所示。

（a）原对象　　　　　（b）选择要删除的对象　　　　　（c）删除结果

图 4-74　删除图形

在绘图时如果意外删错了对象，可以使用 UNDO【撤销】命令或 OOPS【恢复删除】命令将其恢复。

UNDO【撤销】：即放弃上一步操作，快捷键为 Ctrl+Z，对所有命令有效。

OOPS【恢复删除】：OOPS 可恢复由上一个 ERASE【删除】命令删除的对象，该命令对 ERASE 有效。

此外，【删除】命令还有一些隐藏选项，在命令行提示【选择对象】时，除了用选择方法选择要删除的对象外，还可以输入特定字符，执行隐藏操作，介绍如下。

输入 "L"：删除绘制的上一个对象。

输入 "P"：删除上一个选择集。

输入 "All"：从图形中删除所有对象。

输入"?"：查看所有选择方法列表。

4.7.3　延伸图形

【延伸】命令的使用方法与【修剪】命令的使用方法相似，先选择延伸的边界，然后选择要延伸的对象。在使用【延伸】命令时，如果在按住 Shift 键的同时选择对象，则执行修剪命令。执行【延伸】命令的方法有以下几种。

（1）面板：单击【修改】面板中的【延伸】按钮 ⊣。

（2）菜单栏：选择【修改】|【延伸】命令。

（3）命令行：EXTEND 或 EX。

延伸图形效果如图 4-75 所示。

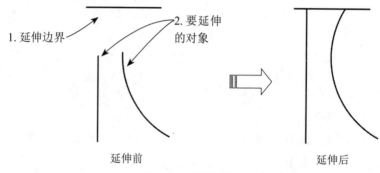

图 4-75　延伸效果

在【延伸】命令行中，各选项的含义如下。

【栏选（F）】：用栏选的方式选择要延伸的对象。

【窗交（C）】：用窗交的方式选择要延伸的对象。

【投影（P）】：用以指定延伸对象时使用的投影方式，即选择进行延伸的空间。

【边（E）】：指定是将对象延伸到另一个对象的隐含边或是延伸到三维空间中与其相交的对象。

【放弃（U）】：放弃上一次的延伸操作。

4.7.4　打断图形

打断是指将单一线条在指定点分割为两段，根据打断点数量的不同，可分为【打断】和【打断于点】两种命令。

1. 打断

打断是指在线条上创建两个打断点，从而将线条断开。执行【打断】命令的方法有以下几种。

（1）面板：单击【修改】面板中的【打断】按钮 凹。

（2）菜单栏：选择【修改】|【打断】命令。

（3）命令行：在命令行中输入"BREAK"或"BR"并按 Enter 键。

默认情况下，系统会以选择对象时的拾取点作为第一个打断点，接着选择第二个打断点，即可在两点之间打断线段。如果不希望以拾取点作为第一个打断点，则可在命令行选择【第一点】选项，重新指定第一个打断点。如果在对象之外指定一点为第二个打断点，系统将以该点到被打断对象的垂直点位置为第二个打断点，除去两点间的线段，如图 4-76 所示。

执行【打断】命令之后，命令行提示如下。

```
命令：_break                          // 执行【打断】命令
选择对象：                            // 选择要打断的图形
指定第二个打断点 或 [第一点 (F)]：F↙   // 选择【第一点】选项，指定打断的第一点
指定第一个打断点：                    // 选择 A 点
指定第二个打断点：                    // 选择 B 点
```

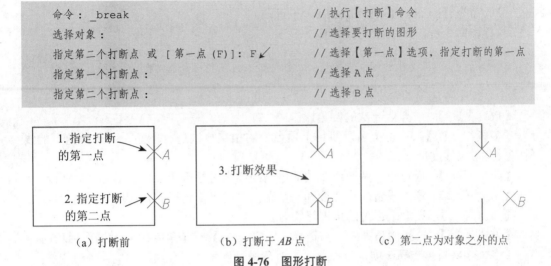

（a）打断前　　　　　　　　（b）打断于 AB 点　　　　　　（c）第二点为对象之外的点

图 4-76　图形打断

2. 打断于点

【打断于点】命令是在一个点上将对象断开，因此不产生间隙。

单击【修改】面板中的【打断于点】按钮□，然后选择要打断的对象，接着指定一个打断点，即可将对象在该点断开。

4.7.5　合并图形

【合并】命令用于将独立的图形对象合并为一个整体。它可以将多个对象进行合并，包括圆弧、椭圆弧、直线、多线段和样条曲线等。执行【合并】命令的方法有以下几种。

（1）面板：单击【修改】面板中的【合并】按钮 ⟶。

（2）菜单栏：选择【修改】|【合并】命令。

（3）命令行：JOIN 或 J。

执行该命令，选择要合并的图形对象并按 Enter 键，即可完成合并对象操作，如图 4-77 所示。

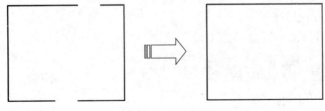

图 4-77　合并效果

4.7.6　倒角图形

【倒角】命令用于在两条非平行直线上生成斜线相连，常用在机械制图中。执行【倒角】命令的方法有以下几种。

（1）面板：单击【修改】面板中的【倒角】按钮 。

（2）菜单栏：选择【修改】|【倒角】命令。

（3）命令行：CHAMFER 或 CHA。

执行该命令后，命令行显示如下。

> 选择第一条直线或 [放弃 (U) / 多段线 (P) / 距离 (D) / 角度 (A) / 修剪 (T) / 方式 (E) / 多个 (M)]：

命令行中各选项的含义如下。

【放弃（U）】：放弃上一次的倒角操作。

【多段线（P）】：对整个多段线每个顶点处的相交直线进行倒角，并且倒角后的线段将成为多段线的新线段。

【距离（D）】：通过设置两个倒角边的倒角距离来进行倒角操作，如图 4-78 所示。

【角度（A）】：通过设置一个角度和一个距离来进行倒角操作，如图 4-79 所示。

【修剪（T）】：设定是否对倒角进行修剪。

【方式（E）】：选择倒角方式，与选择【距离（D）】或【角度（A）】的作用相同。

【多个（M）】：选择该项，可以对多组对象进行倒角。

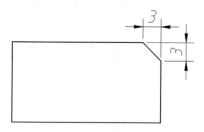

图 4-78　【距离】倒角方式

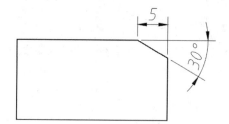

图 4-79　【角度】倒角方式

4.7.7　圆角图形

圆角是将两条相交的直线通过一个圆弧连接起来。【圆角】命令的使用分为两步：第一步确定圆角大小，通过半径选项输入数值；第二步选定两条需要圆角的边。

执行【圆角】命令的方法有以下几种方法。

（1）面板：单击【修改】面板中的【圆角】按钮 。

（2）菜单栏：选择【修改】|【圆角】命令。

（3）命令行：FILLET 或 F。

执行该命令后，命令行显示如下。

> 选择第一个对象或 [放弃 (U) / 多段线 (P) / 半径 (R) / 修剪 (T) / 多个 (M)]：

命令行中各选项的含义如下。

【放弃（U）】：放弃上一次的圆角操作。

【多段线（P）】：选择该项将对多段线中每个顶点处的相交直线进行圆角，并且圆角后的圆弧线段将成为多段线的新线段。

【半径（R）】：选择该项，设置圆角的半径。

【修剪（T）】：选择该项，设置是否修剪对象。

【多个（M）】：选择该项，可以在依次调用命令的情况下对多个对象进行圆角。

在 AutoCAD 2022 中，两条平行直线也可进行圆角，圆角直径为两条平行线的距离，如图 4-80 所示。

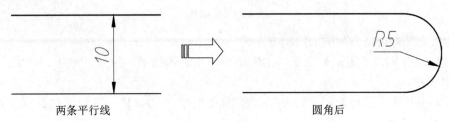

10

R5

两条平行线　　　　　　　　　　　　　　　　　　　圆角后

图 4-80　平行线倒圆角

提示：重复【圆角】命令之后，圆角的半径和修剪选项无须重新设置，直接选择圆角对象即可，系统默认以上一次圆角的参数创建之后的圆角。

4.7.8　分解图形

对于由多个对象组成的组合对象如矩形、多边形、多段线、块和阵列等，如果需要对其中的单个对象进行编辑操作，就需要先利用【分解】命令将这些对象分解成单个的图形对象。

执行【分解】命令的方法有以下几种。

（1）面板：单击【修改】面板中的【分解】按钮 。

（2）菜单栏：选择【修改】|【分解】命令。

（3）命令行：EXPLODE 或 X。

执行该命令后，选择要分解的图形对象并按 Enter 键，即可完成分解操作。

提示：【分解】命令不能分解用 MINSERT 和外部参照插入的块以及外部参照依赖的块。分解一个包含属性的块将删除属性值并重新显示属性定义。

4.8　课堂练习：绘制办公椅

办公椅，是指日常工作和社会活动中为工作方便而配备的各种椅子。

可将办公椅分为狭义和广义，狭义的办公椅是指人在坐姿状态下进行桌面工作时所坐的靠背椅；广义的办公椅为所有用于办公室的椅子，包括大班椅、中班椅、会客椅、职员椅、会议椅、访客椅、培训椅等。

如图 4-81 所示为常见的办公椅。

图 4-81 办公椅

本节介绍办公椅平面图的绘制方法。

（1）调用 REC【矩形】命令，绘制矩形，以表示扶手、靠背、坐垫的轮廓线，如图 4-82 所示。

（2）调用 F【圆角】命令，分别设置圆角半径为 50、46，对矩形执行圆角操作，结果如图 4-83 所示。

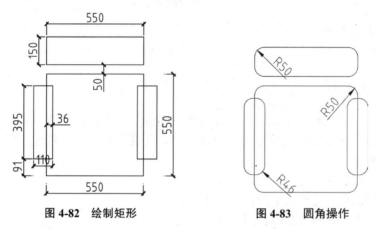

图 4-82 绘制矩形　　　　　**图 4-83 圆角操作**

（3）单击【修改】工具栏上的【打断】按钮，选择坐垫轮廓线；输入"F"，选择【第一点】选项；指定 A 点为第一点，B 点为第二点，可完成打断操作；重复执行【打断】命令，指定 C 点为第一点，D 点为第二点，最终的打断结果如图 4-84 所示。

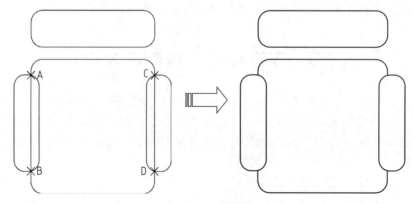

图 4-84 打断操作

（4）调用 O【偏移】命令，选择轮廓线向内偏移，如图 4-85 所示。

（5）调用 EX【延伸】命令，选择左侧扶手外轮廓线作为延伸边界，如图 4-86 所示。

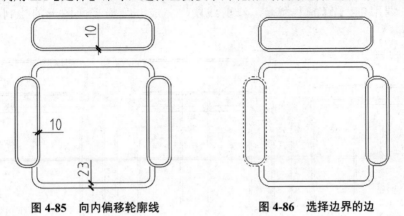

图 **4-85**　向内偏移轮廓线　　　　　图 **4-86**　选择边界的边

（6）按 Enter 键，单击指定左下角的坐垫轮廓线为要延伸的对象，即可完成延伸操作，如图 4-87 所示。

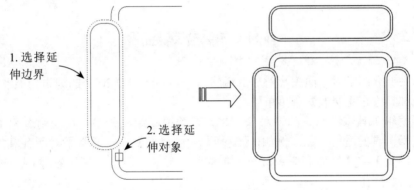

1.选择延伸边界

2.选择延伸对象

图 **4-87**　延伸操作

（7）重复执行 EX【延伸】命令，对图形执行延伸操作，如图 4-88 所示。

（8）调用 X【分解】命令，选择左侧扶手外轮廓线，按 Enter 键可将其分解，结果如图 4-89 所示。

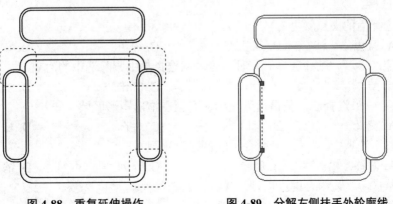

图 **4-88**　重复延伸操作　　　　　图 **4-89**　分解左侧扶手外轮廓线

（9）调用 O【偏移】命令，选择轮廓线向右偏移，如图 4-90 所示。

（10）调用 EX【延伸】命令，向上延伸线段，结果如图 4-91 所示。

（11）调用 TR【修剪】命令，修剪线段，完成办公椅平面图形的绘制，结果如图 4-92 所示。

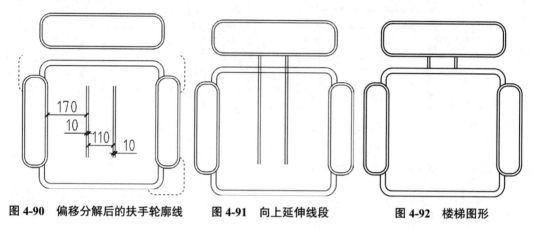

图 4-90　偏移分解后的扶手轮廓线　　**图 4-91　向上延伸线段**　　**图 4-92　楼梯图形**

4.9　课后总结

本章主要介绍了对平面图形对象的编辑方法。AutoCAD 2022 的编辑功能非常强大，主要命令都集中在【修改】子菜单中。

图形编辑工具可以修改图形对象，并能显著提高绘图效率。在使用过程中，要注意各个编辑工具的适用对象，例如，【复制】和【镜像】命令通常是对所有对象都能适应，而【倒角】或【修剪】命令就只能针对特定对象。这些均需要在绘图的过程中不断实践，熟悉操作。

4.10　课后习题

1. 选择题

（1）选择后的夹点颜色为（　　　）。

A. 蓝色　　　　　　　　B. 红色　　　　　　　　C. 绿色　　　　　　　　D. 黄色

（2）按（　　）键并选择对象时，可以从选择集中删除选中的对象。

A. Alt　　　　　　　　B. Ctrl　　　　　　　　C. Shift　　　　　　　　D. Shift + Ctrl

（3）（　　　）选择法，是指通过光标从右至左拖出矩形区域。

A. 交叉　　　　　　　　B. 窗口　　　　　　　　C. 栏选　　　　　　　　D. 窗口多边形

（4）以下选项中，（　　）命令不能创建对象副本。

A. 偏移　　　　　　　　B. 旋转　　　　　　　　C. 阵列　　　　　　　　D. 缩放

（5）按（　　）组合键可以打开【特性】选项板。

A. Ctrl+1　　　　　　　B. Ctrl+2　　　　　　　C. Ctrl+3　　　　　　　D. Ctrl+4

（6）在 AutoCAD 中，一组同心圆可由一个已画好的圆用（　　）命令来实现。

A. STRETCH　　　　B. EXTEND　　　　C. MOVE　　　　　　D. OFFSET

（7）给两条不平行且没有交点的直线段绘制半径为零的圆角，将（　　）。

A. 出现错误信息　　B. 没有效果

C. 创建一个尖角　　D. 将直线转变为射线

（8）要建立六边形选择区域选择其中所有的对象，应在命令行的【选择对象】提示下输入（　　）。

A. WP　　　　　　B. CP　　　　　　C. W　　　　　　　D. C

（9）在夹点编辑模式下确定基点后，在命令行提示下输入（　　）命令进入移动模式。

A. MO　　　　　　B. RO　　　　　　C. SC　　　　　　D. SO

（10）在使用夹点移动、旋转及镜像对象时，如果在命令行输入（　　）命令，可以在进行编辑操作时复制图形。

A. C　　　　　　　B. TYPE　　　　　C. COPY　　　　　D. CIRCLE

（11）使用【延伸】命令时按下（　　）键同时选择对象，则执行【修剪】命令。

A. Shift　　　　　B. Ctrl　　　　　C. Alt　　　　　　D. Esc

2. 操作题

（1）使用【阵列】和【修剪】命令绘制如图 4-93 所示的楼梯图形。

（2）使用【捕捉】【阵列】【镜像】等命令绘制如图 4-94 所示的图形。（提示：先用【正多边形】命令画出正六边形，用【直线】命令绘制小平行四边形，然后用【矩形阵列】命令复制出其他平行线，最后用【镜像】【环形阵列】命令进行复制。）

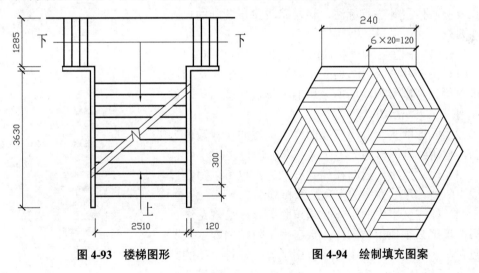

图 4-93　楼梯图形　　　　　　　　图 4-94　绘制填充图案

第 5 章

图形的尺寸与文字标注

　　建筑图上一些无法用图形表示的内容，需要采取文字说明的形式来表达，如设计说明、施工说明、工程概况等，因此文字是施工图中不可缺少的部分。此外，建筑施工图的图形部分只能用来表示工程形体的形状，要表示形体的具体大小，则需要尺寸来说明，所以施工图上要精确、完整地标注尺寸。本章主要介绍为建筑施工图添加尺寸标注和文字注释的方法。

5.1　尺寸标注概述

　　尺寸标注是对图形对象形状和位置的定量化说明，AutoCAD 2022 包含一套完整的尺寸标注命令和实用程序，如图 5-1 所示，可以对直径、半径、角度、坐标、弧长及圆心位置等进行标注，轻松完成建筑图纸的尺寸标注要求。

　　对建筑制图进行尺寸标注时，应遵守如下规定。

　　（1）图形中的尺寸以 mm 为单位时，不需要标注计量单位。否则必须注明所采用的单位代号或名称，如 cm（厘米）和 m（米）。

　　（2）图形的真实大小应以图样上标注的尺寸数值为依据，与所绘制图形的大小比例及准确性无关。

　　（3）尺寸数字一般写在尺寸线上方，也可以写在尺寸线中断处。尺寸数字的字高必须相同。

　　（4）标注文字中的字体必须按照国家标准规定进行书写，汉字必须使用仿宋体，数字使用阿拉伯数字或罗马数字，字母使用希腊字母或拉丁字母。各种字体的具体大小可以从 2.5、3.5、5、7、10、14 以及 20 等 7 种规格中选取。

　　（5）图形中每一部分的尺寸应只标注一次并且标注在最能反映其形体特征的视图上。

　　（6）图形中所标注的尺寸应为该构件在完工后的标

图 5-1　【标注】菜单栏下拉列表

准尺寸，否则须另加说明。

5.1.1　尺寸标注的组成

标注尺寸需要遵循国家尺寸标注的规定，而不能盲目地随意标注。一个完整的尺寸标注对象由尺寸界线、尺寸线、尺寸箭头和尺寸数字四个要素构成，如图 5-2 所示，尺寸标注命令和样式设置，都是围绕着这四个要素进行的。

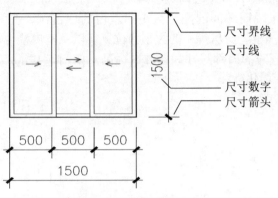

图 5-2　尺寸标注的组成

（1）尺寸界线：尺寸界线用于表示所注尺寸的起止范围，一般从图形的轮廓线、轴线或对称中心线处引出。

（2）尺寸线：尺寸线绘制在尺寸界线之间，用于表示尺寸的度量方向。尺寸线不能用图形轮廓线代替，也不能和其他图线重合或在其他图线的延长线上，必须单独绘制。标注线性尺寸时，尺寸线必须与所标注的线段平行。一般从图形的轮廓线、轴线或对称中心线处引出。

（3）尺寸箭头：尺寸箭头用于标识尺寸线的起点和终点。建筑制图的箭头以 45°的粗短斜线表示。

（4）尺寸数字：尺寸数字一律不需要根据图纸的输出比例变换，而直接标注尺寸的实际数值大小，一般由 AutoCAD 自动测量得到。尺寸单位为 mm 时，尺寸文字中不标注单位。尺寸文字包括数字形式的尺寸文字（尺寸数字）和非数字形式的尺寸文字（如注释，需要手工来输入）。

建筑平面图中尺寸的标注，有外部标注和内部标注两种。外部标注是为了便于读图和施工，一般在图形的下方和左侧注写三道尺寸，如图 5-3 所示，平面图较复杂时，也可以注写在图形的上方和右侧。为方便理解，按尺寸由内到外的关系说明这三道尺寸。

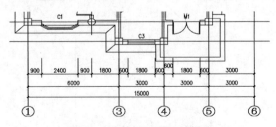

图 5-3　建筑平面图尺寸标注

第一道尺寸，是表示外墙门窗洞的尺寸。

第二道尺寸，是表示轴线间距离的尺寸，用以说明房间的开间和进深。

第三道尺寸，是建筑的外包总尺寸，指从一端外墙边到另一端外墙边的总长和总宽的尺寸。底层平面图中标注了外包总尺寸，在其他各层平面中，就可省略外包总尺寸，或者仅标注出轴线间的总尺寸。

三道尺寸线之间应留有适当距离（一般为 7 ～ 10mm，但第一道尺寸线应距离图形最外轮廓线 15 ～ 20mm），以便注写数字等。

内部标注是为了说明房间的净空大小和室内的门窗洞、孔洞、墙厚和固定设备（如厕所、工作台、隔板、厨房等）的大小和位置，以及室内楼地面的高度，在平面图上应清楚地注写出有关的内部尺寸和楼地面标高，如图 5-4 所示。相同的内部构造或设备尺寸，可省略或简化标注。

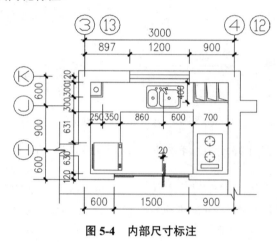

图 5-4　内部尺寸标注

5.1.2　标注的类型

尺寸标注可分为线性、对齐、直径、坐标、折弯、半径、角度、基线、连续、引线、尺寸公差、圆心标记和形位公差等类型，还可以对线性标注进行折弯和打断，各类尺寸标注效果如图 5-5 所示。

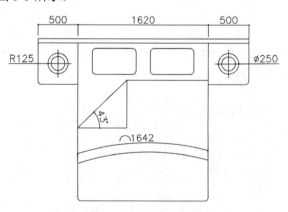

图 5-5　尺寸标注类型

5.1.3　尺寸标注的基本步骤

在 AutoCAD 中对建筑图形进行尺寸标注的基本步骤如下。

（1）确定打印比例或视口比例。

（2）创建用于标注样式的文字样式，控制标注文字的字体和格式。

（3）创建用于尺寸标注的标注样式，以控制标注的外观，确保协调统一。

（4）使用创建的标注样式，按照从内向外的次序，依次进行各类尺寸标注。

5.2　尺寸标注样式

在 AutoCAD 中，标注对象具有特殊的格式，由于各行各业对于标注的要求不同，所以在进行标注之前，必须修改标注的样式以适应本行业的标准。AutoCAD 可以针对不同的标注对象设置不同的样式，如在标准标注样式（Standard）下又可针对线性标注、半径标注、直径标注、角度标注、引线标注、坐标标注分别设置不同的样式。即使在使用同一名称标注样式的情况下，也可以满足对不同对象的标注要求。

调用【标注样式】命令，可以创建或修改尺寸标注样式。

（1）菜单栏：执行【格式】|【标注样式】命令。

（2）工具栏：单击【样式】工具栏或者【标注】工具栏上的【标注样式】按钮 。

（3）命令行：在命令行中输入"DIMSTYLE/D"命令并按 Enter 键。

（4）功能区：单击【注释】面板上的【标注样式】按钮 。

调用【标注样式】命令，系统弹出如图 5-6 所示的【标注样式管理器】对话框。单击右侧的【新建】按钮，在弹出的【创建新标注样式】对话框中设置新样式的名称，如图 5-7 所示；单击【继续】按钮，可创建一个新的尺寸标注样式。

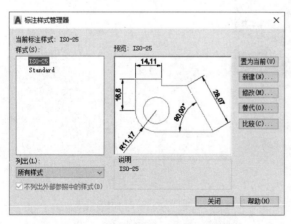

图 5-6　【标注样式管理器】对话框

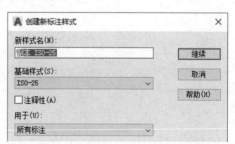

图 5-7　【创建新标注样式】对话框

关闭【创建新标注样式】对话框后，此时可弹出【新建标注样式】对话框。在该对话框中可完成设置或修改标注样式的操作，一共由七个选项卡组成。

选择【符号和箭头】选项卡，设置【箭头样式】为【实心闭合】，【箭头大小】为 5。选择【文字】选项卡，设置文字高度值为 50，【从尺寸线偏移】距离为 3，结果如

图 5-8 所示。

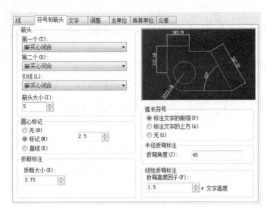

（a）【符号和箭头】选项卡

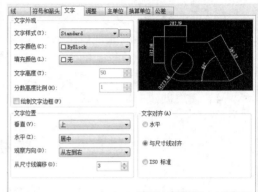

（b）【文字】选项卡

图 5-8　设置参数

　　选择【主单位】选项卡，在其中选择【单位格式】为【小数】，【精度】为 0，如图 5-9 所示。

　　单击【确定】按钮关闭【新建标注样式】对话框，返回【样式标注管理器】对话框；选择【箭头标注样式】，单击右侧的【置为当前】按钮，可将新标注样式置为当前正在使用的样式。

　　执行【尺寸标注】命令，可查看样式的设置结果，如图 5-10 所示。

　　【线】【符号和箭头】【文字】【主单位】选项卡中的参数经常用来设置尺寸标注样式，其他的选项卡比较少用，因此在书中就不赘述了。

图 5-9　【主单位】选项卡

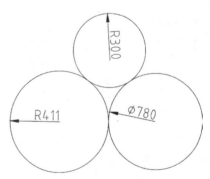

图 5-10　设置结果

5.3　图形尺寸的标注

　　在标注样式创建完成后，即可使用该样式进行各类尺寸的标注。AutoCAD 提供了线性标注、径向标注、角度标注、指引标注等多种标注类型。掌握这些标注方法可以为各种图形灵活添加尺寸标注，使其成为生产制造或施工的依据。

5.3.1　快速标注

快速标注是一个方便且快捷的综合性标注命令。执行该命令时，只需要选择标注的图形对象，AutoCAD 就针对不同的标注对象自动选择合适的标注类型，并快速标注，如图 5-11 所示。

启动【快速标注】命令的方法如下。

（1）命令行：输入"QDIM"命令。

（2）菜单栏：选择【标注】|【快速标注】命令。

（3）工具栏：单击【标注】工具栏中的【快速标注】按钮。

（4）功能区：在【注释】选项卡中，单击【标注】面板中的【快速标注】按钮。

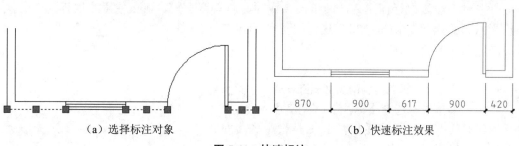

（a）选择标注对象　　　　　　　　（b）快速标注效果

图 5-11　快速标注

5.3.2　线性标注

线性标注包括水平标注和垂直标注两种类型，用于标注任意两点之间的距离，如图 5-12 所示。

启动【线性标注】命令的方法有以下几种。

（1）命令行：输入，"DIMLINEAR/DLI"命令。

（2）菜单栏：选择【标注】|【线性】命令。

（3）工具栏：单击【标注】工具栏中的【线性标注】按钮。

（4）功能区：在【注释】选项卡中，单击【标注】面板中的【线性标注】按钮。

使用线性标注时，命令行提示如下。

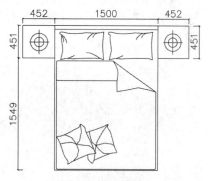

图 5-12　线性标注

```
命令：DIMLINEAR
指定第一个尺寸界线原点或 <选择对象>：        // 指定要标注的起点
指定第二条尺寸界线原点：                      // 指定要标注的终点
指定尺寸线位置或                              // 指定尺寸线适当的位置
[多行文字 (M) / 文字 (T) / 角度 (A) / 水平 (H) / 垂直 (V) / 旋转 (R)]：
```

命令行选项含义如下。

【多行文字（M）】：选择该选项将进入多行文字编辑模式，可以使用【多行文字编辑器】对话框输入并设置标注文字。其中，文字输入窗口中的尖括号（<>）表示系统测量值。

【文字（T）】：以单行文字形式输入尺寸文字。

【角度（A）】：设置标注文字的旋转角度。

【水平（H）和垂直（V）】：标注水平尺寸和垂直尺寸。可以直接确定尺寸线的位置，也可以选择其他选项来指定标注的文字内容或标注文字的旋转角度。

【旋转（R）】：旋转标注对象的尺寸线。

5.3.3　对齐标注

在对直线段进行标注时，如果该直线的倾斜角度未知，那么使用线性标注的方法将无法得到准确的测量结果，这时可以使用对齐标注，如图 5-13 所示。

启动【对齐标注】命令的方法如下。

（1）命令行：输入"DIMALIGNED/DAL"命令。

（2）菜单栏：选择【标注】|【对齐】命令。

（3）工具栏：单击【标注】工具栏中的【对齐标注】按钮✎。

（4）功能区：在【注释】选项卡中，单击【标注】面板中的【对齐标注】按钮✎。

【对齐标注】使用方法与【线性标注】相同，这里不再赘述，其命令行提示如下。

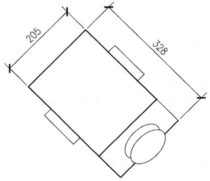

图 5-13　对齐标注

```
命令：DAL
指定第一个尺寸界线原点或 <选择对象>：
指定第二条尺寸界线原点：
指定尺寸线位置或 [ 多行文字 (M) / 文字 (T) / 角度 (A)]：
标注文字 = 205
```

5.3.4　弧长标注

弧长标注就是对各类圆弧长度的标注，弧长标注文字的上方或者前方显示圆弧符号，如图 5-14 所示。

启动【弧长标注】命令的方法如下。

（1）命令行：输入"DIMARC"命令。

（2）菜单栏：选择【标注】|【弧长】菜单命令。

（3）工具栏：单击【标注】工具栏中的【弧长标注】按钮✐。

（4）功能区：在【注释】选项卡中，单击【标注】面板

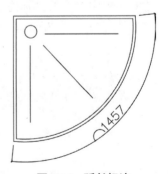

图 5-14　弧长标注

中的【弧长标注】按钮 。

通过以上任意一种方法执行该命令后，根据命令提示行选取要标注的圆弧并拖动标注线，将其定位即可完成弧长的标注，弧长标注命令行的提示如下。

```
命令：_dimarc
选择弧线段或多段线圆弧段：
指定弧长标注位置或 [多行文字(M)/文字(T)/角度(A)/部分(P)/引线(L)]：
标注文字 = 1097
```

5.3.5　坐标标注

坐标标注用于标注某些点相对于 UCS 坐标原点的 X 和 Y 坐标。

在 AutoCAD 中，调用【坐标标注】命令的方式如下。

（1）命令行：在命令行中输入 "DIMORDINATE/DOR" 并按 Enter 键。

（2）工具栏：单击【标注】工具栏上的【坐标标注】按钮 。

（3）菜单栏：执行【标注】|【坐标标注】命令。

通过以上任意一种方法执行该命令后，指定标注点，命令行提示如下。

```
指定引线端点或 [X基准(X)/Y基准(Y)/多行文字(M)/文字(T)/角度(A)]：
```

其中各选项的含义如下。

【指定引线端点】：通过拾取绘图区中的点确定标注文字的位置。

【X基准】：系统自动测量 X 坐标值并确定引线和标注文字的方向。

【Y基准】：系统自动测量 Y 坐标值并确定引线和标注文字的方向。

【多行文字】：选择该选项可以通过输入多行文字的方式输入多行标注文字。

【文字】：选择该选项可以通过输入单行文字的方式输入单行标注文字。

【角度】：选择该选项可以设置标注文字的方向与 X（Y）轴夹角，系统默认为 0°。

【水平】：选择该选项表示只标注两点之间的水平距离。

【垂直】：选择该选项表示只标注两点之间的垂直距离。

坐标标注命令需要确定的参数包括需要标注的点对象和注释文字的位置。常用拖动引线的方法动态确定是标注 X 坐标，还是标注 Y 坐标。若沿垂直方向拖动引线，则标注 X 坐标；如果沿水平方向拖动引线，则标注 Y 坐标，如图 5-15 所示，C 点的 Y 坐标是 150，B 点的 X 坐标是 0。

以标注图 5-15 中 C 点的 Y 坐标为例，命令行输入如下。

```
命令：DOR1                        // 启动命令
DIMORDINATE
指定点坐标：                       // 用对象捕捉方法确定点 C
创建了无关联的标注。
指定引线端点或 [X基准(X)/Y基准(Y)/多行文字(M)/文字(T)/角度(A)]：
                                 // 确定注释文字的位置，水平拖动引线到合适位置
标注文字 =150                     // 系统自动标注 C 点 Y 坐标，命令结束
```

【坐标标注】命令标注的是标注点相对于 UCS 坐标系原点的坐标值。但在实际工作中，通常要标注相对于某个特定点的相对坐标。例如，在图 5-15 中，标注的就是以 A 点为坐标原点，其他点相对于 A 点的坐标。此时，需要先通过坐标系变换，将坐标系原点平移到 A 点，然后再进行坐标标注。

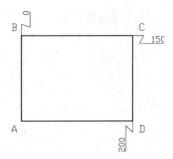

图 5-15 坐标标注

5.3.6 半径标注

半径标注就是标注圆或圆弧的半径尺寸，如图 5-16 所示。根据国家规定，标注半径时，应在尺寸数字前加注前缀符号 R。

启动【半径】标注命令的方法如下。

（1）命令行：输入"DIMRADIUS/DRA"命令。

（2）菜单栏：选择【标注】|【半径】命令。

（3）工具栏：单击【标注】工具栏中的【半径】工具按钮⊙。

（4）功能区：在【默认】选项卡中，单击【注释】面板中的【半径】工具按钮⊙。

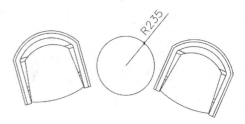

图 5-16 半径标注

半径标注命令行提示如下。

```
命令：_dimradius
选择圆弧或圆：                              // 选择圆或圆弧
标注文字 = 150
指定尺寸线位置或 [多行文字(M)/文字(T)/角度(A)]：
```

5.3.7 折弯标注

折弯标注主要是标注大圆或圆弧的半径。当圆弧或圆的中心位于布局之外并且无法在其实际位置显示时，可以使用折弯标注，如图 5-17 所示。

启动【折弯标注】命令的方法如下。

（1）命令行：输入"DIMJOGGED"命令。

（2）菜单栏：选择【标注】|【折弯】命令。

（3）工具栏：单击【标注】工具栏中的【折弯标注】按钮⊙。

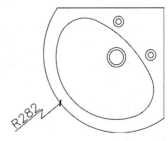

图 5-17 折弯标注

【折弯标注】命令行提示如下。

```
命令 :DIMJOGGED↙                                    // 调用【折弯标注】命令
选择圆弧或圆 :                                       // 选择需标注的圆或圆弧
指定图示中心位置 :                                   // 指定折弯半径标注的新圆心，以
                                                    // 用于替代圆弧或圆的实际圆心

标注文字 = 1633
指定尺寸线位置或 [ 多行文字 (M) / 文字 (T) / 角度 (A)]:  // 指定尺寸线位置
指定折弯位置 :                                       // 指定折弯的中点位置，完成标注
```

5.3.8 直径标注

直径标注就是标注圆或圆弧的直径尺寸，如图 5-18 所示。根据国家标准规定，标注直径时，应在尺寸数字前加注前缀符号 φ。

启动【直径】标注尺寸的方法如下。

（1）命令行：输入 "DIMDIAMETER/DDI" 命令。

（2）菜单栏：选择【标注】|【直径】命令。

（3）工具栏：单击【标注】工具栏中的【直径标注】按钮◎。

（4）功能区：在【默认】选项卡中，单击【注释】面板中的【直径】工具按钮◎。

【直径】标注命令行提示如下。

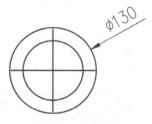

图 5-18 直径标注

```
命令 : _dimdiameter
选择圆弧或圆 :                                       // 选择标注的圆或圆弧
标注文字 = 300
指定尺寸线位置或 [ 多行文字 (M) / 文字 (T) / 角度 (A)]:  // 指定尺寸线的位置
```

5.3.9 角度标注

角度标注工具不仅可以标注两条或一定角度的直线或三个点之间的夹角，还可以标注圆弧的圆心角，如图 5-19 所示。

启动【角度标注】的方法如下。

（1）命令行：输入 "DIMANGULAR/DAN" 命令。

（2）菜单栏：选择【标注】|【角度】命令。

（3）工具栏：单击【标注】工具栏中的【角度标注】按钮△。

（4）功能区：在【默认】选项卡中，单击【注释】面板中的【角度】按钮△。

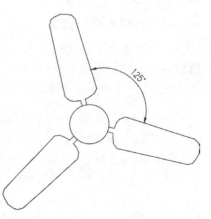

图 5-19 角度标注

（5）功能区：在【注释】选项卡中，单击【标注】面板中的【角度】按钮△。

角度标注输入的主要参数包括角顶点、始边位置和终边位置，下面分别进行介绍。

1. 圆弧对应的中心角

直接选择圆弧对象，圆弧中心自动作为角的顶点，圆弧的起点和终点作为角的起始边和终边位置。例如，图 5-20 中，标注弧 AB 的圆心角角度，命令行如下。

```
命令:dimangular                                    // 启动【角度标注】命令
选择圆弧、圆、直线或 < 指定顶点 >:                    // 选择圆弧 AB
指定标注弧线位置或 [ 多行文字 (M) / 文字 (T) / 角度 (A) / 象限点 (Q)]:
                                                  // 拖动尺寸线至指定位置
标注文字＝ 81
```

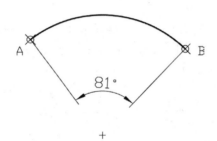

图 5-20　标注圆弧对应的中心角角度

2. 圆的弧段对应的中心角

直接选择圆，圆的中心自动作为角的顶点。在圆上单击确定角的起点和终点。例如，图 5-21 中，标注圆 C 的弧段 AB 的圆心角角度。

由于选择圆 C 的同时也确定了角的始边位置，无法使用对象捕捉。因此 A 点位置的确定是不精确的。要精确地确定角的始边和终边位置，需使用后面将要介绍的三点形成的夹角标注。

3. 两直线形成的夹角

选择两条不平行直线，可以标注它们形成的夹角。两直线或延长线作为夹角的始边和终边，它们的交点作为夹角的顶点。图 5-22 中，直线 M 和 N 的延长线相交于点 O，形成了四个夹角，下面标注其 A 角和 B 角。

```
命令:dimangular                                    // 启动【角度标注】
选择圆弧、圆、直线或 < 指定顶点 >:                    // 选择直线 M
选择第二条直线:                                     // 选择直线 N
指定标注弧线位置或 [ 多行文字 (M) / 文字 (T) / 角度 (A) / 象限点 (Q)]:
                                                  // 拖动尺寸线至指定位置
标注文字＝ 49
```

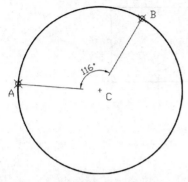

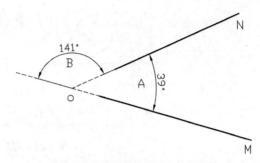

图 5-21　标注圆的弧段对应的中心角角度　　　　**图 5-22　标注两直线形成的夹角**

使用同样的方法，在确定尺寸线位置时，拖动尺寸线到夹角 B 的位置，可以标注夹角 B 的角度。

4. 三点形成的夹角

选择【指定顶点】默认项，可以分别确定角的顶点、起始点和终止点，从而标注这三点形成的夹角。如图 5-23 所示为标注点 A、B、C 形成的夹角。

命令行输入如下。

```
命令:dimangular                          //启动角度标注
选择圆弧、圆、直线或<指定顶点>:✓         //按 Enter 键，选择【指定顶点】默认项
指定角的顶点：                           //用节点捕捉方式指定顶点 B
指定角的第一个端点：                     //用节点捕捉方式指定顶点 A
指定角的第二个端点：                     //用节点捕捉方式指定顶点 C
指定标注弧线位置或 [ 多行文字 (M) / 文字 (T) / 角度 (A)]：      //拖动尺寸线至指定位置
标注文字＝ 38
```

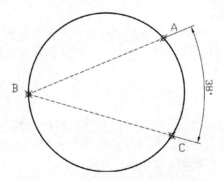

图 5-23　标注三点形成的夹角角度

5.3.10　基线标注

基线标注是多个线性尺寸的另一种组合。如图 5-24 所示，基线标注以某一基准尺寸界线为基准位置，按某一方向标注一系列尺寸，所有尺寸共用一条尺寸界线（基线）。

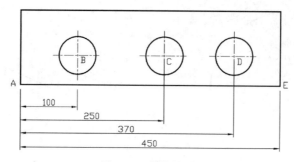

图 5-24　基线标注

启动【基线标注】命令的方法如下。

（1）命令行：输入"DIMBASELINE/DBA"命令。

（2）菜单栏：选择【标注】|【基线】命令。

（3）工具栏：单击【标注】工具栏中的【基线标注】按钮。

（4）功能区：在【注释】选项卡中，单击【标注】面板中的【基线】按钮。

和连续标注一样，在基线标注前，必须存在一个基线。基线或者是上一条线性尺寸标注命令所标注的一条尺寸界线，或者是由用户在已经存在的尺寸界线中选择。确定基线后，系统自动将基线作为尺寸界线起点，提示用户选择尺寸界线终点。

完成基线标注命令行提示如下。

```
命令：_dimbaseline
选择基准标注：                                        // 确定基线标注
指定第二条尺寸界线原点或 [放弃(U)/选择(S)] <选择>：    // 选择要标注的点
标注文字 = 500
指定第二条尺寸界线原点或 [放弃(U)/选择(S)] <选择>：
标注文字 = 1084                          // 完成标注，把尺寸线移动到适当的位置
```

基线标注命令行选项介绍：

【放弃】：输入此命令，用户可以重新选择某一点作为此尺寸的尺寸界线。

【选择】：指连续标注时，用户可以选择某一标注尺寸作为标注基准建立基线标注。

5.3.11　连续标注

连续标注又称为链式标注或尺寸链，是多个线性尺寸的组合。如图 5-25 所示，连续标注从某一基准尺寸界线开始，按某一方向顺序标注一系列尺寸，相邻的尺寸共用一条尺寸界线，而且所有的尺寸线都在同一直线上。

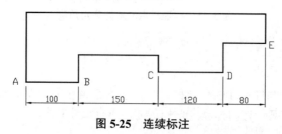

图 5-25　连续标注

启动【连续标注】命令的方法如下。

（1）命令行：输入"DIMCONTINUE/DCO"命令。

（2）菜单栏：选择【标注】|【连续】命令。

（3）工具栏：单击【标注】工具栏中的【连续标注】按钮 ⊞。

连续标注在建筑施工图的标注中应用广泛，下面通过具体实例讲解连续标注的方法。

5.4　课堂练习：标注建筑平面图

（1）单击【快速访问】工具栏中的【打开】按钮 📂，打开"第 5 章 \5.5 课堂练习：标注建筑平面图 .dwg"文件，如图 5-26 所示。

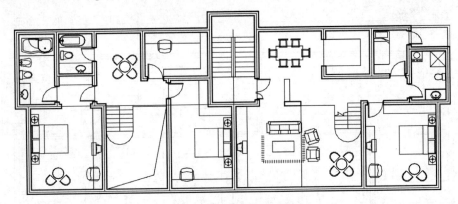

图 5-26　打开素材文件

（2）在【注释】选项卡中，单击【标注】面板中的【线性】按钮 ⊢，捕捉轴线与墙体交点，完成左侧上开间轴线尺寸标注，如图 5-27 所示。

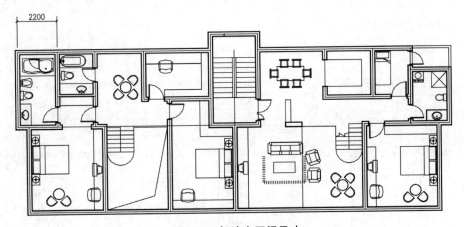

图 5-27　标注上开间尺寸

（3）在命令行中输入"DCO"并按 Enter 键，调用【连续标注】命令，完成上开间其余尺寸标注，如图 5-28 所示，命令行操作如下。

```
命令：_dimcontinue                         //启动【连续标注】命令
选择连续标注：                              //选择上步完成的线性标注
指定第二条尺寸界线原点或 [放弃(U)/选择(S)] <选择>：
                                          //捕捉轴线交点，完成相邻的上开间尺寸标注
标注文字 = 2100                            //向右继续标注上开间尺寸
指定第二条尺寸界线原点或 [放弃(U)/选择(S)] <选择>：
                                          //捕捉轴线交点，完成相邻的上开间尺寸标注
标注文字 = 2700
指定第二条尺寸界线原点或 [放弃(U)/选择(S)] <选择>：
                                          //向右继续标注上开间尺寸
标注文字 = 3700                            //继续向右完成其他上开间尺寸标注
```

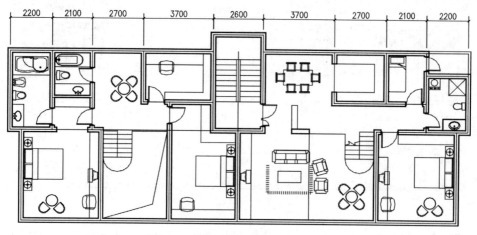

图 5-28　连续标注上开间其余尺寸

（4）使用同样的方法，可以完成建筑平面图下开间和左进深、右进深尺寸的标注，最终效果如图 5-29 所示。

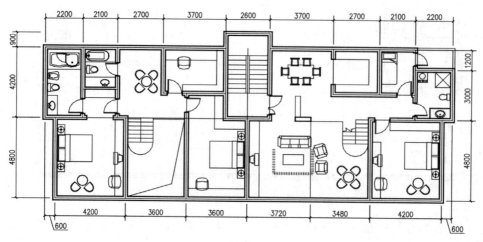

图 5-29　标注其他尺寸

5.5　文字标注的创建和编辑

文字标注是图形中不可缺少的组成部分，可以对图形中不便于表达的内容加以说明，使图形更清晰、更完整。本节主要介绍图形中如何输入文字、如何对输入的文字进行编辑、修改等。

5.5.1　创建文字样式

调用文字样式命令，可以创建、修改或指定文字样式。一般说来，应该在创建文字对象之前就设置文字样式，这样一来所创建的文字对象便以样式中所定义的格式、大小来显示。创建文字样式的操作方式如下。

（1）菜单栏：执行【格式】|【文字样式】命令。

（2）工具栏：单击【文字】工具栏上的【文字样式】按钮 A。

（3）命令行：在命令行中输入"STYLE/ST"命令并按 Enter 键。

（4）功能区：单击【注释】面板上的【文字样式】按钮 。

调用【文字样式】命令，系统弹出如图 5-30 所示的【文字样式】对话框。在其中可以修改原有的文字样式的参数，也可新建一个文字样式。

对话框中各选项含义如下。

【样式】列表框：在窗口中显示了所有的文字样式，单击选择样式，可在对话框的右侧预览该样式的内容。

【字体名】选项：单击选项框右侧向下箭头，在弹出的列表中显示了系统所包含的字体名称。

【字体样式】选项：选择不同的字体，其样式也相应的不同，在该选项列表中显示各类字体中所包含的样式。

【使用大字体】选项：勾选该项，可通过【SHX 字体】及【大字体】下拉列表框来选择 .shx 文件作为文字样式的字体，设置后可在左下角的预览窗口显示文字效果。【大字体】下拉列表框只能在勾选【使用大字体】复选框后方可激活使用，如图 5-31 所示。

【置为当前】按钮：在【样式】窗口下选择文字样式，单击该按钮，可将文字样式置为当前正在使用的样式。

【新建】按钮：单击按钮，系统弹出【新建文字样式】对话框，在其中可完成新样式的创建。

【删除】按钮：在【样式】窗口中选择文字样式，单击该按钮可将样式删除。Standard 文字样式及当前正在使用的文字样式不能被删除。

【高度】选项：设置文字的高度。

【颠倒】复选框：勾选该复选框，则可颠倒显示文字对象，类似于沿横向对称轴对文字执行镜像处理。

【反向】复选框：勾选该复选框，反向显示文字对象，类似于沿纵向的对称轴对文字执行镜像处理。

【垂直】复选框：勾选该复选框，可垂直对齐文字对象。

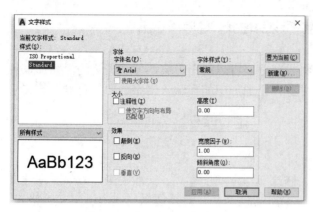

图 5-30　【文字样式】对话框

图 5-31　勾选【使用大字体】复选框

【宽度因子】选项：在其中设置字符间距。参数值大于 1，文字被扩大；参数值小于 1，文字被压缩；参数值为 1 时，文字正常显示，如图 5-32 所示。

参数值大于 1　　　　　　　　参数值小于 1　　　　　　　参数值等于 1

图 5-32　设置【宽度因子】值

【倾斜角度】选项：在其中设置文字的倾斜角度，参数设置范围为 $-85 \sim 85$，可以使文字倾斜，如图 5-33 所示。

（a）倾斜角度为 45°　　　　　　　　　　（b）倾斜角度为 0°

图 5-33　设置【倾斜角度】值

5.5.2　创建单行文字

调用单行文字命令，可以创建一行或多行文字；其中每行文字都是独立的对象，可以对其进行移动、格式设置或其他的修改。单行文字的创建方法如下。

（1）菜单栏：执行【绘图】|【文字】|【单行文字】命令。

（2）工具栏：单击【文字】工具栏上的【单行文字】按钮 A。

（3）命令行：在命令行中输入 "TEXT/TE" 命令并按 Enter 键。

（4）功能区：单击【注释】面板上的【单行文字】按钮 A。

调用【单行文字】命令，命令行提示如下。

```
命令：TEXT1
当前文字样式：【建筑标注文字】 文字高度：100  注释性：是  对正：右
                                    // 显示当前的文字样式

指定文字基线的右端点 或 [对正(J)/样式(S)]：   // 指定文字的起点
```

```
指定文字的旋转角度 <270>: 0
        // 指定文字的旋转角度，此时可进入单行文字编辑器，光标变成 I 型，输入文字后，按 Esc 键
        // 可退出文字编辑器以完成单行文字的创建
```

命令行中选项含义如下。

【对正（J）】选项：输入"J"，选择该项，命令行提示"输入选项 [左（L）/ 居中（C）/ 右（R）/ 对齐（A）/ 中间（M）/ 布满（F）/ 左上（TL）/ 中上（TC）/ 右上（TR）/ 左中（ML）/ 正中（MC）/ 右中（MR）/ 左下（BL）/ 中下（BC）/ 右下（BR）]:"；输入选后的字母，可选择相对应的对正方式。

【样式（S）】选项：输入"S"，选择该项，命令行提示"输入样式名或 [?] < 建筑标注文字 >:"；在命令行中输入文字样式名称，即可重新指定文字样式。

值得注意的是，文字的旋转角度是文字相对于 0°方向的角度，如图 5-34 所示。应该与在设置文字样式时的【倾斜角度】相区别。

（a）文字旋转角度为 45°　　　　　　　　（b）文字倾斜角度为 45°

图 5-34　文字角度

5.5.3　创建多行文字

调用【多行文字】命令，可以由任意数目的文字行或段落组成多行文字。多行文字可以布满指定的宽度，并可沿垂直方向无限延伸。与单行文字的不同之处是，不管行数有多少，每个多行文字段落都是单个对象；用户可对其进行移动、旋转、删除等操作。

（1）菜单栏：执行【绘图】|【文字】|【多行文字】命令。

（2）工具栏：单击【文字】工具栏上的【多行文字】按钮 **A**。

（3）命令行：在命令行中输入"MTEXT/MT"命令并按 Enter 键。

（4）功能区：单击【注释】面板上的【多行文字】按钮 **A**。

调用【多行文字】命令，命令行提示如下。

```
命令：MTEXT1
当前文字样式："建筑标注文字"  文字高度：50  注释性：否    // 显示文字样式设置；
指定第一角点：
指定对角点或 [ 高度（H）/ 对正（J）/ 行距（L）/ 旋转（R）/ 样式（S）/ 宽度（W）/ 栏（C）]:
            // 分别单击指定文字编辑器的两个对角点，然后系统弹出【文字格式】对话框
```

在文字编辑器中输入文字标注后，单击【确定】按钮即可完成多行文字的创建，

如图 5-35 所示。

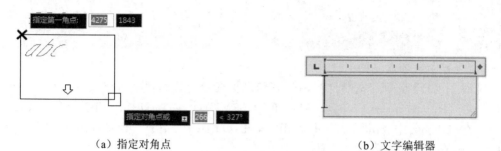

（a）指定对角点 　　　　　　　　　　　　　　　　　（b）文字编辑器

图 5-35　多行文字编辑器（经典空间）

在【草图与注释】工作空间中，多行文字编辑器已经被集成在功能区中，如图 5-36 所示。仅在绘图中显示文字编辑器，文字的各项编辑工具可以在菜单栏下方的功能面板中找到；文字输入完成后，单击右侧的【关闭文字编辑器】按钮，可关闭文字编辑器以完成多行文字的创建。

图 5-36　多行文字编辑器（【草图与注释】空间）

命令行中各选项含义如下。

【高度（H）】选项：输入"H"，选择该项，命令行提示"指定高度 <50>:"，可以重新指定文字高度值。

【对正（J）】选项：输入"J"，选择该项，命令行提示"输入对正方式 [左上（TL）/ 中上（TC）/ 右上（TR）/ 左中（ML）/ 正中（MC）/ 右中（MR）/ 左下（BL）/ 中下（BC）/ 右下（BR）]< 左上（TL）>:"，可以指定文字的对正方式。

【行距（L）】选项：输入"L"，选择该项，命令行提示"输入行距类型 [至少（A）/ 精确（E）]< 至少（A）>:"，用来设置行距比例或行距。

【旋转（R）】选项：输入"R"，选择该项，命令行提示"指定旋转角度 <0>:"，用来指定文字的旋转角度。

【样式（S）】选项：输入"S"，选择该项，命令行提示"输入样式名或 [?] < 建筑标注文字 >:"，用来指定多行文字的样式。

【宽度（W）】选项：输入"W"，选择该项，命令行提示"指定宽度"，用来指定文字的宽度。

【栏（C）】选项：输入"C"，选择该项，命令行提示"输入栏类型 [动态（D）/ 静态（S）/ 不分栏（N）]< 动态（D）>:"，用来设置栏的类型，以及栏宽、栏间距宽度、栏高。

5.6 课后总结

除了要了解机械标注的基本原则、尺寸的组成之外，还要掌握尺寸标注样式的新建、修改、替代、设置为当前等操作；掌握线性、直径、半径、角度、弧长等标注方法，掌握连续标注和基线标注的方法；掌握多重引线样式的设置方法，掌握快速引线和多重引线的标注方法；掌握尺寸标注的替代、更新、关联的操作方法，掌握尺寸文字的编辑方法，能够为尺寸添加符号、公差；掌握尺寸公差和形位公差的标注方法。

5.7 课后练习

1. 填空题

（1）用于指示尺寸方向和范围的线条的尺寸标注部件，是（　　）部件。

  A. 尺寸文字   B. 尺寸线   C. 尺寸界线   D. 尺寸箭头

（2）以下选项中，除（　　）对话框外，其余 3 个对话框的设置皆相同。

  A. 标注样式管理器   B. 新建标注样式

  C. 修改标注样式   D. 替代当前样式

（3）在【直线】选项卡中，（　　）可以设置自图形中定义标注的点到尺寸界线的偏移距离。

  A. 超出尺寸线   B. 起点偏移量

  C. 超出标记   D. 基线间距

（4）直径标注的命令为（　　）。

  A. DIMRADIUS   B. DIMDIAMETER

  C. DIMCENTER   D. DIMARC

2. 实例题

绘制立面门，标注主卧室门立面图的尺寸，效果如图 5-37 所示。

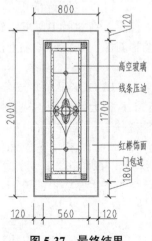

图 5-37　最终结果

第6章

使用块和设计中心

在绘制图形时，如果图形中有大量相同或相似的内容，或者所绘制的图形与已有的图形文件相同，则可以把要重复绘制的图形创建成块（也称为图块），并根据需要为块创建属性，指定块的名称、用途及设计者等信息，可以在需要时直接插入它们，从而提高绘图效率，如建筑平面布置图中的门、窗、家具，可以编辑成块，在平面图的绘制中直接插入。

本章主要介绍关于图块的知识以及设计中心的使用，帮助读者学习和掌握创建和编辑图块、编辑和管理属性块的方法，并能够在图形中附着外部参照图形。

6.1 创建与编辑图块

块（Block）是由多个绘制在不同图层上的不同特性对象组成的集合，并具有块名。块在图形中可以被移动、复制和删除，用户还可以给块定义属性，在插入时附加上不同的信息，本节介绍 AutoCAD 中图块的创建与编辑，包括图块的创建、插入、存储、编辑等。

6.1.1 图块的创建

调用 BLOCK【块定义】命令，可以将所选的图形创建成块，但该种方法定义的块只能在存储该块的图形文件中使用。在执行 BLOCK【块定义】命令之前，首先要调用绘图命令和修改命令绘制出图形对象。在 AutoCAD 中，调用【块定义】命令的方式如下。

（1）命令行：在命令行中输入"BLOCK/B"并按 Enter 键。

（2）工具栏：单击【绘图】工具栏上的【创建块】按钮 ⊏ゐ。

（3）菜单栏：选择【绘图】|【块】|【创建】命令。

（4）功能区：在【默认】选项卡中，单击【块】面板中的【创建】按钮 ⊏ゐ。

执行上述任一命令后，系统弹出【块定义】对话框，如图 6-1 所示。在对话框中设置好块名称、块对象、块基点这 3 个主要要素即可创建图块。

图 6-1 【块定义】对话框

该对话框中常用选项的功能介绍如下。

【名称】文本框：用于输入或选择块的名称。

【拾取点】按钮：单击该按钮，系统切换到绘图窗口中拾取基点。

【选择对象】按钮：单击该按钮，系统切换到绘图窗口中拾取创建块的对象。

【保留】单选按钮：创建块后保留源对象不变。

【转换为块】单选按钮：创建块后将源对象转换为块。

【删除】单选按钮：创建块后删除源对象。

【允许分解】复选框：勾选该选项，允许块被分解。

创建图块之前需要有源图形对象，才能使用 AutoCAD 创建为块。可以定义一个或多个图形对象为图块。

6.1.2 图块的插入

调用【插入块】命令，可以在当前图形中插入块或图形。

在 AutoCAD 中，调用插入块命令的方式如下。

（1）命令行：输入"INSERT/I"。

（2）工具栏：单击【绘图】工具栏上的【插入块】按钮。

（3）功能区：在【默认】选项卡中，单击【块】面板中的【插入】按钮，如图 6-2 所示。

（4）菜单栏：选择【插入】|【块选项板】命令，如图 6-3 所示。

执行上述任一命令后，系统弹出【块选项板】面板，如图 6-4 所示。在其中选择要插入的图块再返回绘图区指定基点即可。

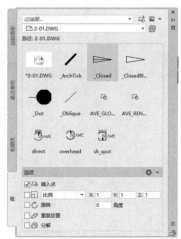

图 6-2　【插入】工具按钮　　图 6-3　【块选项板】菜单命令　　图 6-4　【块选项板】面板

该对话框中常用选项的含义如下。

【浏览】按钮：单击按钮，系统弹出【打开图形文件】对话框，选择保存的块和外部图形。

【插入点】：设置块的插入点位置。

【比例】：用于设置块的插入比例。

【旋转】：用于设置块的旋转角度。可直接在【角度】文本框中输入角度值。

【分解】：可以将插入的块分解成块的各基本对象。

6.1.3　属性图块的定义

图块包含的信息可以分为两类：图形信息和非图形信息。块属性是图块的非图形信息，例如，办公室工程中定义的办公桌图块，每个办公桌具有编号、使用者等属性。块属性必须和图块结合在一起使用，在图纸上显示为块实例的标签或说明，单独的属性是没有意义的。

1. 创建属性

在 AutoCAD 中添加块属性的操作主要分为以下三步。

（1）定义块属性。

（2）在定义图块时附加块属性。

（3）在插入图块时输入属性值。

定义块属性必须在定义块之前进行。定义块属性的命令启动方式如下。

（1）功能区：单击【插入】选项卡【属性】面板中的【定义属性】按钮，如图 6-5 所示。

（2）菜单栏：单击【绘图】|【块】|【定义属性】命令，如图 6-6 所示。

（3）命令行：ATTDEF 或 ATT。

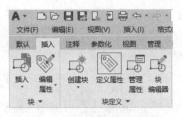
图6-5 【定义属性】面板按钮

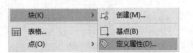
图6-6 【定义属性】菜单命令

执行上述任一命令后，系统弹出【属性定义】对话框，如图6-7所示。然后分别填写【标记】【提示】与【默认】，再设置好文字位置与对齐等属性，单击【确定】按钮，即可创建一块属性。

【属性定义】对话框中常用选项的含义如下。

【属性】：用于设置属性数据，包括【标记】【提示】【默认】三个文本框。

【插入点】：该选项组用于指定图块属性的位置。

【文字设置】：该选项组用于设置属性文字的对正、样式、高度和旋转。

2. 编辑属性

直接双击块属性，系统弹出【增强属性编辑器】对话框。在【属性】选项卡的列表中选择要修改的文字属性，然后在下面的【值】文本框中输入块中定义的标记和值属性，如图6-8所示。

图6-7 【属性定义】对话框

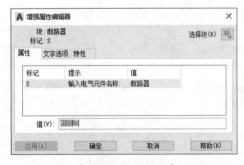
图6-8 【增强属性编辑器】对话框

在【增强属性编辑器】对话框中，各选项卡的含义如下。

【属性】：显示了块中每个属性的标识、提示和值。在列表框中选择某一属性后，在【值】文本框中将显示出该属性对应的属性值，可以通过它来修改属性值。

【文字选项】：用于修改属性文字的格式，该选项卡如图6-9所示。

【特性】：用于修改属性文字的图层以及其线宽、线型、颜色及打印样式等，该选项卡如图6-10所示。

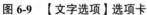

图 6-9 【文字选项】选项卡

图 6-10 【特性】选项卡

6.2 课堂练习：插入门图块

（1）按 Ctrl+O 组合键，打开配套光盘提供的"第 6 章 \6.2 课堂练习：插入门图块 .dwg"文件，结果如图 6-11 所示。

（2）调用【插入】|【块选项板】命令，打开【块选项板】对话框，单击 按钮，选择"第 6 章 \6.2 课堂练习：插入门图块 .dwg"文件，在块库中选择【平开门】图块，插入楼梯间的两扇门，如图 6-12 所示。

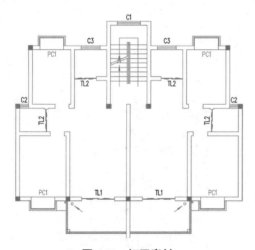

图 6-11 打开素材

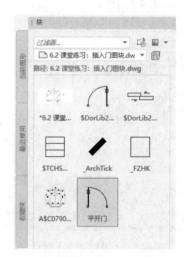

图 6-12 插入【平开门】

（3）在绘图区中指定插入点，继续插入【平开门】图块，结果如图 6-13 所示。

（4）继续插入图块，在【插入】对话框中的【比例】选项组中更改 X、Y 文本框中的比例参数为 0.9，结果如图 6-14 所示。

（5）在绘图区中指定插入点，插入尺寸为 900 的门图形，结果如图 6-15 所示。

（6）调用【镜像】命令，图形绘制完成，结果如图 6-16 所示。

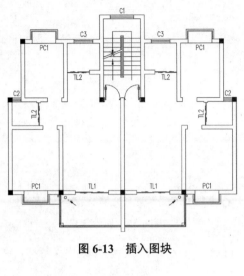

图 6-13 插入图块

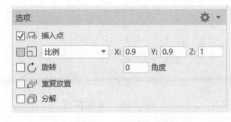

图 6-14 设置参数

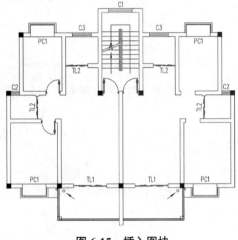

图 6-15 插入图块

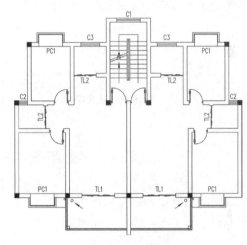

图 6-16 绘制结果

6.3 课堂练习：创建图名属性块

（1）按 Ctrl+O 组合键，打开配套资料提供的"第 6 章 \6.3 课堂练习：创建图名属性块 .dwg"文件，结果如图 6-17 所示。

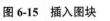

图 6-17 打开素材

（2）调用 ATT【定义属性】命令，系统弹出【属性定义】对话框，设置参数如图 6-18 所示。

（3）单击【确定】按钮，将属性参数置于合适区域，即可完成属性定义操作，以同样的方式完成【比例】属性图块的定义，结果如图 6-19 所示。

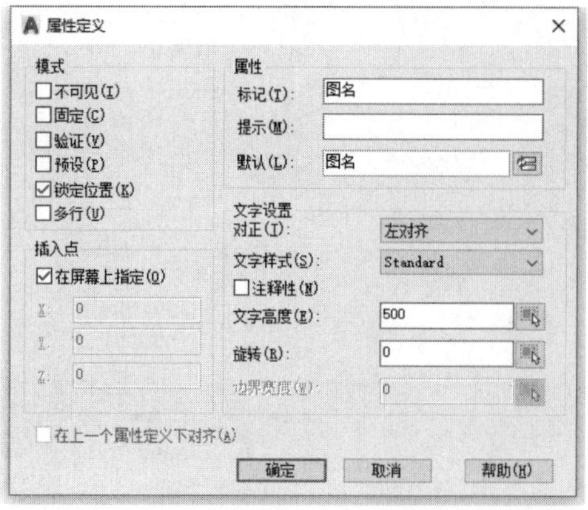

图 6-18　设置参数

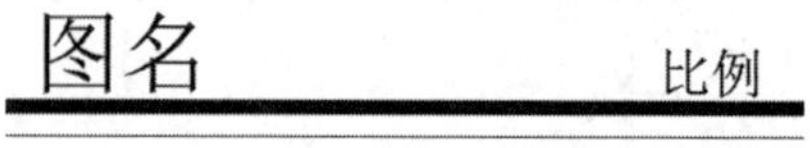

图 6-19　属性定义

（4）在命令行中输入 B【块定义】命令，选择图形对象，设置拾取点及名称，单击【确定】按钮，完成块的定义，结果如图 6-20 所示。双击图块属性可以对其信息进行修改，如图 6-21 所示。

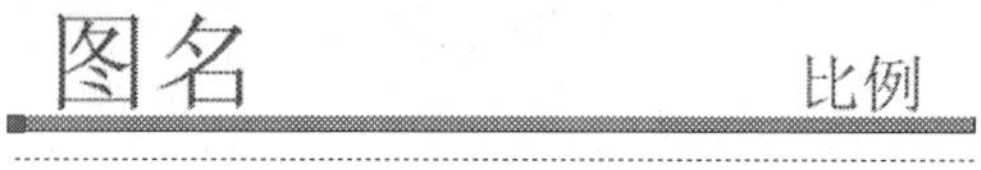

图 6-20　定义结果

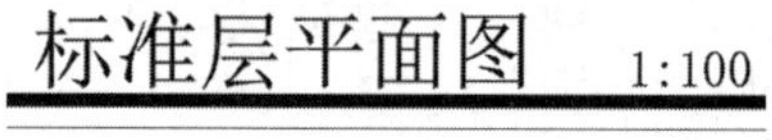

图 6-21　修改数值

6.4　使用外部参照与设计中心

用户也可以把已有的图形文件以参照的形式插入到当前图形中（即外部参照），或是通过 AutoCAD 设计中心浏览、查找、预览、使用和管理 AutoCAD 中的图形、块、外部参照等不同的资源文件。

6.4.1　使用外部参照

AutoCAD 将外部参照作为一种图块类型定义，它也可以提高绘图效率。

但外部参照与图块有一些重要的区别，将图形作为外部图块插入时，块定义和所有相关联的几何图形都将存储在当前图形数据库中，并且修改原图形后，块不会随之更新；而外部参照提供了另一种更为灵活的图形引用方法，使用外部参照可以将多个图形链接到当前图形中，并且作为外部参照的图形会随着原图形的修改而更新，此外，外部参照不会明显地增加当前图形的文件大小，从而可以节省磁盘空间，也有利于保持系统的性能。

1. 附着外部参照

用户可以将其他文件的图形作为参照图形附着到当前图形中，这样可以通过在图形中参照其他用户的图形来协调各用户之间的工作，查看当前图形是否与其他图形相匹配。

一个图形可以作为外部参照同时附着到多个图形中，同样也可以将多个图形作为外部参照附着到单个图形中。

下面介绍 4 种附着外部参照的方法。

（1）命令行：输入"XATTACH/XA"命令。

（2）菜单栏：选择【插入】|【DWG 参照】命令。

（3）工具栏：单击【插入】工具栏中的【附着】按钮 。

（4）功能区：在【插入】选项卡中，单击【参照】面板中的【附着】按钮 。

执行【附着】命令，选择一个 DWG 文件打开后，弹出【附着外部参照】对话框，如图 6-22 所示。

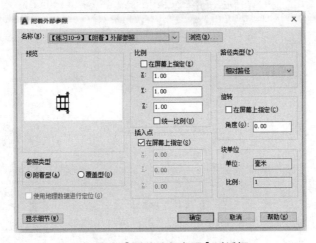

图 6-22 【附着外部参照】对话框

【附着外部参照】对话框中各选项介绍如下。

【参照类型】选项组：选择【附着型】单选按钮表示显示出嵌套参照中的嵌套内容；选择【覆盖型】单选按钮表示不显示嵌套参照中的嵌套内容。

【路径类型】选项组：使用【完整路径】选项附着外部参照时，外部参照的精确位置将保存到主图形中，此选项的精确度最高，但灵活性最小，如果移动工程文件，AutoCAD 将无法融入任何使用完整路径附着的外部参照；使用【相对路径】选项附着外部参照时，将保存外部参照相对于主图形的位置，此选项的灵活性最大，如果移动工程文件夹，AutoCAD 仍可以融入使用相对路径附着的外部参照，只要此外部参照相对主图形的位置未发生变化；在不使用路径附着外部参照时，即选择【无路径】选项，AutoCAD 首先在主图形中的文件夹中查找外部参照，当外部参照文件与主图形位于同一个文件夹中时，此选项非常有用。

2. 管理外部参照

在 AutoCAD 中，可以在【外部参照】选项板中对外部参照进行编辑和管理。

【外部参照】选项板中各选项功能如下。

按钮区域：此区域有【附着】【刷新】【帮助】3 个按钮。【附着】按钮可以用于添加不同格式的外部参照文件；【刷新】按钮用于刷新当前选项卡显示；【帮助】按钮可以打开系统的帮助页面，从而可以快速了解相关的知识。

【文件参照】列表框：此列表框中显示了当前图形中各个外部参照文件名称，单击其右上方的【列表图】或【树状图】按钮，可以设置文件列表框的显示形式。【列表图】表示以列表形式显示，如图6-23所示；【树状图】表示以树状显示，如图6-24所示。

【详细信息】选项区域：用于显示外部参照文件的各种信息。选择任意一个外部参照文件后，将在此处显示该外部参照文件的名称、加载状态、文件大小、参照类型、参照日期以及参照文件的存储路径等内容，如图6-25所示。

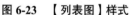

图6-23　【列表图】样式

图6-24　【树状图】样式

图6-25　参照文件详细信息

当附着多个外部参照后，在【文件参照】列表框中文件上右击，将弹出如图6-25所示的快捷菜单，在菜单上选择不同的命令可以对外部参照进行相关操作。

快捷菜单中各命令的含义如下。

打开：单击该按钮可在新建窗口中打开选定的外部参照进行编辑。在【外部参照管理器】对话框关闭后，显示新建窗口。

附着：单击该按钮可打开【选择参照文件】对话框，在该对话框中可以选择需要插入到当前图形中的外部参照文件。

卸载：单击该按钮可从当前图形中移走不需要的外部参照文件，但移走后仍保留该文件的路径，当希望再次参照该图形时，单击对话框中的【重载】按钮即可。

重载：单击该按钮可在不退出当前图形的情况下，更新外部参照文件。

拆离：单击该按钮可从当前图形中移去不再需要的外部参照文件。

3. 拆离外部参照

作为参照插入的外部图形，主图形只是记录参照的位置和名称，图形文件信息并不直接加入。若想删除插入的外部参照，可以使用【拆离】命令。

在命令行中输入"XREF/XR"命令，打开【外部参照】选项板。在选项板中选择需要删除的外部参照，并在参照上右击，在弹出的快捷菜单中选择【拆离】，即可拆离选定的外部参考，如图6-26所示。

图 6-26　【外部参考】选项板

4. 裁剪外部参照

剪裁外部参照可以去除多余的参照部分，而无须更改原参照图形。

下面介绍 3 种剪裁外部参照的方法。

（1）命令行：输入 "CLIP"。

（2）菜单栏：选择【修改】|【剪裁】|【外部参照】菜单命令。

（3）功能区：在【插入】选项卡中，单击【参照】面板中的【剪裁】按钮 。

6.4.2　插入光栅图像参照

用户除了能够在 AutoCAD 中绘制并编辑图形之外，还可以插入所有格式的光栅图像文件（如 "*.jpg"），从而能够一次作为参照的底图对象进行描绘。

调用插入光栅图像的方式如下。

（1）命令行：输入 "IMAGEATTACH"。

（2）菜单栏:【插入】|【光栅图像参照】菜单命令。

6.4.3　使用设计中心

AutoCAD 设计中心类似于 Windows 资源管理器。用户可以浏览、查找、预览、管理、利用和共享 AutoCAD 图形，可执行对图形、块、图案填充和其他图形内容的访问等辅助操作，并在图形之间复制和粘贴其他内容，从而使设计者更好地管理外部参照、块参照和线型等图形内容。这种操作不仅可简化绘图过程，而且可通过网络资源共享来服务当前产品设计，从而提高了图形管理和图形设计的效率。

在 AutoCAD 中，打开设计中心窗体的方式如下。

（1）快捷键：按 Ctrl+2 组合键。

（2）工具栏：单击【标准】工具栏上的【设计中心】按钮▥。

（3）命令行：输入"ADCENTER/ADC"。

执行上述命令，打开【设计中心】选项板，结果如图 6-27 所示。

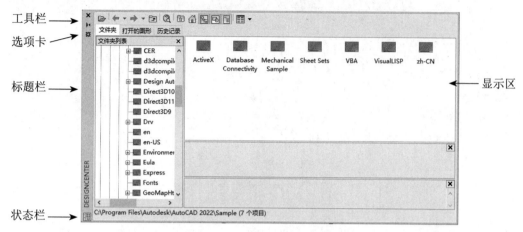

图 6-27　【设计中心】选项板

提示：【设计中心】选项板中有三个选项卡，其含义分别如下。

【文件夹】：该选项卡显示设计中心的资源，包括显示计算机或网络驱动器中文件和文件夹的层次结构。可将设计中心内容设置为本计算机、本地计算机或网络信息。要使用该选项卡调出图形文件，可指定文件夹列表框中的文件路径（包括网络路径），右侧将显示图形信息。

【打开的图形】：该选项卡显示当前已打开的所有图形，并在右方的列表框中包括图形中的块、图层、线型、文字样式、标注样式和打印样式。单击某个图形文件，然后单击列表中的一个定义表，可以将图形文件的内容加载到内容区域中。

【历史记录】：该选项卡中显示最近在设计中心打开的文件列表，双击列表中的某个图形文件，可以在【文件夹】选项卡的树状视图中定位此图形文件，并将其内容加载到内容区域。

1. 设计中心查找功能

设计中心中的查找功能，可以快速查找图形、块特征、图层特征和尺寸样式等内容，并将这些资源插入当前图形，辅助当前设计。

在设计中心窗体中单击【搜索】按钮❑，弹出【搜索】对话框；在对话框中选择【图形】选项卡，如图 6-28 所示；设置搜索文字参数，单击【立即搜索】按钮，即可按照所定义的条件来搜索图形。

在对话框中单击【修改日期】选项卡标签，如图 6-29 所示，可指定图形文件创建或修改的日期范围。默认情况下不指定日期，需要在此之前指定图形修改日期。

在对话框中单击【高级】选项卡标签，如图 6-30 所示，可指定其他搜索参数。

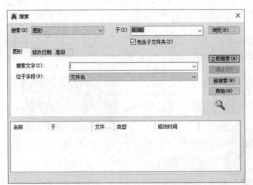

图 6-28　【图形】选项卡

图 6-29　【修改日期】选项卡

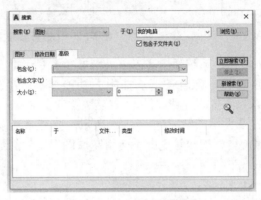

图 6-30　【高级】选项卡

2. 设计中心插入块

设计中心是 AutoCAD 绘图的一项特性，设计中心包含多种图块，如建筑设施图块、机械零件图块和电子电路图块等，通过它可方便地将这些图块应用到图形中。

在设计中心插入块的方法，在命令行中输入"ADCENTER/ADC"或使用快捷键 Ctrl+2 打开【设计中心】选项板，然后在设计中心中选择图块，添加入图形文件中。

一般可通过以下方法将设计中心的图块添加到当前绘图区中。

（1）将图块直接拖到绘图区中，按照默认设置将其插入。

（2）在内容区域中的某个项目上单击右键，在弹出的快捷菜单中包含若干选项，通过该快捷菜单也可将图块插入到绘图区中。

（3）双击相应的图块打开【插入】对话框，若双击填充图案将打开【边界图案填充】对话框，通过这两个对话框也可将图块插入到绘图区中。

6.5　课堂练习：附着沙发外部参照

（1）选择【文件】|【打开】命令，打开"第 6 章 \6.5 课堂练习：附着沙发外部参照 .dwg"素材文件，如图 6-31 所示。

（2）在命令行中输入"XA"，调用【附着】外部参照命令，系统弹出【选择参照文件】对话框。选择"沙发 .dwg"图形文件，如图 6-32 所示。

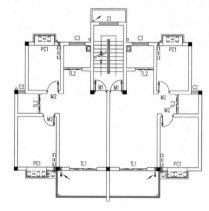

图 6-31　素材图形

图 6-32　【选择参照文件】对话框

（3）单击【打开】按钮，系统弹出【附着外部参照】对话框，如图 6-33 所示。

（4）单击【确定】按钮，配合【端点捕捉】功能捕捉合适的点作为插入点，如图 6-34 所示，至此外部参照插入完成。

（5）调整沙发位置及大小，结果如图 6-35 所示。打开"沙发 .dwg"原图形文件，对比发现，对外部参照旋转、缩放等更改不会引起原图形文件的更改。

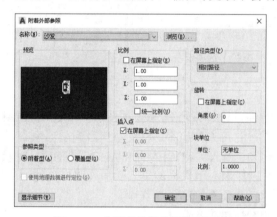

图 6-33　【附着外部参照】对话框

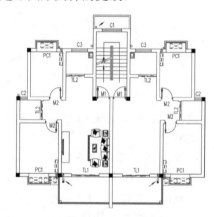

图 6-34　插入完成

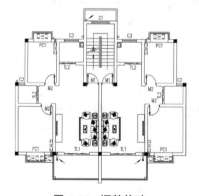

图 6-35　调整修改

6.6 课后总结

本章学习了块、外部参照以及设计中心的创建与调用方法，这三部分内容均与图形的快捷绘制有关。图块可以由用户自行绘制，然后在相同文件中多次调用；而外部参照更多的是一种参考底图，通过引用外部的图形作为参考，来指引用户的本次作业，且外部参照图形更新的话，引用它的图纸均会统一更新，非常适合团队合作；设计中心类似于标准库，建筑设计中的各种元器件，均可以在其中找到现成的标准图形，无须用户另行绘制，极大地提高了用户的绘图效率。

熟练掌握块、外部参照以及设计中心的使用方法，不仅能提高用户的绘图效率，还能让图形看起来更加工整、有水准，也能精简文件的大小，减少所占内存。

6.7 课后习题

1. 选择题

（1）块与文件的关系是（ ）。

　　A. 图形文件一定是块　　　　　　B. 块与图形文件均可以插入当前图形文件

　　C. 块一定是以文件的形式存在　　D. 块与图形文件没有区别

（2）外部图块可以通过（ ）命令创建。

　　A. REGION　　　　　　　　　　B. BLOCK

　　C. WBLOCK　　　　　　　　　　D. INSERT

2. 实例题

绘制如图 6-36 所示的床、衣柜、门、床头灯、电视机、书桌、窗帘等建筑常用图形，并定义为图块，然后用它们布置卧室。

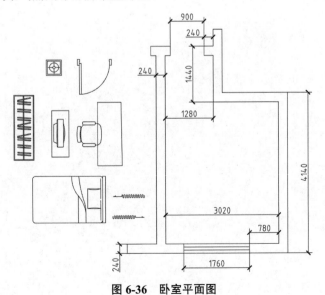

图 6-36　卧室平面图

（1）调用 REC【矩形】命令、A【圆弧】命令绘制门。

（2）调用 REC【矩形】、L【直线】命令，绘制衣柜。

（3）调用 REC【矩形】、F【圆角】、SPL【样条曲线】、L【直线】命令，绘制单人床。

（4）调用 PL【多段线】命令，绘制窗帘。

（5）调用 REC【矩形】、A【圆弧】、F【圆角】命令，绘制桌椅。

（6）调用 C【圆】、L【直线】、REC【矩形】命令，绘制床头柜。

（7）调用 REC【矩形】、A【圆弧】命令，绘制电视及电视柜。

（8）调用 M【移动】命令，将各图块移动至卧室相应区域。

第二篇　建筑实例篇

第 7 章

绘制建筑基本图形

通过前面的章节熟悉建筑设计的基本概念、AutoCAD 在建筑设计上的应用以及 AutoCAD 基本的绘图功能与图层的应用后，本章将介绍家具、园林以及建筑常见图形的绘制方法、技巧以及相关的理论知识，并学习定义图块的方法，以熟悉 AutoCAD 软件的绘制思路和绘图方法，为后面复杂建筑图形的绘制打下坚实的基础。

7.1   绘制家具图形

常用的家具图形包括卧室家具、客厅家具、餐厅家具和卫生洁具等。这些图形有多种规格尺寸，在具体布置时应根据空间的尺度来合理选择与安排。本节以绘制常用的家具为例来说明绘制家具图形的方法，并熟练掌握 AutoCAD 2022 绘图命令和编辑命令的使用方法。

7.1.1   绘制沙发及茶几

沙发及茶几是安放于客厅的一种室内设施，一般位于入口最显眼的位置。因此，其造型、尺寸及与室内空间的尺寸关系都显得尤其重要。如图 7-1 所示为常见的欧式沙发及中式沙发的装潢效果。

图 7-1   沙发的装潢效果

本实例绘制沙发和茶几的最终效果如图 7-2 所示。

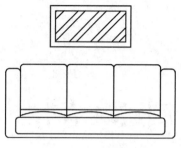

图 7-2　沙发和茶几

（1）单击【绘图】面板中的【直线】按钮，配合对象捕捉和正交功能，绘制出一条水平直线和一条垂直线，效果如图 7-3 所示。

（2）单击【修改】面板中的【偏移】按钮，根据沙发样式和尺寸，生成沙发的辅助线，效果如图 7-4 所示。

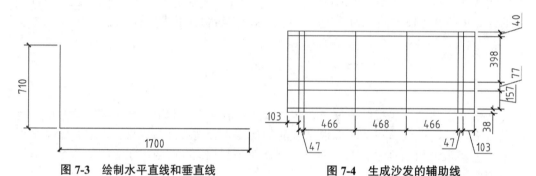

图 7-3　绘制水平直线和垂直线　　　　图 7-4　生成沙发的辅助线

（3）单击【修改】面板中的【修剪】按钮，将多余的辅助线进行修剪；单击【修改】面板中的【圆角】按钮，设置不同的【圆角】半径，并配合复制功能，对沙发转角处进行圆角处理，完成效果如图 7-5 所示。

（4）单击【修改】面板中的【偏移】按钮，生成沙发靠背的辅助线；单击【绘图】面板中的【圆弧】按钮，绘制出沙发靠背平面图的圆弧；然后再单击【修改】面板中的【删除】按钮，将辅助线进行删除，效果如图 7-6 所示。

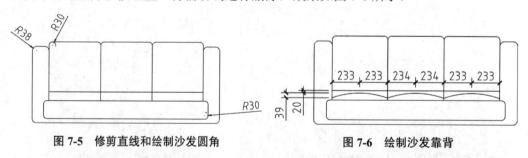

图 7-5　修剪直线和绘制沙发圆角　　　　图 7-6　绘制沙发靠背

（5）绘制茶几。首先单击【绘图】面板中的【矩形】按钮，绘制一个尺寸为 800×400 的矩形，如图 7-7 所示。

（6）再单击【修改】面板中的【偏移】按钮，将矩形向内偏移 50；单击【绘图】面板中的【图案填充和渐变色】按钮，选择 ANSI32 图案对茶几面填充镜面材料，如图 7-8 所示。

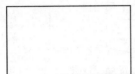

图 7-7　绘制矩形

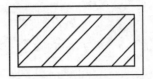

图 7-8　茶几绘制完成

（7）组合沙发和茶几。单击【修改】面板中的【移动】按钮 ✛，将茶几移动到合适位置，即可完成茶几的组合效果，如图 7-2 所示。

（8）利用二维图形完成沙发及茶几图形的绘制后，为了方便其在图形文件中的使用，接下来将其创建为图块，在命令行中输入"B"并按 Enter 键，弹出如图 7-9 所示的【块定义】对话框。

（9）在【名称】框内输入【沙发与茶几】，然后单击【拾取点】按钮 🔳，在图像中用鼠标单击沙发左下角，创建拾取点，再单击【选择对象】按钮 🔳，在图像中整体选择沙发与茶几图形，单击【确定】按钮，将其创建为块，如图 7-10 所示。

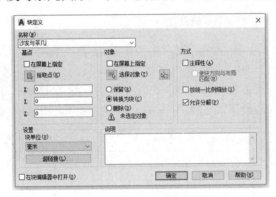

图 7-9　【块定义】面板

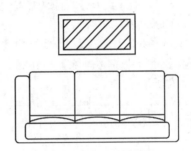

图 7-10　创建完成的块

7.1.2　绘制视听柜组合

视听柜又称电视柜，主要是用来摆放电视的。随着人民生活水平的提高，与电视相配套的电器设备相应出现，导致电视柜的用途从单一向多元化发展，不再是单一的摆放电视用途，而是集电视机、机顶盒、DVD、音响设备、碟片等产品收纳和摆放，更兼顾展示的用途。如图 7-11 所示为常见的视听组合柜装潢效果。

图 7-11　视听组合柜

本实例绘制视听柜平面的最终效果如图 7-12 所示。

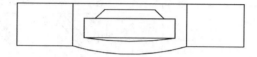

图 7-12   视听柜平面图

（1）单击【绘图】面板中的【直线】按钮，配合对象捕捉和正交功能，绘制视听柜长度和宽度方向上的直线；单击【修改】面板中的【偏移】按钮，生成视听柜平面图上的辅助线，效果如图 7-13 所示。

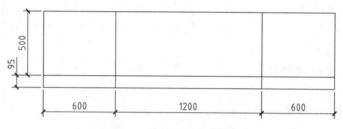

图 7-13   绘制视听柜辅助线

（2）单击【绘图】面板中的【圆弧】按钮，配合中点捕捉功能，绘制出一个圆弧，效果如图 7-14 所示。

（3）单击【修改】面板中的【修剪】按钮，将多余的辅助线进行修剪；单击【修改】面板中的【删除】按钮，删除最下面的水平辅助线，得到视听柜平面效果如图 7-15 所示。

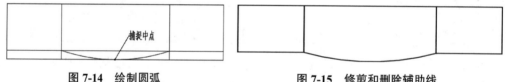

图 7-14   绘制圆弧   **图 7-15   修剪和删除辅助线**

（4）单击【绘图】面板中的【直线】按钮，配合对象捕捉和正交功能，绘制电视机长度和宽度上的辅助线，单击【修改】面板中的【偏移】按钮，生成辅助线，效果如图 7-16 所示。

（5）单击【绘图】面板中的【直线】按钮和【圆弧】按钮，配合中点捕捉和端点捕捉功能，绘制两条斜线和一个圆弧；单击【修改】面板中的【修剪】按钮，将辅助线进行修剪；单击【修改】面板中的【删除】按钮，将辅助线进行删除，效果如图 7-17 所示。

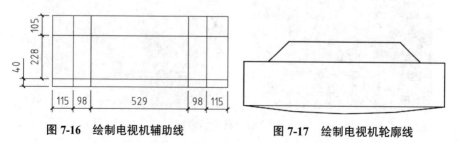

图 7-16   绘制电视机辅助线   **图 7-17   绘制电视机轮廓线**

（6）单击【修改】面板中的【移动】按钮✛，将电视机移动到视听柜平面图上恰当位置。视听柜组合绘制完成。

（7）视听柜组合绘制完成后，将其定义为块并进行另存。

7.1.3 绘制洗衣机

洗衣机是利用电能产生机械作用来洗涤衣物的清洁电器。如图 7-18 所示为我们经常见到的洗衣机。

图 7-18 洗衣机

本实例绘制洗衣机的最终效果如图 7-19 所示。

（1）绘制箱体。单击【绘图】面板中的【矩形】按钮▢，绘制一个尺寸为 690×706 的矩形，如图 7-20 所示。

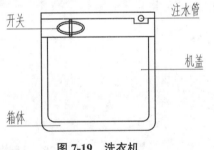

图 7-19 洗衣机　　　　　　　　图 7-20 绘制矩形

（2）单击【修改】面板中的【分解】按钮，将矩形进行分解；单击【修改】面板中的【圆角】按钮，设置【圆角半径】为 50，对矩形下边角进行圆角处理，如图 7-21 所示。

（3）单击【修改】面板中的【偏移】按钮，将箱体上侧的水平直线向下偏移 145，效果如图 7-22 所示。

（4）绘制机盖。单击【修改】面板中的【偏移】按钮，生成机盖的辅助线；单击【修改】面板中的【圆角】按钮，设置【圆角半径】为 40，将机盖开启处做圆角处理；单击【修改】面板中的【修剪】按钮，将辅助线进行修剪，完成效果与具体尺寸如图 7-23 所示。

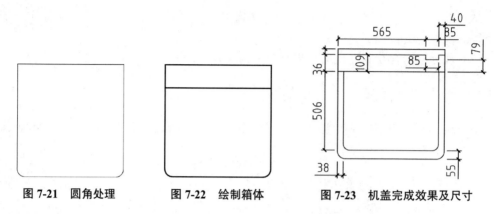

图 7-21 圆角处理　　图 7-22 绘制箱体　　图 7-23 机盖完成效果及尺寸

（5）绘制开关。单击【绘图】面板中的【矩形】按钮□，绘制一个尺寸为166×95 的矩形；单击【修改】面板中的【分解】按钮，将矩形进行分解。

（6）单击【修改】面板中的【偏移】按钮，生成开关的辅助线；单击【绘图】面板中的【椭圆】按钮，绘制出两个椭圆。

（7）单击【修改】面板中的【修剪】按钮和【删除】按钮，将辅助线进行修剪和删除，完成效果及具体尺寸效果如图 7-24 所示。

（8）绘制排水管。单击【绘图】面板中的【圆】按钮，绘制一个半径为 17 的圆，单击【修改】面板中的【移动】按钮，将开关和排水管移动到洗衣机平面图上恰当位置，最终效果如图 7-25 所示。

（9）洗衣机图形绘制完成后，将其定义为块并另存。

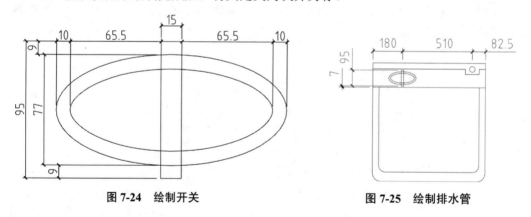

图 7-24 绘制开关　　　　　　　　图 7-25 绘制排水管

7.1.4　绘制鞋柜立面图

本节讲述利用 AutoCAD 2022 绘制某鞋柜立面图的方法。通过实例的练习，掌握 AutoCAD 2022 绘图工具和编辑工具的使用，最终效果如图 7-26 所示。

（1）新建图形文件，单击【绘图】面板中的【直线】按钮，同时按 F8 键，开启正交功能，进入视图中绘制一条水平直线和一条垂直线，效果如图 7-27 所示。

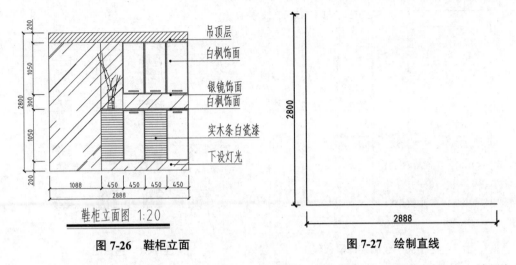

图 7-26　鞋柜立面　　　　　　　　　　图 7-27　绘制直线

（2）单击【修改】面板中的【偏移】按钮 ⊑，生成鞋柜立面图的辅助线，效果如图 7-28 所示。

（3）单击【修改】面板中的【修剪】按钮 ，将辅助线进行修剪，得到鞋柜各部分的分隔线，效果如图 7-29 所示。

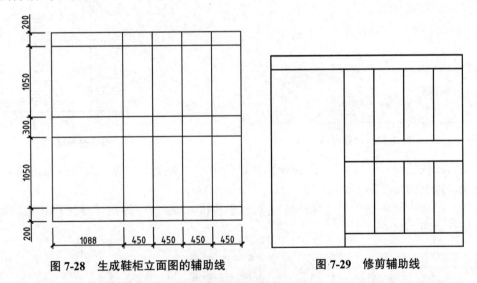

图 7-28　生成鞋柜立面图的辅助线　　　　图 7-29　修剪辅助线

（4）单击【修改】面板中的【偏移】按钮 ⊑，生成鞋柜立面隔板和抽屉分隔线，单击【修改】面板中的【修剪】按钮 ，将多余的分隔线进行删除，效果如图 7-30 所示。

（5）单击【绘图】面板中的【图案填充】按钮 ，弹出【图案填充创建】选项板，单击【图案】面板中的下拉按钮，在展开的下拉列表框中，选择如图 7-31 所示的图案。

（6）在【图案填充创建】选项板的【特性】面板中，设置【角度】值为 45，【比例】值为 20，如图 7-32 所示。

（7）在【图案填充创建】选项板中，单击【拾取点】按钮，在绘图区中拾取合适的区域，按 Enter 键结束，即可填充图案。同样方法，完成其他区域的图案填充，效果如图 7-33 所示。

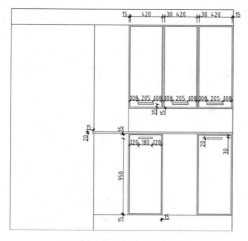

图 7-30　绘制装饰隔板线

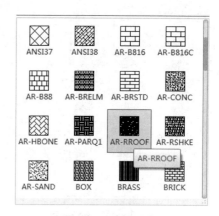

图 7-31　选择图案

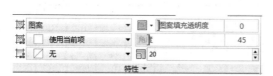

图 7-32　设置参数

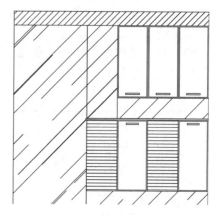

图 7-33　填充材料图例

（8）按快捷键 Ctrl+2，打开 AutoCAD 设计中心，利用已有的立面材质库，插入立面花瓶，效果如图 7-34 所示。

（9）在命令行中输入 D【标注样式】命令并按 Enter 键，弹出【标注样式管理器】对话框，如图 7-35 所示。

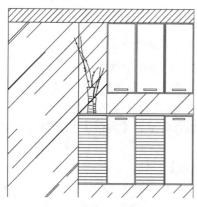

图 7-34　插入立面花瓶

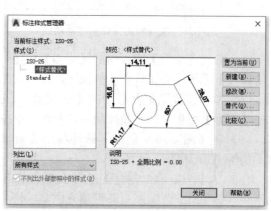

图 7-35　【标注样式管理器】对话框

（10）单击【修改】按钮，弹出【修改标注样式：Standard】对话框，设置【线】选项卡参数如图 7-36 所示。

（11）打开【符号和箭头】选项卡，设置参数如图 7-37 所示；打开【文字】选项卡，设置参数如图 7-38 所示。

（12）在【主单位】选项卡中设置【精度】为 0；单击【确定】按钮，返回到【标注样式管理器】对话框中，单击【置为当前】按钮，然后单击【关闭】按钮，即可完成【标注样式】的设置。

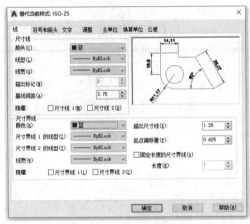

图 7-36　【线】选项卡

图 7-37　【符号和箭头】选项卡

（13）单击【线性】按钮，标注纵向第一个尺寸标注；单击【连续】按钮，标注纵向第一道尺寸标注线；单击【线性】按钮，标注纵向第二道尺寸标注。同样方法，标注横向尺寸标注，效果如图 7-39 所示。

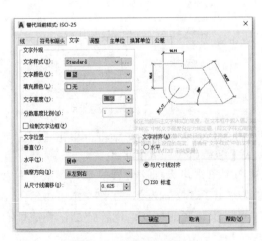

图 7-38　【文字】选项卡

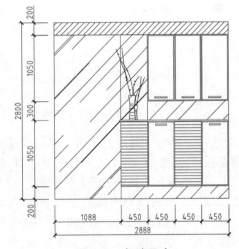

图 7-39　标注尺寸

（14）单击【多重引线样式】按钮，弹出【多重引线样式管理器】对话框，如图 7-40 所示。

（15）单击【修改】按钮，弹出【修改多重引线样式】对话框，选择【引线格式】

选项卡，设置参数如图 7-41 所示。

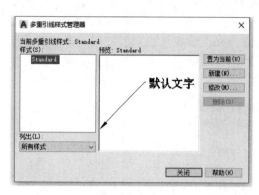

图 7-40　【多重引线样式管理器】对话框

图 7-41　【引线格式】选项卡

（16）打开【引线结构】选项卡，设置参数如图 7-42 所示。打开【内容】选项卡，设置参数如图 7-43 所示。

图 7-42　【引线结构】选项卡

图 7-43　【内容】选项卡

（17）单击【确定】按钮，返回到【多重引线样式管理器】对话框，单击【置为当前】按钮，然后单击【关闭】按钮，即可完成【多重引线样式】的设置。

（18）单击【多重引线】按钮 ，进入视图中单击作为标注位置的一点，水平向右拖动鼠标，单击作为引线基线的一点，此时就弹出了【文本框】，在该文本框中输入文字后，单击【确定】按钮，即可完成单个多重引线文字的标注。同样方法，完成所有多重引线文字的标注，效果如图 7-44 所示。

（19）单击【注释】面板中的【多行文字】按钮 A，弹出文本框，输入图名及比例，并设置字体及大小后，单击【确定】按钮，即可完成【图名及比例】绘制。单击【绘图】面板中的【多段线】按钮 ，设置多段线宽为 40，沿图名及比例下方，绘制一条多段线。

（20）单击【修改】面板中的【偏移】按钮 ⊏，将多段线向下偏移 65；单击【修改】面板中的【分解】按钮 ⬚，将偏移生成的多段线进行分解，最终得到鞋柜立面效果如图 7-45 所示。

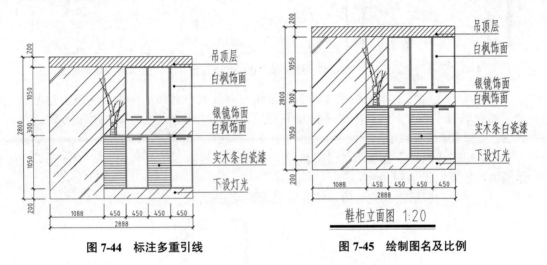

图 7-44　标注多重引线　　　　　　图 7-45　绘制图名及比例

7.2　绘制常用建筑图块

图块是用一个名字标识的一组图形实体的总称。用户可根据需要，把经常用到的实体定义成块，绘制建筑图时把定好的图块按比例和旋转角度放置在图形中的任意地方。用户将绘制建筑图经常用到的门、窗、柱等构件定义成图块集中存放到磁盘中，即建立了构件库。使用时可以将构件图块多次插入到图形中，而不必每次都重新创建新的图块实体，有效地提高了绘图的速度和质量。

本节以实例的形式讲述常用建筑图块的绘制方法和技巧。

7.2.1　绘制子母门

门是建筑绘图中使用非常频繁的图形，其主要功能是交通出入和分隔联系建筑空间，具有实用性和结构简单等特点。门样式十分丰富，有平开门、推拉门、子母门、旋转门等，尺寸也有很多种，具体绘制时应结合实际合理把握。本实例绘制子母门的效果如图 7-46 所示。

（1）单击【绘图】面板中的【直线】按钮 ╱，配合正交功能，绘制一条长 1000 的水平直线，在直线的左端，绘制一条长 700 的垂直线，在直线的右端，绘制一条长 300 的垂直线，效果如图 7-47 所示。

（2）单击【修改】面板中的【偏移】按钮 ⊏，将右侧的垂直线向左偏移 300，效果如图 7-48 所示。

图 7-46　子母门平面图　　　图 7-47　绘制水平直线和垂直线　　　图 7-48　偏移直线

（3）单击【绘图】面板中的【圆弧】按钮，以水平直线的两端点为圆心绘制两个圆弧；单击【修改】面板中的【删除】按钮，将水平直线和中间的垂直线段进行删除，效果如图 7-49 所示。

（4）单击【绘图】面板中的【多段线】按钮，设置多段线宽为 30，对子母门进行描边，效果如图 7-50 所示。

（5）子母门图形绘制完成后，将其定义为块并另存。

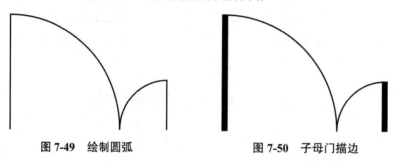

图 7-49　绘制圆弧　　　　　　　　图 7-50　子母门描边

7.2.2　绘制飘窗平面图

窗体是房屋建筑中的围护构件，其主要功能是采光、通风和透气，对建筑物的外观和室内装修造型都有较大的影响。本实例以飘窗平面图为例，了解窗体的构造及绘制方法。本实例绘制飘窗平面图的最终效果如图 7-51 所示。

图 7-51　飘窗平面图

（1）绘制墙体。单击【绘图】面板中的【直线】按钮，配合正交功能，绘制出窗体的侧墙体和窗口线；单击【修改】面板中的【镜像】按钮，将左侧墙体对称复制到右边，效果如图 7-52 所示。

（2）绘制折断线。单击【绘图】面板中的【直线】按钮，绘制墙体两端折断线符号；单击【修改】面板中的【修剪】按钮，将折断符号中间的直线进行修剪，效果如图 7-53 所示。

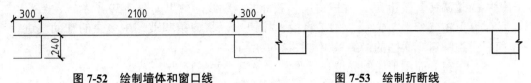

图 7-52 绘制墙体和窗口线　　　　　　图 7-53 绘制折断线

（3）绘制窗体边线。单击【绘图】面板中的【多段线】按钮 ⌐⌐，以窗洞口左下角点为起点，配合正交功能，绘制出窗体边线，效果如图 7-54 所示。

（4）绘制窗户玻璃。单击【修改】面板中的【偏移】按钮 ⊆，设置偏移距离为 60，将多段线向下偏移两次，最终效果如图 7-55 所示。

（5）飘窗平面图形绘制完成后，将其定义为块并另存。

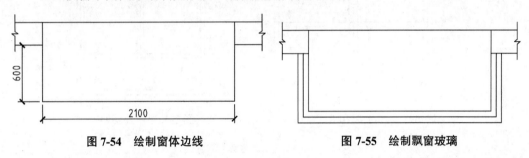

图 7-54 绘制窗体边线　　　　　　图 7-55 绘制飘窗玻璃

7.2.3 绘制飘窗立面图

本实例根据上例绘制的平面图尺寸，绘制飘窗立面图。绘制飘窗立面图的最终效果如图 7-56 所示。

（1）绘制窗台和窗框外轮廓线。单击【绘图】面板中的【矩形】按钮 □，绘制一个 2300×100 的矩形；单击【绘图】面板中的【矩形】按钮 □，在窗台上方绘制一个 2100×2050 的矩形，效果如图 7-57 所示。

（2）单击【修改】面板中的【复制】按钮 ⅗，配合捕捉功能，复制出窗台挡板；单击【修改】面板中的【偏移】按钮 ⊆，设置偏移距离为 60，将窗框向内偏移，生成窗框内线，效果如图 7-58 所示。

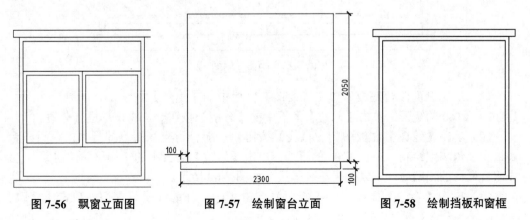

图 7-56 飘窗立面图　　　　图 7-57 绘制窗台立面　　　　图 7-58 绘制挡板和窗框

（3）单击【修改】面板中的【分解】按钮，将内窗框线进行分解；单击【修改】面板中的【偏移】按钮，生成窗扇和玻璃的辅助线，效果如图 7-59 所示。

（4）单击【修改】面板中的【修剪】按钮，将窗扇和玻璃中多余的辅助线进行修剪，得到飘窗立面图的最终效果如图 7-60 所示。

（5）飘窗立面图形绘制完成后，将其定义为块并另存。

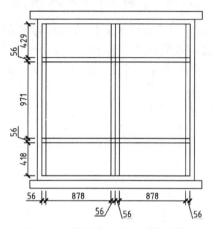

图 7-59　绘制窗扇和玻璃辅助线

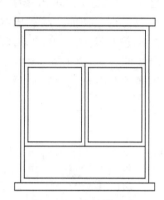

图 7-60　修剪辅助线

7.2.4　绘制阳台立面

阳台作为居住者的活动平台，便于用户接受光照，呼吸新鲜空气，进行户外观赏、纳凉以及晾晒衣物等。人们根据需要来确定阳台的面积，面积狭小的阳台不宜摆放过多设施。

本实例讲述立面阳台的构造及绘制方法，绘制立面阳台的最终效果如图 7-61 所示。

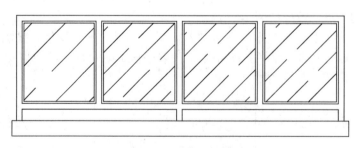

图 7-61　阳台立面图

（1）绘制立面阳台底板。单击【绘图】面板中的【矩形】按钮，绘制一个尺寸为 3600×160 的矩形；单击【修改】面板中的【分解】按钮，将矩形进行分解。

（2）单击【绘图】面板中的【直线】按钮，配合正交和端点捕捉功能，沿阳台底板左上角端点绘制一条长 1100 的直线；单击【修改】面板中的【偏移】按钮，生成阳台栏杆的辅助线，完成效果与具体尺寸如图 7-62 所示。

（3）单击【修改】面板中的【修剪】按钮，将辅助线进行修剪；单击【修改】

面板中的【删除】按钮 ✐，将创建的垂直辅助线进行删除，效果如图 7-63 所示。

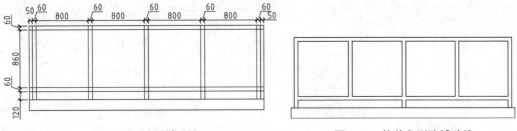

图 7-62　绘制辅助线　　　　　　　　　　　图 7-63　修剪和删除辅助线

（4）单击【修改】面板中的【偏移】按钮 ⊂，设置偏移距离为 20，生成玻璃压边的辅助线；单击【修改】面板中的【修剪】按钮 ✄，将辅助线进行修剪，效果如图 7-64 所示。

（5）单击【绘图】面板中的【图案填充】按钮 ▨，对阳台玻璃材料进行材料填充，得到阳台立面的最终效果如图 7-65 所示。

（6）阳台立面图形绘制完成后，将其定义为块并另存。

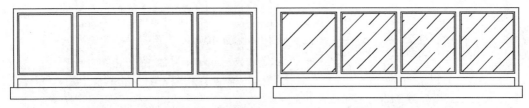

图 7-64　绘制玻璃压边线　　　　　　　　　　图 7-65　填充玻璃图例

7.3　建筑符号的绘制

建筑符号是绘制建筑设计施工图纸所必需的图例图形，包括标高符号、指北针符号、索引符号、剖切符号等。不同的符号图形可以标示不同的建筑信息，如标高符号可以标注建筑物的相对高度。

本节介绍建筑符号图形的绘制方法。

7.3.1　绘制标高

标高表示建筑物各部分的高度，是建筑物某一部位相对于基准面【标高的零点】的竖向高度，是竖向定位的依据。本节介绍标高图形的绘制方法。

（1）调用 L【直线】命令，绘制长度为 240 的垂直线段；调用 RO【旋转】命令，指定直线的下端点为旋转基点，设置旋转角度分别为 45°、–45°，旋转复制直线，结果如图 7-66 所示。

（2）调用 E【删除】命令，删除垂直线段，结果如图 7-67 所示。

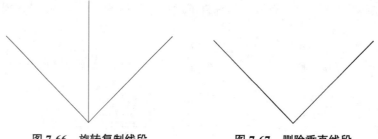

图 7-66　旋转复制线段　　　　　　图 7-67　删除垂直线段

（3）调用 L【直线】命令，绘制长度为 1000 的水平线段，如图 7-68 所示。

（4）执行【绘图】|【块】|【定义属性】命令，系统弹出【属性定义】对话框，设置参数如图 7-69 所示。

图 7-68　绘制水平线段　　　　　　图 7-69　【属性定义】对话框

（5）单击【确定】按钮，将属性文字置于标高图块之上，选择标高图形及属性文字，调用 B【创建块】命令，在弹出的【块定义】对话框中设置图块名称，如图 7-70 所示。

（6）单击【确定】按钮关闭对话框，系统弹出【编辑属性】对话框，在其中可以输入标高参数值，如图 7-71 所示。

图 7-70　输入块名　　　　　　　　　图 7-71　创建图块

（7）双击标高图块，系统弹出【增强属性编辑器】对话框，在其中可以修改标高的属性文字，包括文字参数值、字体样式、字体大小、颜色等，如图 7-72 所示。

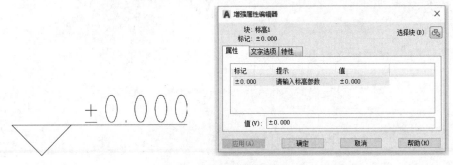

图 7-72 设置标高参数

7.3.2 绘制指北针

指北针是一种用于指示方向的工具，广泛应用于各种方向判读，如航海、野外探险、城市道路地图阅读等领域。如图 7-73 所示为常见的指北针。

图 7-73 指北针

本节介绍指北针图形的绘制方法。

（1）调用 C【圆形】命令，绘制半径为 893 的圆形，如图 7-74 所示。

（2）调用 L【直线】命令，绘制直线，结果如图 7-75 所示。

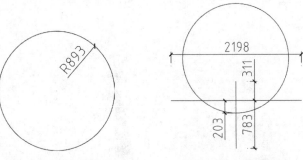

图 7-74 绘制圆形　　　　**图 7-75 绘制线段**

（3）调用 O【偏移】命令，偏移线段，如图 7-76 所示。

（4）调用 L【直线】命令，绘制直线，结果如图 7-77 所示。

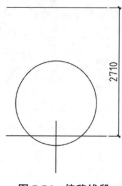

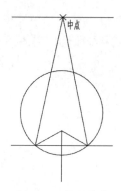

图 7-76　偏移线段　　　　　　图 7-77　绘制线段

（5）调用 EX【延伸】命令，延伸线段，如图 7-78 所示。

（6）调用 TR【修剪】命令，修剪圆形，结果如图 7-79 所示。

图 7-78　延伸线段　　　　　　图 7-79　修剪圆形

（7）调用 H【图案填充】命令，在弹出的【图案填充和渐变色】对话框中设置参数，在绘图区中拾取填充区域，完成图案填充的结果如图 7-80 所示。

（8）调用 MT【多行文字】命令，绘制文字标注，完成指北针图形的绘制，结果如图 7-81 所示。

图 7-80　图案填充　　　　　　　　　　　　　　　图 7-81　指北针

7.3.3　绘制索引符号

在绘制施工图时，会出现因为比例问题而无法表达清楚某一局部的情况，此时为方便施工需要另外画详图。一般用索引符号注明画出详图的位置、详图的编号以及详图所在的图纸编号。索引符号和详图符号内的详图编号与图纸编号两者对应一致。

本节介绍索引符号图形的绘制方法。

（1）调用 C【圆形】命令，绘制半径为 301 的圆形；调用 L【直线】命令，过圆心绘制直线，如图 7-82 所示。

（2）调用 REC【矩形】命令，绘制尺寸为 700×700 的矩形，如图 7-83 所示。

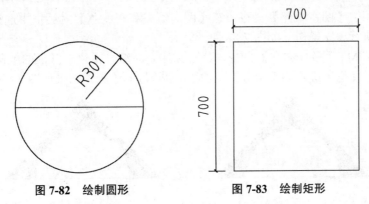

图 7-82　绘制圆形　　　　　　　图 7-83　绘制矩形

（3）调用 RO【旋转】命令，设置旋转角度为 45°，对矩形执行旋转操作，调用 L【直线】命令，在矩形内绘制对角线，如图 7-84 所示。

（4）调用 M【移动】命令，移动矩形，使矩形内的对角线中点与圆形的圆心重合，结果如图 7-85 所示。

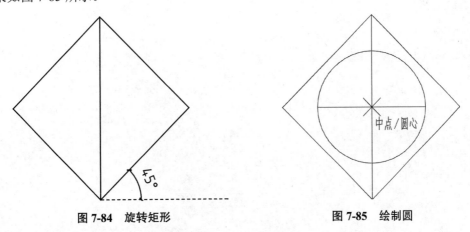

图 7-84　旋转矩形　　　　　　　图 7-85　绘制圆

（5）调用 E【删除】命令，删除矩形的对角线，执行 EX【延伸】命令，延伸圆内的直线，使其与矩形相接，如图 7-86 所示。

（6）调用 TR【修剪】命令，修剪矩形，结果如图 7-87 所示。

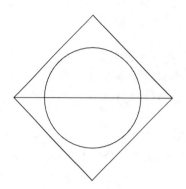
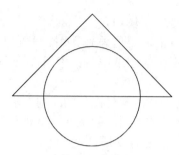

图 7-86   延伸线段   图 7-87   修剪矩形

（7）调用 H【图案填充】命令，在【图案填充和渐变色】对话框中选择 SOLID 图案，对图形执行填充操作，如图 7-88 所示。

（8）调用 MT【多行文字】命令，分别标注立面编号【位于圆形的上部分】、立面所在图纸编号【位于圆形的下部分】，完成索引符号的绘制，结果如图 7-89 所示。

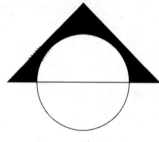
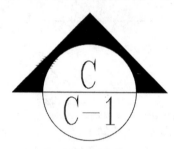

图 7-88   填充图案   图 7-89   索引符号

第8章

绘制建筑总平面图

总平面设计在整个工程设计、施工中具有极其重要的作用，而建筑总平面图则是总平面设计当中的图纸部分，在不同的设计阶段作用有所不同。本章我们将通过案例来学习建筑总平面图的绘制方法。

8.1 建筑总平面图概述

在绘制建筑总平面图之前，用户首先必须熟悉建筑总平面图的基础知识，便于准确绘制建筑总平面图。本节讲述建筑总平面的概念、绘制内容、绘制步骤、绘制图例等。

8.1.1 建筑总平面图的概念

建筑总平面展示的是一个工程项目的总体布局，其主要表明新建房屋的位置、朝向与原有建筑物的关系，建设区域道路布置、绿化、地形、地貌标高，以及与原有环境的关系和临界情况等。这是形象地展示建筑工程的第一个环节，因而要求尽可能完整地表现出上述内容。

建筑总平面图是房屋其他设施施工定位、土方施工以及绘制水暖、电线、管道总平面和施工总平面布置的依据。总平面设计在整个工程设计、施工中具有极其重要的作用，而且在不同的建筑设计阶段有不同的作用。建筑总平面图则是总平面设计当中的图纸部分。

1. 方案设计阶段

总平面图着重体现拟建建筑物的大小、形状及周边道路、房屋、绿地和建筑红线之间的关系，表达室外空间环境设计效果。

2. 初步设计阶段

通过进一步推敲总平面设计中涉及的各种因素和环节，推敲方案的合理、科学性。初步设计阶段的总平面图是方案设计阶段总平面图的细化，为施工图阶段的总平面图打下基础。

3. 施工图设计阶段

总平面图是在深化初步设计阶段内容的基础上完成的。它能准确描述建筑的定位尺寸、相对标高、道路竖向标高、排水方向及坡度等，是单体建筑施工放线、确定开挖范围及深度、场地布置以及水、暖、电管线设计的主要依据，也是道路、围墙、绿化及水池等施工的重要依据。

如图 8-1 所示为某住宅小区建筑总平面图。

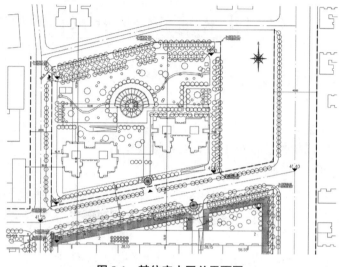

图 8-1　某住宅小区总平面图

8.1.2　建筑总平面的绘制内容

建筑总平面图的绘制要遵守 GB/T 50103—2010《总图制图标准》的基本规定。建筑总平面图的绘制内容主要包括以下几个方面。

（1）图名及比例尺。

（2）应用图例来表明新建区、扩建区或改建区的总体布置，表明各建筑物和构筑物的位置、道路、广场、室外场地和绿化等布置情况，以及各建筑物的层数等。在总平面图上一般应画上所采用的主要图例及其名称。此外，对于《建筑制图标准》中无规定而自定的图例必须在总平面图中绘制清楚，并注明其名称。

（3）确定新建或扩建工程的具体位置，一般根据原有房屋或道路来定位，并以 m 为单位标注出定位尺寸。

（4）当新建成片的建筑物和构筑物或较大的公共建筑物或厂房时，往往用坐标来确定每一建筑物及道路转折点等的位置。在地形起伏较大的地区，还应该画出地形等高线。

（5）注明新建房屋底层、室内地面和室外地坪的绝对标高。

（6）画出风向频率玫瑰图形，以及指北针图形，用来表示该地区的常年风向频率和建筑物、构筑物等的方向，有时也可以只画出单独的指北针。

8.1.3　建筑总平面的绘制步骤

绘制建筑总平面图需要按照一定的步骤进行，绘制建筑总平面图的常用步骤如下。

（1）设置绘图环境。

（2）绘制网格环境体系。

（3）绘制道路和各种建筑物、构筑物。

（4）绘制出建筑物局部和绿化的细节。

（5）绘制尺寸标注、文字说明和图例。

（6）添加图框和标题。

（7）打印输出。

8.1.4 常用建筑总平面图图例

在建筑总平面绘图中，有一些固定的图形代表固定的含义，在 GB/T 50103—2010《总图制图标准》中有专门的图例规定。当标准图例不能表达图中内容时，可以自行设置图例，但必须在建筑总平面图中绘制出来，并详细注明其名称，以便于识图。

由于总平面图采用较小比例绘制，各建筑物和构筑物在图中所占面积较小，根据总平面图的作用，无须详细绘制，可以用相应的图例表示。《总图制图标准》中规定的常用的图例如表 8-1 所示。

表 8-1 总平面图例

名 称	图 例	说 明	名 称	图 例	说 明
新建的建筑物	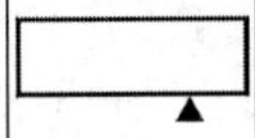	（1）需要时可用▲表示出入口，可在图形内右上角用点或数字表示层数。 （2）建筑物外形（一般以 ±0.00 高度处的外墙定位轴线或外墙面线为准）用粗实线表示，需要时，地面以上建筑用中粗实线表示，地面以下建筑用细虚线表示	新建的道路	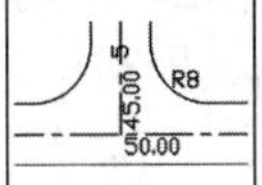	R8 表示道路转弯半径为 8m，50.00 为路面中线控制点标高，5 表示 5%，为纵向坡度，45.00 表示变坡点间距离
原有的建筑物	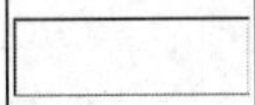	用细实线表示	原有的道路		
计划扩建的预留地或建筑物	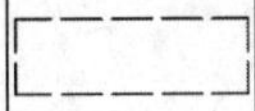	用中粗实线表示	计划扩建的道路	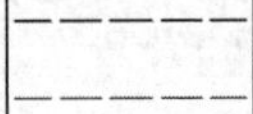	
拆除的建筑物	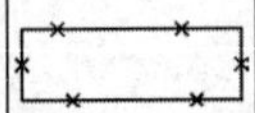	用细实线表示	拆除的道路	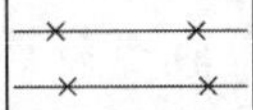	
坐标	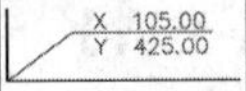 X 105.00 Y 425.00	表示测量坐标	桥梁	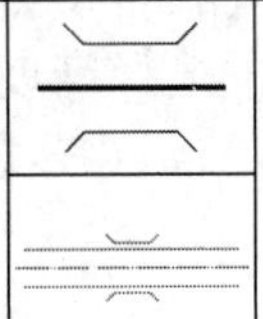	（1）上图表示铁路桥，下图表示公路桥。 （2）用于旱桥时应注明
	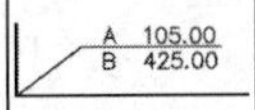 A 105.00 B 425.00	表示建筑坐标			

续表

名　　称	图　　例	说　　明	名　　称	图　　例	说　　明
围墙及大门	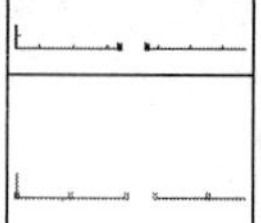	上图表示实体性质的围墙，下图表示通透性质的围墙，如仅表示围墙时不画大门	护坡	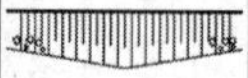	（1）边坡较长时，可在一端或两端局部表示。
			填挖边坡		（2）下边线为虚线时表示填方
台阶		箭头指向表示向下	挡土墙	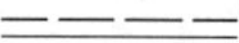	被挡的土在【突出】的一侧
铺砌场地	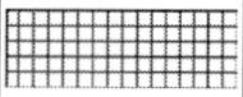		挡土墙上设围墙		

8.2　绘制住宅小区总平面图

做好绘图准备工作后，本节以绘制某住宅小区的建筑总平面图为例，介绍如何完成道路、建筑红线、建筑外轮廓线及细化房屋、岔道及相邻建筑物、植物绿化、风玫瑰图、表格等的绘制，以及如何实现尺寸和文字的标注。

8.2.1　设置绘图环境

在开始绘图之前，用户需对新建的图形文件进行相应的设置，确定各选项参数。

（1）新建样板图形。启动 AutoCAD 2022 应用程序，单击【快速访问】工具栏中的【新建】按钮，弹出【选择样板】对话框，如图 8-2 所示。选中 acadiso.dwt 选项，单击【打开】按钮，即可创建一个样板图形。

（2）设置绘图区域。在命令行中输入 LIMITS【图形界限】命令，设置绘图区域的范围为 450m×320m；然后执行 ZOOM【缩放】命令，设置观察范围。其命令行提示如下。

```
命令:limits↙
重新设置模型空间界限:
指定左下角点或 [开(ON)/关(OFF)] <0.0000,0.0000>:↙
                                        //直接按 Enter 键接受默认值
指定右上角点 <420.0000,297.0000>: 450000,320000↙
                                        //输入右上角坐标值【450000,320000】
```

（3）设置精度。在命令行中输入 UNITS【单位】命令并按 Enter 键，弹出【图形单位】对话框。在【长度】选项组中的【类型】下拉列表中选择【小数】选项；在【精度】下拉列表中选择精度 0.00；在【角度】选项组中的【类型】下拉列表中选择【十进制度数】选项，在【精度】下拉列表中选择精度为 0.00，效果如图 8-3 所示。

图 8-2 【选择文件】对话框 **图 8-3 【图形单位】对话框**

（4）设置光标和栅格捕捉间距。在命令行中输入 DSETTINGS【草图设置】命令并按 Enter 键，弹出【草图设置】对话框，打开【对象捕捉】选项卡，设置捕捉类型如图 8-4 所示。

（5）打开【捕捉和栅格】选项卡，在该选项卡中设定【捕捉 X 轴间距】为 0.1，【栅格 X 轴间距】为 10。用鼠标在【捕捉 Y 间距】和【栅格 Y 间距】文本框中单击，就会自动变成和上面一样的数值，效果如图 8-5 所示。单击【确定】按钮，完成光标和栅格捕捉间距的设置。

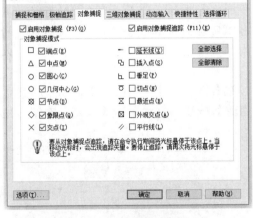

图 8-4 【对象捕捉】选项卡 **图 8-5 【捕捉和栅格】选项卡**

（6）设置图层。单击【图层】面板中的【图层特性】按钮，弹出【图层特性管理器】对话框，如图 8-6 所示。

（7）单击【新建图层】按钮，自动新建一个图层，并自动命名为【图层 1】，用户可在【名称】选项栏中修改名称。重复单击【新建图层】按钮，可以继续输入其他图层的名称，单击相应的属性图标可以对属性进行修改，设置完所有的图层后，效果如图 8-7 所示。单击【关闭】按钮关闭图层管理器。

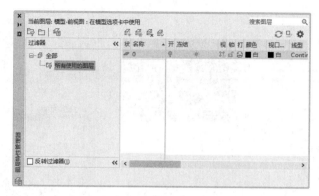

图 8-6　【图层特性管理器】对话框

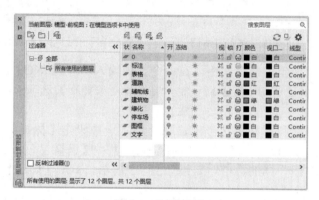

图 8-7　创建图层

　　提示：设置图层是绘制图形之前必不可少的准备工作。设置一些专门的图层，并把一些相关的图形放在专门的图层上，这样可以给后面的图形绘制和管理带来很大的方便。另外，还可以给每个图层分别设置各自的线型、线宽、颜色等属性，因而可以使不同图层的图形互相区别，便于管理。

　　（8）设置文字样式。单击【文字样式】按钮，打开【文字样式】对话框，设置相应的参数值，如图 8-8 所示。单击【置为当前】按钮，然后单击【关闭】按钮，完成【文字样式】的设置。

图 8-8　【文字样式】对话框

（9）单击【标注样式】按钮，弹出如图 8-9 所示的【标注样式管理器】对话框，设置标注样式。单击【置为当前】按钮，然后单击【关闭】按钮，完成【标注样式】的设置。

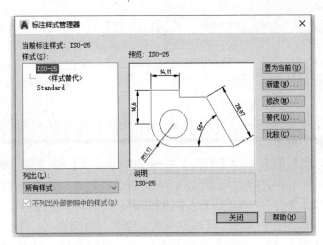

图 8-9 【标注样式管理器】对话框

8.2.2 绘制总平面图形

建立绘图环境以后，接下来就是绘制图形了。绘制总平面图的过程包括绘制辅助网格、道路、建筑物、人行道、水体、停车位、用地红线和指北针等。

（1）绘制辅助网格。设置【辅助线】图层为当前层，单击【绘图】面板中的【直线】按钮，配合正交功能，绘制出水平和垂直两条辅助线，结果如图 8-10 所示。

（2）单击【修改】面板中的【偏移】按钮，偏移辅助线，绘制道路辅助网格，结果如图 8-11 所示。

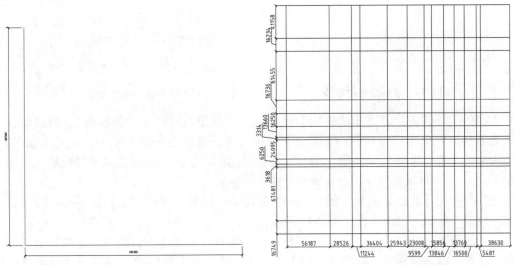

图 8-10 绘制辅助线   图 8-11 绘制辅助网格

提示： 辅助网格在绘制建筑总平面图时起到精确定位的作用。

（3）绘制道路。将【道路】图层置为当前层，颜色设为【红色】、线型设为 ACAD_ISO04W100、线宽随图层，如图 8-12 所示。

图 8-12　设置图层

提示： 道路是确定建筑物位置的最初依据，它是根据地形图确定的，因此在绘制总平面图时应首先绘制道路。

（4）单击【绘图】面板中的【直线】按钮和【圆弧】按钮，使用【对象捕捉】功能，绘制出道路中线，并修改线型比例为 800，效果如图 8-13 所示。

（5）单击【修改】面板中的【偏移】按钮，根据道路宽度，设置偏移距离为道路半宽，将中线向道路两侧偏移，将颜色和线型修改为随图层。

（6）单击【修改】面板中的【修剪】按钮，将交叉路口的道路边线进行修剪；单击【修改】面板中的【圆角】按钮，对道路转角处进行圆角处理，完成效果如图 8-14 所示。

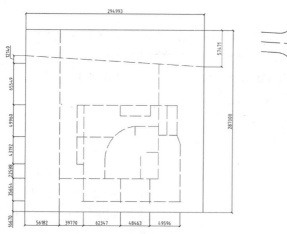

图 8-13　绘制道路中心线

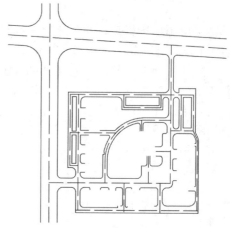

图 8-14　绘制道路

（7）绘制建筑物。将【建筑物】图层置为当前层，打开【对象捕捉】，将线型设置为 0.30，并单击状态栏中的【线宽】按钮，使该功能处于开启状态。单击【绘图】面板中的【直线】按钮，配合偏移、修剪等功能，绘制出建筑物的外形轮廓线，如图 8-15 所示。依次将余下的建筑绘制完成，如图 8-16 所示。

（8）单击【修改】面板中的【移动】按钮，将建筑物移到总平面图中恰当位置上，建筑物轮廓与最终位置如图 8-17 所示。

（9）绘制人行道、主干道斑马线和绿化分隔带。将【道路】图层置为当前层，颜色、线型、线宽随图层，单击【修改】面板中的【偏移】按钮，将道路边线偏移生成人行道、斑马线的辅助线和绿化分隔带；单击【修改】面板中的【修剪】按钮，生成斑马线和绿化分隔带，如图 8-18 所示。

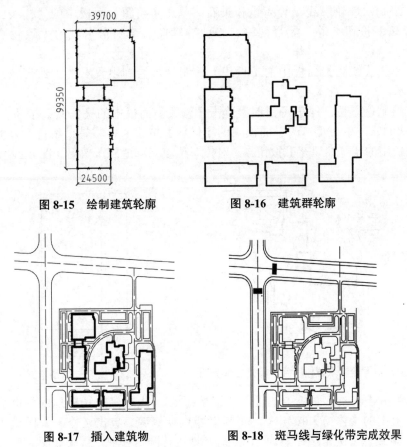

图 8-15　绘制建筑轮廓　　　　　　　图 8-16　建筑群轮廓

图 8-17　插入建筑物　　　　　　图 8-18　斑马线与绿化带完成效果

（10）绘制车道线。单击【修改】面板中的【偏移】按钮 ⊏，将道路中线进行偏移生成车道线的辅助线；单击【修改】面板中的【修剪】按钮 ⅀，配合辅助线功能，将交叉口的车道线进行修剪，完成效果如图 8-19 所示。

（11）绘制内部小道。单击【绘图】面板中的【直线】按钮 ✎、【圆弧】按钮 ⌒ 和【样条曲线】按钮 ∿，配合辅助线的定位功能，绘制出大致的内部小道轮廓线，效果如图 8-20 所示。

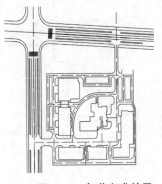

图 8-19　车道完成效果

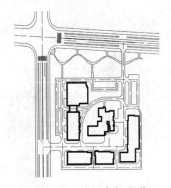

图 8-20　绘制内部小道

提示： 建筑物是总平面图中的主体部分，总平面图体现了建筑物之间的相互关系。

（12）绘制水域轮廓线、等高线和景石。单击【绘图】面板中的【样条曲线】按钮〰️、【圆弧】按钮⌒等，配合偏移、修剪等功能，绘制出水域的大致轮廓线和等高线。

（13）单击【绘图】面板中的【直线】按钮╱，绘制出景石的大致形状，效果如图 8-21 所示。

（14）绘制停车位、停车场铺地。单击【修改】面板中的【偏移】按钮⊂，生成停车位的辅助线；单击【修改】面板中的【修剪】按钮✂，将辅助线进行修剪；单击【修改】面板中的【图案填充】按钮▨，对停车位填充草地砖，效果如图 8-22 所示。

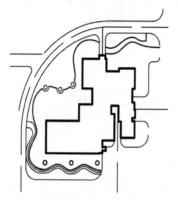

图 8-21　绘制水域轮廓线、等高线和景石

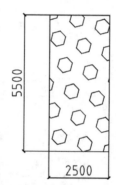

图 8-22　绘制一个停车位

（15）单击【修改】面板中的【偏移】按钮⊂，生成停车场铺地的辅助线。单击【修改】面板中的【修剪】按钮✂，将辅助线进行修剪。单击【修改】面板中的【圆角】按钮⌒，设置【圆角半径】为216，对铺地进行圆角处理，效果如图 8-23 所示。

（16）单击【修改】面板中的【复制】按钮⟳，配合旋转、镜像等功能，复制出所有的停车位和停车场铺地，效果如图 8-24 所示。

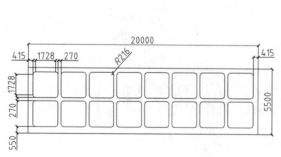

图 8-23　绘制停车位、停车场铺地

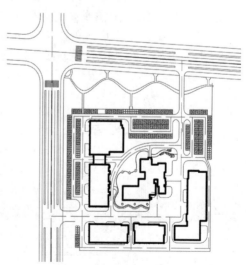

图 8-24　绘制停车场铺地

（17）绿化也是总平面图中的一个重要的组成部分，接下来绘制绿化树和灌木丛。单击【绘图】面板中的【圆】按钮⊙，绘制出一个圆，半径为 2000，如图 8-25 所示。

（18）单击【绘图】面板中的【直线】按钮／，根据圆形的大致定位，大概绘制一丛树的形状，并在圆中心绘制一个十字图形。单击【修改】面板中的【修剪】按钮✂，将圆进行删除，效果如图 8-26 所示。

（19）单击【绘图】面板中的【修订云线】按钮◯，绘制灌木丛，如图 8-27 所示。

图 8-25　绘制圆

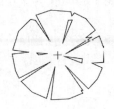

图 8-26　绘制树

图 8-27　绘制灌木丛

（20）同样方法，绘制所有灌木丛；单击【修改】面板中的【复制】按钮❁，复制出多个绿化树放置在总平面图中，效果如图 8-28 所示。

（21）绘制用地红线。单击【绘图】面板中的【多段线】按钮⫯，设置多段线宽为250，根据小区用地范围，绘制出闭合的用地范围线。

（22）选中用地范围线，修改多段线线型为点画线，并修改线型比例为 0.2，效果如图 8-29 所示。

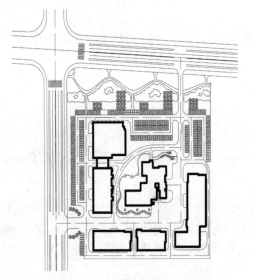

图 8-28　绘制绿化树和灌木丛

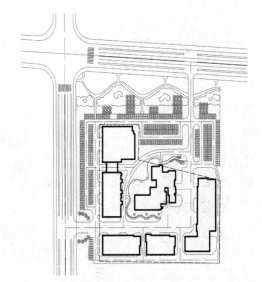

图 8-29　绘制用地红线

提示：用地红线是指各类建筑工程项目用地的使用权属范围的边界线。用地红线常用加粗的点画线表示。

（23）绘制指北针。将【图框】图层置为当前层。

（24）单击【绘图】面板中的【圆】按钮⊙，在视图中空白位置绘制一个半径为

9000 的圆，然后单击【绘图】面板中的【直线】按钮 ∕，绘制一条水平直径。

（25）单击【修改】面板中的【偏移】按钮 ⊆，将水平直径向下偏移 6900。单击【修改】面板中的【修剪】按钮 ✂ 和【删除】按钮 ✐，将辅助线进行修剪和删除，效果如图 8-30 所示。

（26）单击【绘图】面板中的【构造线】按钮 ∕，设置构造线角度为 78°和 30°，绘制经过下面水平直线左端点的两条构造线，然后单击【修改】面板中的【镜像】按钮 ⚏，将构造线以垂直直径为对称轴，复制两条。

（27）单击【修改】面板中的【修剪】按钮 ✂ 和【删除】按钮 ✐，将辅助线进行修剪和删除，效果如图 8-31 所示。

（28）单击【绘图】面板中的【图案填充】按钮 ▨，对指北针进行图例填充；单击【绘图】面板中的【多行文字】按钮 A，绘制出指北针文字，效果如图 8-32 所示。

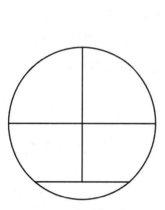
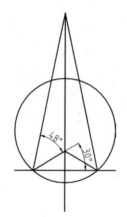

图 8-30 绘制圆和直线   图 8-31 绘制指北针斜线   图 8-32 绘制图案填充和文字

提示：指北针用于表示总平面图中指示北极的方向。

8.2.3 各种标注和文字说明

在完成上面的工作后，总平面图上的大部分内容都显示在图形中了，但对于一幅工程图而言，还不够完整。要想使图纸表达的内容更加精确，就需要为总平面图添加适当的表格、尺寸标注和文字等内容。

1. 绘制表格

表格是建筑图的基本组成部分，建筑图中均有对图形的相应文字说明，并以表格的形式进行表达，绘制表格时外框线应绘制为粗实线，内框线应绘制为细实线，可通过编辑多段线完成。

（1）将【表格】图层置为当前层，单击【绘图】面板中的【矩形】按钮 ▭，根据表格边框的尺寸绘制一个矩形，效果如图 8-33 所示。

（2）单击【注释】面板中的【表格】按钮 ▦，弹出【插入表格】对话框，在【插入方式】选项栏中选中【指定窗口】单选按钮，并设置其他参数，如图 8-34 所示。

图 8-33 绘制表格边框

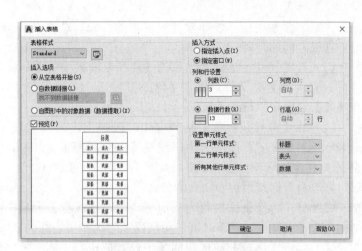

图 8-34 【插入表格】对话框

（3）在【插入表格】对话框中，单击【确定】按钮，进入绘图区中框选前面矩形的两个对角点，此时弹出一个文本框，单击【确定】按钮，退出文本的创建并创建一个表格，效果如图 8-35 所示。

（4）在任何一个文本框中双击鼠标左键，即可打开一个文本框，在文本框中输入文本后，单击【确定】按钮即可添加文本，并修改对齐方式为【正中】，拖动夹点可改变列宽，添加文本后的表格效果如图 8-36 所示。

项目	单位	数量
规划总用地	平方米	18515
地上总建筑面积	平方米	37931.57
其中：一期	平方米	21731.57
其中：二期	平方米	16200
地下建筑总面积	平方米	2265.49
其中：一期	平方米	765.49
其中：二期	平方米	1500
建筑容积率		2.05
建筑密度		34.6%
绿化面积	平方米	6300
绿化率		32%
建筑层数	层	15
建筑总高度（最大）	米	59.8
停车位	辆	240

图 8-35 插入表格   **图 8-36 添加表格文字**

2. 尺寸标注

尺寸标注是建筑施工图的一个重要组成部分，是现场施工的主要依据。尺寸标注是一个非常复杂的过程，在建筑总平面图中，尺寸标注的要求相对比较简单。

在总平面图上应标注新建建筑房屋的总长、总宽及其与周围建筑物、构筑物、道路、红线之间的距离。

（1）设置尺寸标注样式。单击【注释】面板中的【标注样式】按钮，弹出【标注样式管理器】对话框，单击【修改】按钮，在弹出的【修改标注样式】对话框中，在【线】选项卡中设置【超出尺寸线】为400。

（2）在【符号和箭头】选项卡中，选中【建筑标记】样式，并设置【箭头大小】为800。在【文字】选项卡中，设置【文字高度】为1800。在【主单位】选项卡中，设置以【米】为单位进行标注，设置【比例因子】为0.001。在进行【半径标注】设置时，修改箭头样式为实心闭合箭头。

（3）将【标注】图层置为当前层，单击【注释】面板中的【对齐】按钮，对总平面图中道路宽度、建筑之间的距离以及建筑和用地红线之间的距离等进行标注。

（4）单击【注释】面板中的【半径】按钮，标注道路转角处的圆弧半径，并修改箭头样式为【无】，效果如图 8-37 所示。

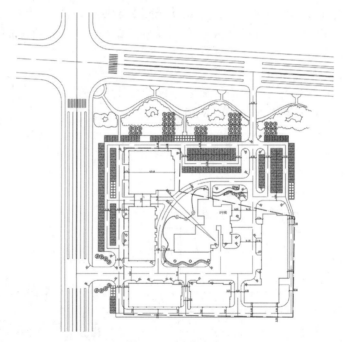

图 8-37　标注尺寸

3. 标高标注

标高是建筑物某一部分相对于基准面【标高的零点】的竖向高度，是施工竖向定位的依据。标高按照基准面选取的不同分为相对标高和绝对标高。相对标高是根据工程需要自行选定工程的基准面。在建筑工程中，通常以建筑物第一层的主要地面作为标高的零点。绝对标高是指以我国青岛市外的黄海海平面作为零点面测定的高度尺寸。

（1）单击【绘图】面板中的【直线】按钮，绘制一条长 8000 的水平直线。单击【修改】面板中的【偏移】按钮，将上一步创建的水平直线向下偏移 1500，生成另一条水平直线，如图 8-38 所示。

（2）单击【绘图】面板中的【构造线】按钮 ，绘制经过第一条水平直线左端点且角度为 135°的构造线，然后单击【修改】面板中的【镜像】按钮 ，以构造线与下方直线的交点及至上方的垂足为两个对称点，镜像复制线段，如图 8-39 所示。

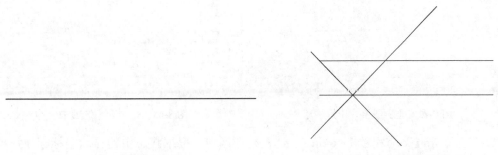

图 8-38　绘制平行线　　　　　　　　　　　　图 8-39　复制构造线

（3）单击【修改】面板中的【修剪】按钮 ，将两水平直线所夹构造线之外的部分进行修剪，然后删除其他多余线段，完成效果如图 8-40 所示。

（4）单击【注释】面板中的【多行文字】按钮 A，设置字体为 TXT，字高为 1200，在标高符号右上方绘制标高文字，效果如图 8-41 所示。

图 8-40　修剪及删除　　　　　　　　　　　　图 8-41　添加标高文字

（5）单击【修改】面板中的【复制】按钮 ，将标高符号复制到小区总平面图中各处，双击标高数字，对标高文字进行修改，完成标高标注的创建。

4. 坐标标注

坐标标注测量原点（称为基准）到标注特征（例如部件上的一个孔）的垂直距离。坐标标注由 X 值、Y 值和引线组成。X 基准坐标标注沿 X 轴测量特征点与基准点的距离，Y 基准坐标标注沿 Y 轴测量距离。

在总平面图中，需要标注出每栋建筑物各个角点的坐标以及用地红线转角点的坐标。

（1）单击【多重引线样式】按钮 ，弹出【多重引线样式管理器】对话框，单击【修改】按钮，弹出【修改多重引线样式：Standard】对话框，选择【引线格式】选项卡，设置参数如图 8-42 所示。

（2）打开【内容】选项卡，设置参数如图 8-43 所示。单击【确定】按钮，返回到【多重引线样式管理器】对话框中，单击【置为当前】按钮，然后单击【关闭】按钮，完成多重引线样式的设置。

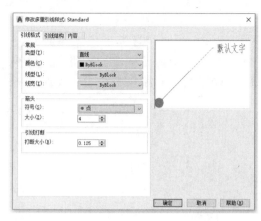

图 8-42　【引线格式】选项卡

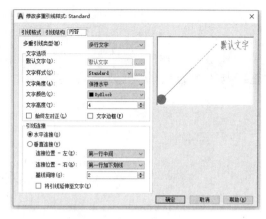

图 8-43　【内容】选项卡

（3）单击【多重引线】按钮，进入绘图区中，根据状态中的显示坐标标注每栋建筑物各个角点的坐标，效果如图 8-44 所示。

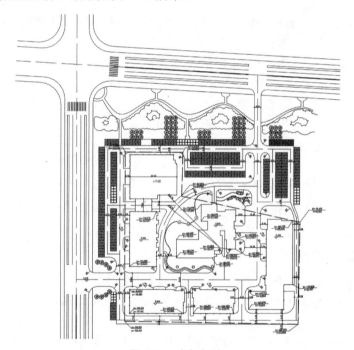

图 8-44　坐标标注

5. 文字说明

文字说明就是把图纸的一些技术要求写在图纸上，便于施工人员参考，文字说明是建筑施工图的重要组成部分。一般来说，文字说明包括图名、比例、房间功能的划分、门窗符号、楼梯说明以及其他有关的文字说明。

（1）将【文字】图层置为当前层。

（2）单击【文字样式】按钮A，弹出【文字样式】对话框，根据国家制图标准，在【字体】选项栏中，选择合适的字体，字体高度为 3200，其他采用默认设置，如

图 8-45 所示。单击【置为当前】按钮，单击【关闭】按钮，完成文字样式的设置。

图 8-45　【文字样式】对话框

（3）单击【注释】面板中的【多行文字】按钮**A**，为住宅小区总平面图添加文字说明、图名和比例，效果如图 8-46 所示。

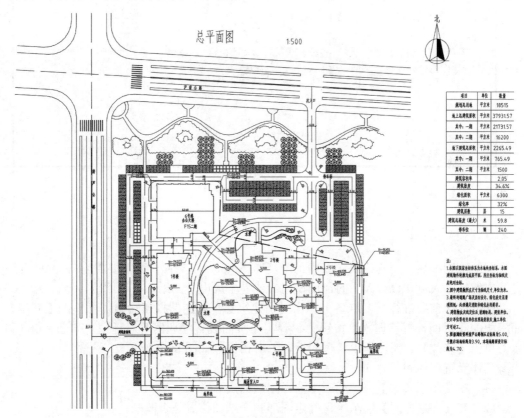

图 8-46　绘制文字说明、图名和比例

8.2.4　添加图框和标题栏

在正规的图纸中都是包括图框的。一般来说，在绘图时首先要制定图框，然后在图框内绘制图形。但由于计算机绘图的灵活性，可以先绘制图形和标注，然后再插入图框。

绘制或插入图框造型，并调整合适的位置，完成住宅小区建筑总平面图的绘制，最终效果如图 8-47 所示。

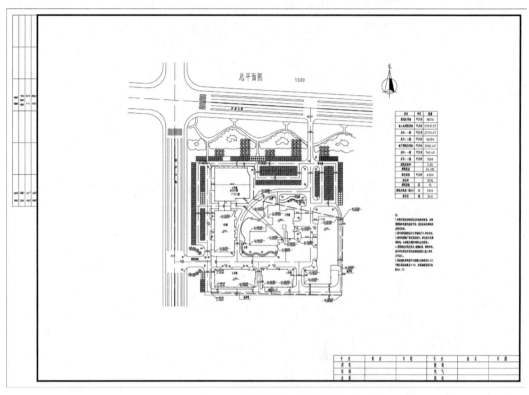

图 8-47　添加图框和标题栏

8.2.5　打印输出

图纸绘制好后，用到建筑实践中的不能是 AutoCAD 文件，通常要将它打印到图纸上，方便施工人员和设计人员的现场使用，或者生成电子图纸，可以网络传送。

图纸打印前要进行很多准备工作，对于建筑总平面图的打印输出，可单击【打印】面板中的【页面设置管理器】按钮 ，弹出【页面设置管理器】对话框，如图 8-48 所示。单击【修改】按钮，弹出【页面设置】对话框，如图 8-49 所示。

具体设置包括如下几项。

（1）在【图纸尺寸】下拉列表中选择图纸的尺寸。

（2）在【图形方向】选项组里确定图形和图纸的位置是否匹配。

（3）在【打印区域】选项组里选中【范围】选项。

（4）在【打印比例】选项组里【比例】下拉列表中选择【按图纸空间缩放】，其他设置均为默认。

图 8-48 【页面设置管理器】对话框

图 8-49 【页面设置】对话框

完成这些设置后，进行预览。如果预览满意，就可以进行打印了；如果不满意，再进行调整，直至满意为止。

第 9 章

绘制建筑平面图

建筑平面图主要包括楼层平面图（底层平面图、中间层平面图）和顶层平面图。

本章以单元式住宅的一层平面图为例，介绍绘制建筑平面图的方法，主要讲解了轴线、墙体、标准柱、门窗、厨卫设施等图形的绘制。

本章首先介绍了建筑平面图的基础知识，然后通过一套住宅平面图的绘制，帮助读者熟练地掌握建筑平面图的绘制步骤以及方法与技巧。

9.1 建筑平面图概述

在绘制建筑平面图之前，用户首先必须熟悉建筑平面图的基础知识，便于准确绘制。本节讲述建筑平面的形成、作用、绘制要点等。

9.1.1 建筑平面图的形成

建筑平面图实际上是建筑物的水平剖面图（除屋顶平面图外，屋顶平面图应在屋面以上俯视），是用假想的水平剖切平面在窗台以上、窗过梁以下把整栋建筑物剖开，然后移去上面部分，将剩余部分向水平投影面做投影得到的正投影图，如图 9-1 所示。它是施工图中应用较广的图样，是放线、砌墙和安装门窗的重要依据。

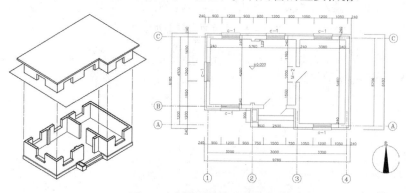

图 9-1 建筑平面图形成原理

建筑平面图中的主要图形包括剖切到的墙、柱、门窗、楼梯以及俯视看到的地面、台阶、楼梯等剖切面以下部分的构建轮廓。因此，从平面图中可以看到建筑的平面大小、形状、空间平面布局、内外交通及联系、建筑构配件大小及材料等内容，除了按制图知识和规范绘制建筑构配件的平面图形外，还需标注尺寸及文字说明，设置图面比例等。

由于建筑平面图能突出地表达建筑的组成和功能关系等方面的内容，因此一般建筑设计都由平面设计入手。在平面设计中应从建筑整体出发，考虑建筑空间组合的效果，照顾建筑剖面和立面的效果和体型关系。在设计的各个阶段中，都应有建筑平面图样，但表达的深度不同。

建筑平面图一般可使用粗、中、细 3 种线宽来绘制。被剖切到的墙、柱断面的轮廓线用粗线来绘制；被剖切到次要部分的轮廓线，如墙面抹灰、轻质隔墙以及没有剖切到的可见部分的轮廓如窗台、墙身、阳台、楼梯段等，均用中实线绘制；没有剖切到的高窗、墙洞和不可见部分的轮廓线都用中虚线绘制；引出线、尺寸标注线等用细实线绘制；定位墙线、中心线和对称线等用细点画线绘制。

9.1.2　建筑平面图的作用

建筑平面图是用来表达房屋建筑的平面形状、房间布置、尺寸、材料和做法等内容的图样。平面图是建筑施工的重要图样之一，是施工过程中房屋的定位放线、砌墙、设备安装、装修及编制概预算、备料的重要依据。

9.1.3　建筑平面图分类及特点

依据剖切位置的不同，建筑平面图可分为如下几类。

1. 底层平面图

底层平面图又称首层平面图或一层平面图。底层平面图的形成，是将剖切平面的剖切位置放在建筑物的一层地面与从一楼通向二楼的休息平台（即一楼到二楼的第一个梯段）之间，尽量通过该层上所有的门窗洞，剖切之后进行投影得到的。如图 9-2 所示为某住宅一层平面图。

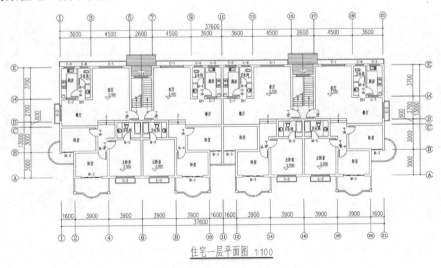

住宅一层平面图 1:100

图 9-2　多层住宅一层平面图

2. 标准层平面图

对于多层建筑，如果建筑内部平面布置每层都具有差异，则应该每一层都绘制一个平面图，平面图的名称可以本身的楼层数命名。但在实际的建筑设计过程中，多层建筑往往存在相同或相近平面布置形式的楼层，因此在绘制建筑平面图时，可将相同或相近的楼层共用一幅平面图表示，这个平面图称为"标准层平面图"。如图 9-3 所示为某多层住宅标准层平面图。

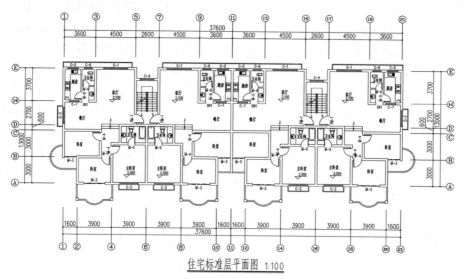

图 9-3　某住宅标准层平面图

3. 顶层平面图

顶层平面图是位于建筑物最上面一层的平面图，具有与其他层相同的功用，它也可用相应的楼层数来命名，如图 9-4 所示为某多层住宅顶层平面图。

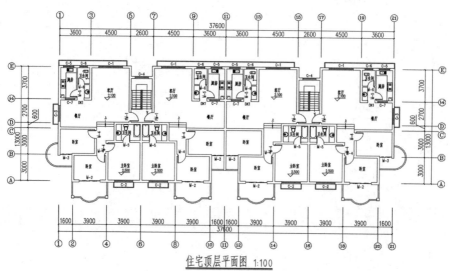

图 9-4　多层住宅顶层平面图

4. 屋顶平面图

屋顶平面图是指从屋顶上方向下所作的俯视图,主要用来描述屋顶的平面布置,如图9-5所示。

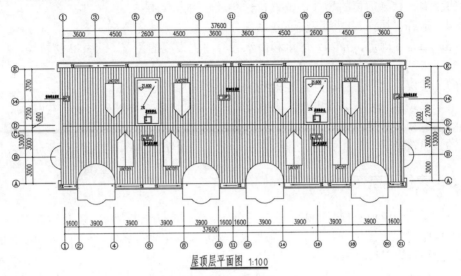

图9-5 多层住宅屋顶平面图

5. 地下室平面图

地下室平面图是指对于有地下室的建筑物,在地下室的平面布置情况,如图9-6所示。

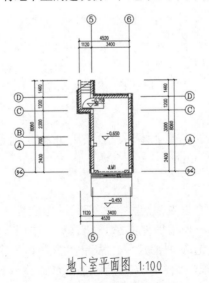

图9-6 地下室平面图

9.1.4 建筑平面图的绘制内容

建筑平面图虽然类型和剖切位置都有所不同,但绘制的具体内容基本相同,主要包括如下几个方面。

（1）建筑物平面的形状及总长、总宽等尺寸。

（2）建筑平面房间组合和各房间的开间、进深等尺寸。

（3）墙、柱、门窗的尺寸、位置、材料及开启方向。

（4）走廊、楼梯、电梯等交通联系部分的位置、尺寸和方向。

（5）阳台、雨篷、台阶、散水和雨水管等附属设施的位置、尺寸和材料等。

（6）未剖切到的门窗洞口等（一般用虚线表示）。

（7）楼层、楼梯的标高，定位轴线的尺寸和细部尺寸等。

（8）屋顶的形状、坡面形式、屋面做法、排水坡度、雨水口位置、电梯间、水箱间等的构造和尺寸等。

（9）建筑说明、具体做法、详图索引、图名、绘图比例等详细信息。

9.1.5　建筑平面图的绘制要求

根据我国 GB/T18112—2000《房屋建筑 CAD 制图统一规则》，以及 GB/T 50001—2017《房屋建筑制图统一标准》标准要求，建筑平面图在比例、线型、字体、轴线标注、详图符号索引等几方面有如下规定。

1. 比例

根据建筑物不同大小，建筑平面图可采用 1∶50、1∶100、1∶200 等比例绘图。为了绘图计算方便，一般建筑平面图采用 1∶100 比例尺，个别平面详图采用 1∶20 或 1∶50 绘制。

2. 线型

根据规范要求，平面图中不同的线型表示不同的含义。定位轴线统一采用点画线表示，并给予编号；被剖切到的墙体、柱子的轮廓线采用粗实线表示；门的开启线采用中实线绘制；其余可见轮廓线、尺寸标注线和标高符号等采用细实线表示。

3. 字体

字体采用标准汉字矢量字库字体，一般采用仿宋体。汉字字高不小于 2.5mm，数字和字母高度不应小于 1.8mm。

4. 尺寸标注

尺寸标注分为外部尺寸与内部尺寸。外部尺寸标注在平面图的外部，分为 3 道标注。最外面一道是总尺寸，表示房屋的总长和总宽；中间一道是定位尺寸，表示房屋的开间和进深；最里面一道是细部尺寸，表示门窗洞口、窗间墙、墙厚等细部尺寸；同时还应注写室外附属设施，如台阶、阳台、散水和雨篷等尺寸。

内部尺寸一般应标注室内门窗洞、墙厚、柱、砖垛和固定设备（如厕所、盥洗室等）的大小位置及其他需要详细标注的尺寸等。

5. 轴线标注

定位轴线必须在端部按规定标注编号。水平方向从左至右采用阿拉伯数字编号，竖直方向采用大写英文字母编号（其中 I、O、Z 不能使用）。建筑内部局部定位轴线可采用分数标注轴线编号。

6. 详图索引符号

为配合平面图表示，建筑平面图中常需引用标准图集或其他详图上的节点图样作为说明，这些引用图集或节点详图均应在平面图上以详图索引符号表示出来。

9.1.6 平面图中尺寸标注的主要内容

建筑平面图的尺寸标注有外部尺寸和内部尺寸。

外部尺寸：在水平方向和垂直方向各标注三道尺寸。最外一道尺寸标注房屋水平方向的总长、总宽，称为总尺寸；中间一道尺寸标注房屋的进深、开间，称为轴线尺寸；最里面的尺寸标注房屋外墙的墙段尺寸和门窗洞口的尺寸，称为细部尺寸。

内部尺寸：标注房间长、宽的净空尺寸，墙厚及轴线的关系，柱子截面、房屋内部门窗洞口、门垛等细部尺寸。

标高、门窗的编号：平面图中应标注不同楼地面高度房间及室外地坪等标高。为编制概预算的统计及施工备料，平面图上所有的门窗都应进行编号。门常用"M1""M2"或"M—1""M—2"来表示，窗常用"C1""C2"或"C—1""C—2"来表示。

9.2 绘制住宅一层平面图

下面以某小区一层平面图为例，介绍轴线、墙体、门窗等主要建筑构件的绘制，为读者全面讲解单元式住宅平面图的绘制方法。

9.2.1 设置绘图环境

在绘图之前，对绘图环境进行设置，可以保证图形的统一性，从而提高绘图效率。

（1）设置图层。调用 LAYER/LA【图层】命令，打开【图层特性管理器】对话框，新建并设置图层属性，如图 9-7 所示。

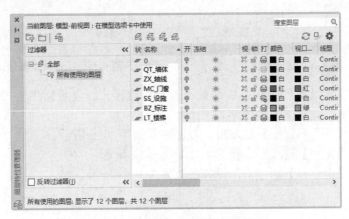

图 9-7 【图层特性管理器】对话框

（2）设置单位。调用 UNITS/UN【单位】命令，打开【图形单位】对话框，设置单位如图 9-8 所示。

（3）设置文字样式。调用 STYLE/ST【文字样式】命令，打开【文字样式】对话框，新建【建筑样式】文字样式，设置参数如图 9-9 所示。

图 9-8　设置单位

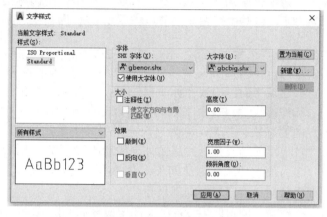

图 9-9　设置文字样式

（4）设置标注样式。调用 DIMSTYLE/D【标注样式】命令，打开【标注样式管理器】对话框，如图 9-10 所示。

（5）单击【新建】按钮，在弹出的【创建新标注样式】对话框中新建标注样式为"建筑标注样式"，如图 9-11 所示。

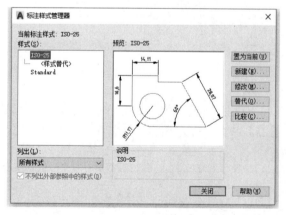

图 9-10　设置单位

图 9-11　【创建新标注样式】对话框

（6）单击【继续】按钮，在弹出的【新建标注样式：建筑标注样式】对话框中选择【线】选项卡，设置参数如图 9-12 所示。

（7）选择【符号和箭头】选项卡，设置参数如图 9-13 所示。

（8）选择【文字】选项卡，设置参数如图 9-14 所示。

（9）选择【主单位】选项卡，设置参数如图 9-15 所示。

图 9-12 【线】选项卡 图 9-13 【符号和箭头】选项卡

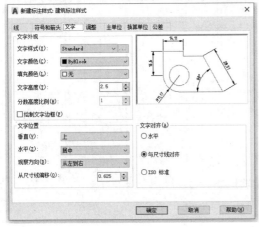

图 9-14 【文字】选项卡 图 9-15 【主单位】选项卡

（10）参数设置完成后，单击【确定】按钮，关闭对话框；将【建筑标注样式】置为当前，并关闭【标注样式管理器】对话框。

9.2.2 绘制轴线

轴线在绘制平面图的时候可以起到定位的作用，下面介绍轴线的绘制方法。

（1）将【ZX_轴线】图层置为当前图层。

（2）调用 LINE/L【直线】命令，绘制出水平和垂直基准线，结果如图 9-16 所示。

图 9-16 绘制轴线

（3）调用 OFFSET/O【偏移】命令，水平偏移轴线，结果如图 9-17 所示。

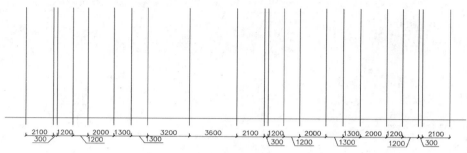

图 9-17　偏移轴线

（4）调用 OFFSET/O【偏移】命令，垂直偏移轴线，结果如图 9-18 所示。

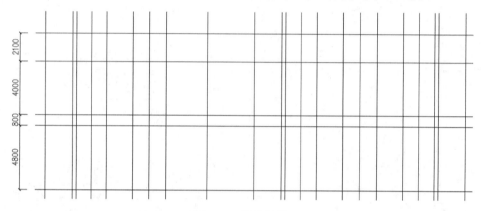

图 9-18　偏移结果

9.2.3　绘制墙体

墙体是划分各户各单元的主要依据，调用 MLINE【多线】命令，根据轴线的定位绘制墙体。

（1）将【QT_墙体】图层置为当前图层。

（2）调用 MLINE/ML【多线】命令，根据命令行的提示，设置多线的对正方式为【无】，比例为 240，绘制外墙体的结果如图 9-19 所示。

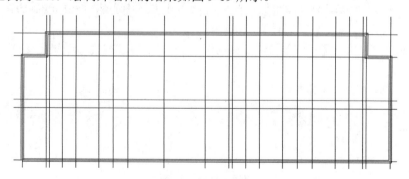

图 9-19　绘制外墙体

（3）继续调用 MLINE/ML【多线】命令，绘制内墙体的结果如图 9-20 所示。

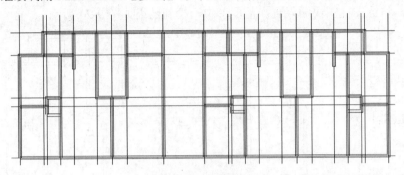

图 9-20　绘制内墙体

（4）执行【修改】|【对象】|【多线】命令，在弹出的【多线编辑工具】对话框中选择合适的编辑工具对多线进行编辑，并将【ZX_ 轴线】图层关闭，编辑结果如图 9-21 所示。

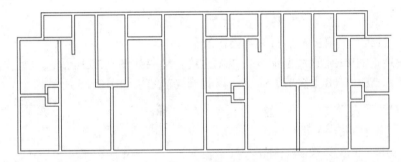

图 9-21　编辑结果

9.2.4　绘制标准柱

墙体绘制完成后，可以调用【矩形】命令和【填充】命令，绘制标准柱图形。

（1）将【BZZ_ 标准柱】图层置为当前图层。

（2）调用 RECTANG /REC【矩形】命令，绘制尺寸为 240×240 的矩形，如图 9-22 所示。

（3）调用 HATCH/H【填充】命令，在打开的【图案填充和渐变色】对话框中选择 SOLID 图案，对矩形进行图案填充，结果如图 9-23 所示。

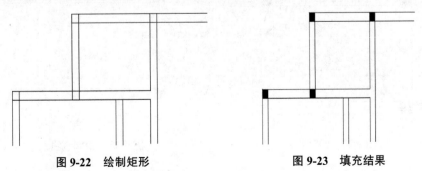

图 9-22　绘制矩形　　　　　　　　图 9-23　填充结果

（4）调用 BLOCK/B【创建块】命令，将标准柱图形创建成块；调用 INSERT/I【插入】命令，将标准柱图块插入到当前图形中，绘制结果如图 9-24 所示。

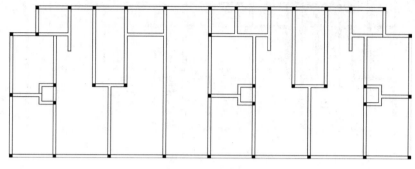

图 9-24　绘制结果

9.2.5　绘制门窗

标准柱绘制完成后，接下来要绘制主要建筑构件，即门窗图形。

（1）将【MC_门窗】图层置为当前图层。

（2）调用 LINE/L【直线】命令，绘制直线，结果如图 9-25 所示。

（3）调用 TRIM/TR【修剪】命令，修剪墙线，结果如图 9-26 所示。

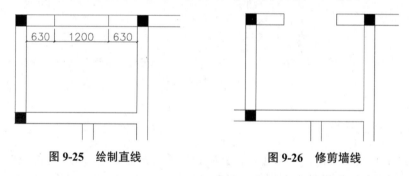

图 9-25　绘制直线　　　　　　**图 9-26　修剪墙线**

（4）调用 LINE/L【直线】命令，绘制直线；调用 OFFSET/O【偏移】命令，设置偏移距离为 80，偏移直线，完成窗户图形的绘制，结果如图 9-27 所示。

（5）调用 LINE/L【直线】命令，绘制直线，结果如图 9-28 所示。

（6）调用 TRIM/TR【修剪】命令，修剪墙线，结果如图 9-29 所示。

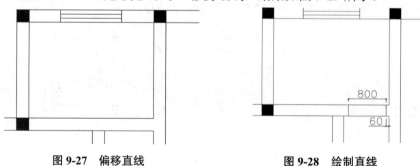

图 9-27　偏移直线　　　　　　**图 9-28　绘制直线**

（7）调用 RECTANG /REC【矩形】命令，绘制尺寸为 800×50 的矩形；调用 ARC/A【圆弧】命令，绘制圆弧，门图形的绘制结果如图 9-30 所示。

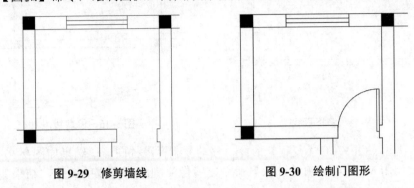

图 9-29　修剪墙线　　　　　　　　　图 9-30　绘制门图形

（8）调用 LINE/L【直线】命令，绘制直线；调用 TRIM/TR【修剪】命令，修剪墙线，结果如图 9-31 所示。

（9）调用 RECTANG /REC【矩形】命令，绘制尺寸为 885×50 的矩形；调用 COPY/CO【复制】命令，移动复制矩形，完成推拉门的绘制结果如图 9-32 所示。

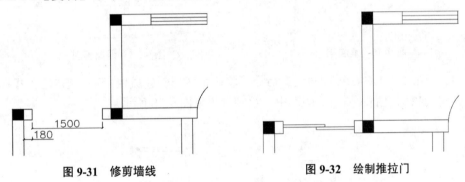

图 9-31　修剪墙线　　　　　　　　　图 9-32　绘制推拉门

（10）调用 LINE/L【直线】命令，绘制直线；调用 OFFSET/O【偏移】命令，偏移直线；调用 TRIM/TR【修剪】命令，修剪线段，露台的绘制结果如图 9-33 所示。

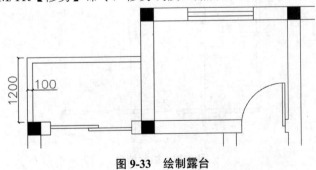

图 9-33　绘制露台

（11）调用 LINE/L【直线】命令，绘制直线；调用 OFFSET/O【偏移】命令，偏移直线，结果如图 9-34 所示。

（12）调用 ARC/A【圆弧】命令，绘制圆弧；调用 TRIM/TR【修剪】命令，修剪多余线段，结果如图 9-35 所示。

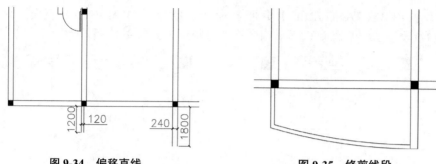

图 9-34　偏移直线　　　　　　　　　图 9-35　修剪线段

（13）调用 COPY/CO【复制】命令，移动复制标准柱图形，结果如图 9-36 所示。

（14）调用 MIRROR/MI【镜像】命令，镜像复制绘制完成的图形，结果如图 9-37 所示。

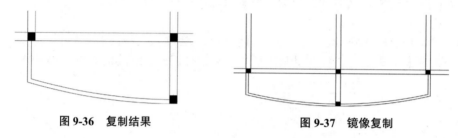

图 9-36　复制结果　　　　　　　　　图 9-37　镜像复制

（15）调用 BLOCK/B【创建块】命令，将门窗图形创建成块；调用 INSERT/I【插入】命令，将门窗图块插入到当前图形中，绘制结果如图 9-38 所示。

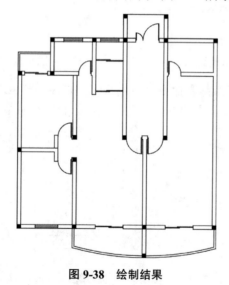

图 9-38　绘制结果

9.2.6　绘制厨房、卫生间设施

厨房和卫生间的设施可以通过绘制或者调用图块得到。

（1）将【SS_设施】图层置为当前图层。

（2）调用 LINE/L【直线】命令，绘制直线，结果如图 9-39 所示。

（3）调用 RECTANG /REC【矩形】命令，绘制尺寸为 500×300 的矩形；调用 LINE/L【直线】命令，绘制直线，烟道图形的绘制结果如图 9-40 所示。

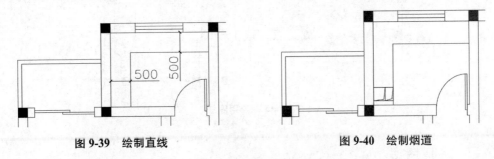

图 9-39　绘制直线　　　　　　　图 9-40　绘制烟道

（4）按 Ctrl+O 组合键，打开配套光盘提供的"第 9 章 \ 家具图例 .dwg"文件，将其中的洗菜盆、煤气灶图形复制粘贴至当前图形中，结果如图 9-41 所示。

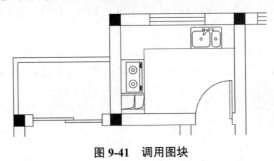

图 9-41　调用图块

（5）调用 RECTANG/REC【矩形】命令，绘制尺寸分别为 919×50、1087×50 的矩形，卫生间磨砂玻璃隔断图形的绘制结果如图 9-42 所示。

（6）调用 RECTANG/REC【矩形】命令，绘制尺寸为 1150×500 的矩形；调用 FILLET/F【圆角】命令，设置半径值为 200，对绘制完成的矩形进行倒角处理，洗手台的绘制结果如图 9-43 所示。

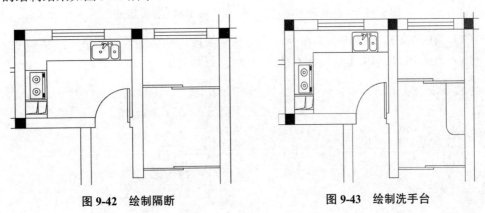

图 9-42　绘制隔断　　　　　　　图 9-43　绘制洗手台

（7）按 Ctrl+O 组合键，打开配套光盘提供的"第 9 章 \ 家具图例 .dwg"文件，将其中的洗手盆、洗衣机等图形复制粘贴至当前图形中，结果如图 9-44 所示。

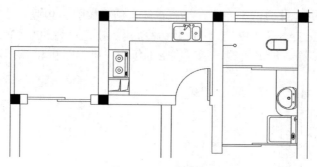

图 9-44 调用图块

9.2.7 绘制楼梯

楼梯是每栋建筑物必不可少的交通工具，下面介绍一层楼梯图形的绘制方法。

（1）调用 LINE/L【直线】命令，绘制直线；调用 OFFSET/O【偏移】命令，偏移直线，结果如图 9-45 所示。

（2）调用 LINE/L【直线】命令，绘制直线；调用 OFFSET/O【偏移】命令，偏移直线；调用 TRIM/TR【修剪】命令，修剪多余线段，结果如图 9-46 所示。

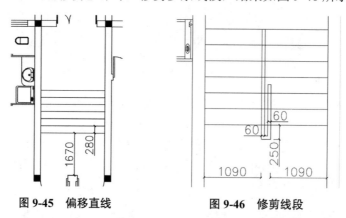

图 9-45 偏移直线　　　　　　图 9-46 修剪线段

（3）调用 TRIM/TR【修剪】命令，修剪多余线段，楼梯的绘制结果如图 9-47 所示。

（4）调用 PLINE/PL【多段线】命令，命令行提示如下。

```
命令：PLINE↙
指定起点：                          //指定多段线的起点
当前线宽为 0
指定下一个点或 [圆弧(A)/半宽(H)/长度(L)/放弃(U)/宽度(W)]：W
                                    //输入W选择【宽度】选项
指定起点宽度 <0>：0
指定端点宽度 <0>：50
指定下一个点或 [圆弧(A)/半宽(H)/长度(L)/放弃(U)/宽度(W)]：
                                    //指定多段线的下一个点
```

指定下一点或 [圆弧(A)/闭合(C)/半宽(H)/长度(L)/放弃(U)/宽度(W)]: W

           // 输入 W 选择【宽度】选项

指定起点宽度 <50>: 0

指定端点宽度 <0>: 0

指定下一点或 [圆弧(A)/闭合(C)/半宽(H)/长度(L)/放弃(U)/宽度(W)]:

           // 指示箭头的绘制结果如图 9-48 所示

（5）调用 MTEXT/MT【多行文字】命令，弹出【在位文字编辑器】对话框，输入文字，标明上下楼方向，结果如图 9-49 所示。

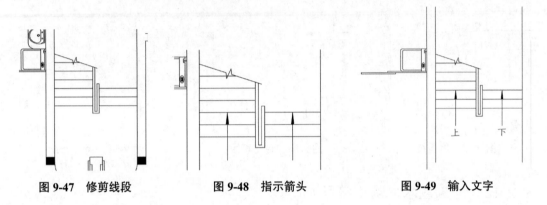

图 9-47　修剪线段　　　　　　图 9-48　指示箭头　　　　　　图 9-49　输入文字

9.2.8　文字标注

为图形标注文字，以增加图形的可读性。

（1）调用 MTEXT/MT【多行文字】命令，弹出【在位文字编辑器】对话框，输入文字，标注结果如图 9-50 所示。

（2）继续调用 MTEXT/MT【多行文字】命令，进行文字标注的结果如图 9-51 所示。

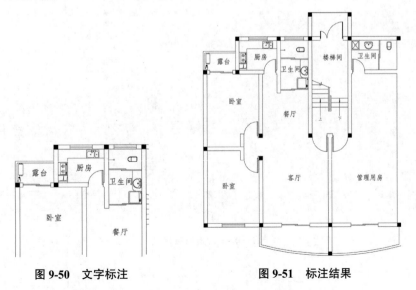

图 9-50　文字标注　　　　　　图 9-51　标注结果

9.2.9　绘制坡道

坡道为老幼及残疾人的行走提供了方便，在住宅楼的底层多设置了坡道。

（1）调用 TRIM/TR【修剪】命令，修剪多余墙线，结果如图 9-52 所示。

（2）调用 LINE/L【直线】命令，绘制直线，结果如图 9-53 所示。

（3）继续调用 LINE/L【直线】命令，绘制直线，完成坡道图形的绘制，结果如图 9-54 所示。

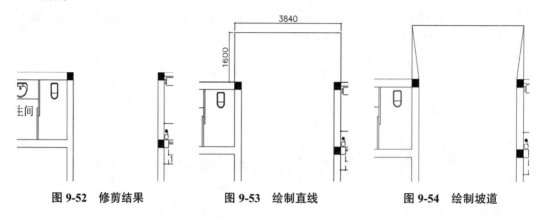

图 9-52　修剪结果　　　　图 9-53　绘制直线　　　　图 9-54　绘制坡道

9.2.10　绘制散水、剖切符号

散水图形是一层建筑平面图必不可少的图形，在平面图上需表示其宽度；而剖面图则主要绘制剖切符号经过图形位置，下面介绍散水和剖切符号的绘制方法。

（1）调用 LINE/L【直线】命令，沿着外墙绘制直线；调用 OFFSET/O【偏移】命令，设置偏移距离为 900，往外偏移直线，结果如图 9-55 所示。

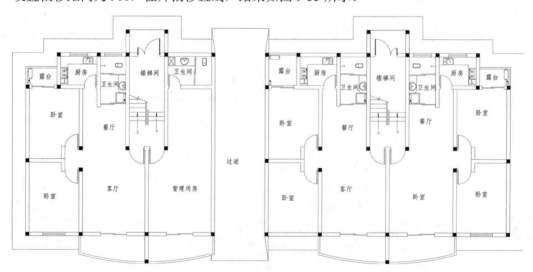

图 9-55　偏移直线

（2）调用 LINE/L【直线】命令，绘制对角线，结果如图 9-56 所示。

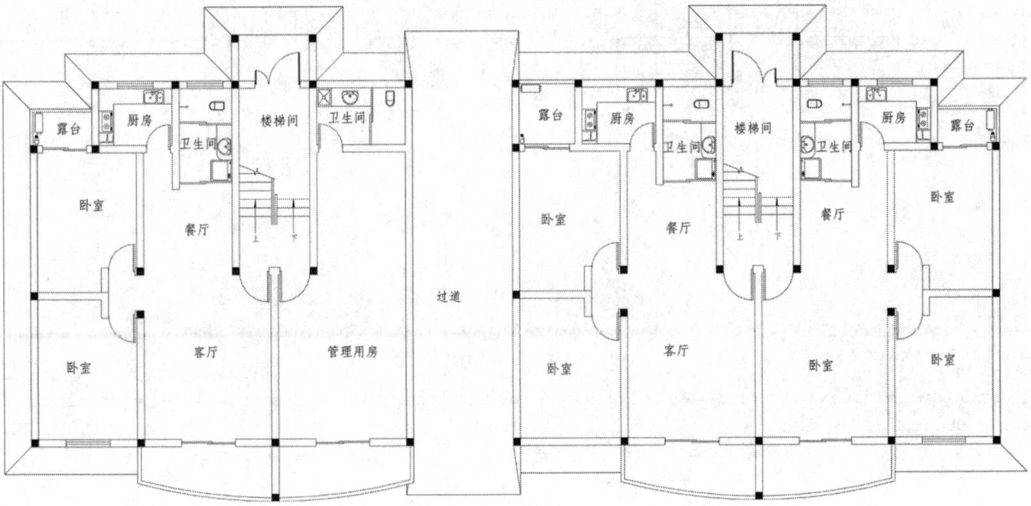

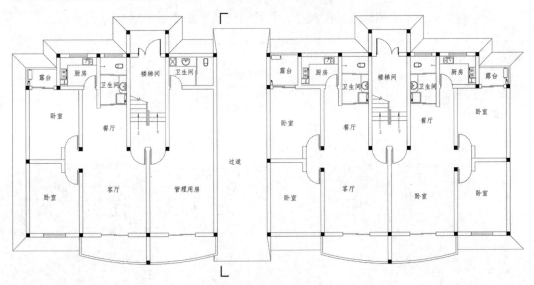

图 9-56 绘制对角线

（3）调用 PLINE/PL【多段线】命令，根据命令行的提示选择【宽度（W）】选项，设置起点宽度和终点宽度均为 50，绘制剖切符号如图 9-57 所示。

图 9-57 绘制剖切符号

（4）调用 MTEXT/MT【多行文字】命令，弹出【在位文字编辑器】对话框，输入文字，标注结果如图 9-58 所示。

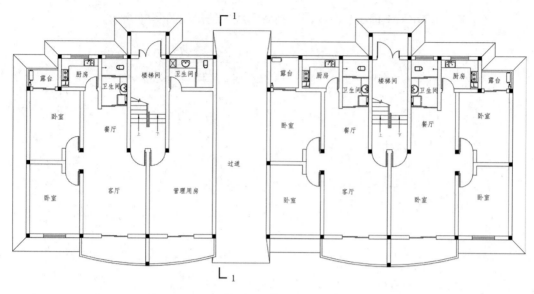

图 9-58　输入文字

9.2.11　尺寸标注

对绘制完成的平面图标注外围尺寸，是绘制建筑平面图不可缺少的步骤。

（1）调用 DIMLINEAR/DLI【线性标注】命令，分别指定第一个和第二个尺寸界线原点，标注门窗尺寸的结果如图 9-59 所示。

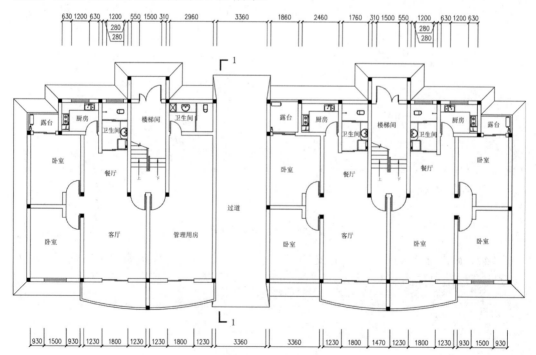

图 9-59　尺寸标注

（2）重复调用 DIMLINEAR/DLI【线性标注】命令，标注开间和进深之间的尺寸，结果如图 9-60 所示。

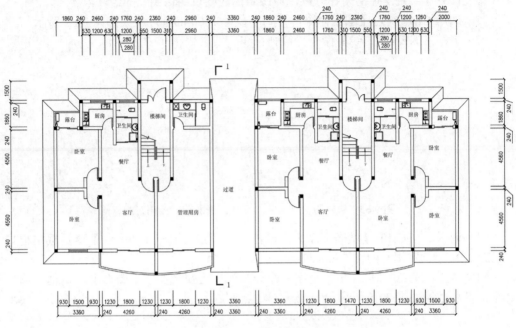

图 9-60 尺寸标注

（3）调用 DIMLINEAR/DLI【线性标注】命令，标注外围尺寸，结果如图 9-61 所示。

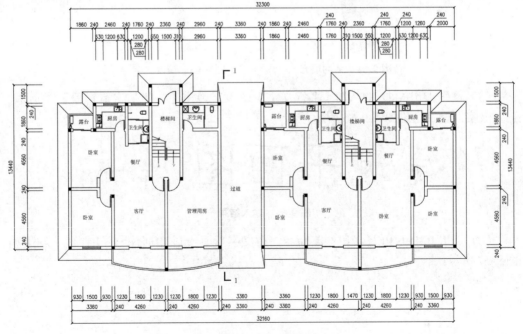

图 9-61 尺寸标注

9.2.12　指北针及图名的标注

指北针利于辨别房屋的所在方位，而图名标注则表明该图纸的绘制内容。

（1）调用 CIRCLE/C【圆】命令，绘制半径为 1000 的圆，结果如图 9-62 所示。

（2）调用 LINE/L【直线】命令，绘制直线，结果如图 9-63 所示。

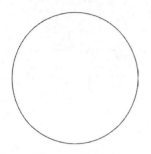　　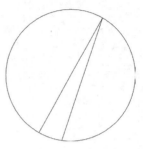

图 9-62　绘制圆　　　　　　　图 9-63　绘制直线

（3）调用 HATCH/H【填充】命令，在打开的【图案填充和渐变色】对话框中选择 SOLID 图案，图案填充的结果如图 9-64 所示。

（4）调用 MTEXT/MT【多行文字】命令，弹出【在位文字编辑器】对话框，输入文字，标注结果如图 9-65 所示。

图 9-64　图案填充　　　　　　图 9-65　输入文字

（5）重复调用 MTEXT/MT【多行文字】命令，弹出【在位文字编辑器】对话框，输入文字，标注结果如图 9-66 所示。

建筑平面图　1∶100

图 9-66　输入结果

（6）调用 PLINE/PL【多段线】命令，在文字下面绘制粗细不一的下画线，结果如图 9-67 所示。

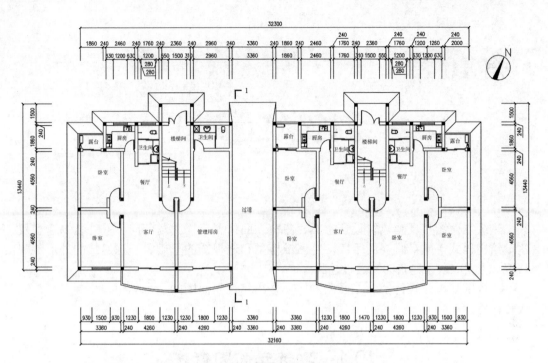

建筑平面图 1:100

图 9-67 绘制结果

第 10 章

chapter **10**

绘制建筑立面图

建筑立面图是反映建筑设计方案、门窗立面位置、样式与朝向、室外装饰造型及建筑结构样式等的最直观的手段，是三维模型和透视图的基础。一栋建筑的外形美观与否，主要取决于建筑的立面设计。

本章以某单元式住宅北立面图为例，介绍建筑立面图的基本知识、绘制步骤、方法和技巧。

10.1 建筑立面图概述

使用 AutoCAD 绘制建筑立面图，首先必须对建筑立面图的基本知识有所了解。

10.1.1 建筑立面图的形成

建筑立面图是用直接正投影法将建筑各个墙面进行投影所得到的正投影图，简称立面图。它主要反映房屋的外貌、各部分配件的形状和相互关系以及立面装修做法等，是建筑及装饰施工的重要图样。

建筑立面图是建筑物在与建筑物立面相平行的投影面上投影所得的正投影图，其形成原理如图 10-1 所示。建筑立面图是建筑施工中控制高度和外墙装饰效果的技术依据。它主要用来表达建筑物的外部造型、门窗位置及形式、墙面装饰材料、阳台、雨篷等部分的材料和做法。

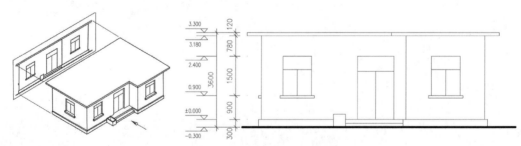

图 10-1 建筑立面图形成原理

一般来说，一栋建筑物每一个立面都要画出其立面图，但当各侧立面图比较简单或者有相同的立面时，可以只绘出主要的立面图。当建筑物有曲线或折线形立面的侧面时，绘制立面图时可将曲线或折线形的侧面绘制成展开立面图，以使各个部分反映实际形状。另外，对于较简单的对称式建筑物或构配件等，在不影响构造处理和施工的情况下，立面图可绘制一半，另一半在对称轴线处用对称符号表示。

10.1.2 建筑立面图的命名

建筑立面图命名的目的是使读者一目了然地识别其立面的位置。因此，各种命名方式都围绕"明确位置"的主题进行。如图 10-2 所示标出了建筑立面图的投影方向和名称。

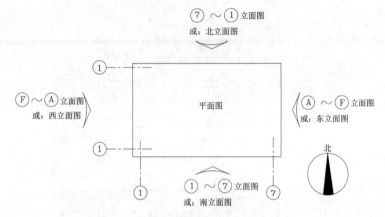

图 10-2 建筑立面图的投影方向和名称

下面对建筑立面图的命名方式分别进行介绍。

（1）以相对主入口的位置特征来命名：当以相对主入口的位置特征来命名时，则建筑立面图称为正立面图、背立面图和左右两侧立面图。这种方式一般适用于建筑平面方正、简单且入口位置明确的情况。

（2）以相对地理方位的特征来命名：当以相对地理方位的特征来命名时，则建筑立面图称为南立面图、北立面图、东立面图和西立面图。如图 10-3 所示为东立面图。这种方式一般适用于建筑平面图规整、简单且朝向相对正南、正北偏转不大的情况。

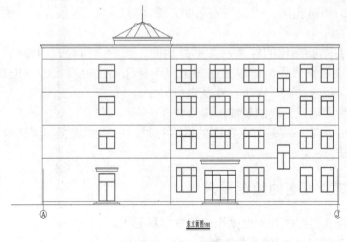

图 10-3 东立面图

（3）以轴线编号来命名：以轴线编号来命名是指用立面图的起止定位轴线来命名，例如，1～12 立面图、A～F 立面图等。这种命名方式准确，便于查对，特别适用于平面较复杂的情况。根据 GB/T50104—2010《建筑制图标准》规定，有定位轴线的建筑物，宜根据两端定位轴线号来编注立面图名称。无定位轴线的建筑物可按平面图各面的朝向来确定名称。如图 10-4 所示的①～⑨立面图。

三种命名方式各有特点，在绘图时应根据实际情况灵活选用，其中以轴线编号的命名方式最为常用。

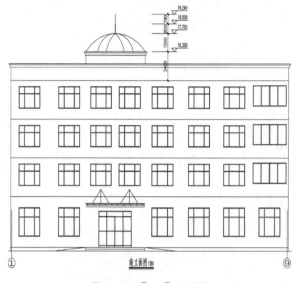

图 10-4　①～⑨立面图

10.1.3　建筑立面图的绘制内容

绘制好的建筑立面图应包含以下四个内容。

（1）室外地面线及房屋的勒脚、台阶、花台、门、窗、雨篷、阳台；室外楼梯、墙、柱；外墙的预留孔洞、檐口、屋顶女儿墙或隔热层、雨水管，墙面分隔线或其他装饰构件等。

（2）外墙各主要部位的标高，如室外地面、台阶、窗台、门窗顶、阳台、雨篷、檐口标高、屋顶等完成面。一般立面图上可不标注高度方向尺寸。但对于外墙留洞，除注明标高外，还应注明其大小尺寸及定位尺寸。

（3）建筑物两端或分段的轴线及编号。

（4）各部分构造、装饰节点详图的索引符号。用图例或文字或列表说明外墙面的装修材料及做法。

10.1.4　建筑立面图的绘制要求

在绘制建筑立面图时，应遵循相应的规定和要求。

比例：GB/T5014—2010《建筑制图标准》规定：立面图宜采用 1∶50、1∶100、

1∶150、1∶200 和 1∶300 等比例绘制。在绘制建筑立面图时，应根据建筑物的大小采用不同的比例，通常采用 1∶100 的比例。

定位轴线：一般立面图只画出两端的轴线及编号以便与平面图对照。其编号应与平面图一致。

图线：为增加图面层次，画图时常采用不同的线型。立面图最外边的外形轮廓用粗实线表示；室外地坪线用 1.4 倍的加粗实线（线宽为粗实线的 1.4 倍左右）表示；门窗洞口、檐口、阳台、雨篷、台阶等用中实线表示，其余的如墙面分隔线、门窗格子、雨水管以及引出线等均用细实线表示。

投影要求：建筑立面图中，只画出按投影方向可见的部分，不可见的部分一律不表示。

图例：由于比例小，按投影很难将所有细部都表达清楚，如门、窗等都是用图例来绘制的，且只画出主要轮廓线及分隔线。但要注意的是，门窗框需用双线画。

尺寸注法：高度尺寸用标高的形式标注，主要包括建筑物室内外地坪、出入口地面、窗台、门窗洞顶部、檐口、阳台底部、女儿墙压顶及水箱顶部、进口平台面及雨篷底面等处的标高。各标高注写在立面图的左侧或右侧且排列整齐。

外墙装修做法：外墙面根据设计要求可选用不同的材料及做法，在图面上，多选用带有指引线的文字说明。

10.1.5　建筑立面图的绘制方法

立面图一般应按投影关系画在平面图上方，且与平面图轴线对齐，以便识读。侧立面图或剖面图可放在所画立面图的一侧。

立面图所采用的比例一般和平面图相同。由于比例较小，所以门窗、阳台、栏杆及墙面复杂的装修可按图例绘制。为简化作图步骤，对立面图上同一类型的门窗，可详细地画一个作为代表，其余均用简单图例来表示。此外，在立面图的两端应画出定位轴线符号及其编号。

具体绘图步骤如下。

（1）画室外地坪线、两端定位辅助线、外墙轮廓线、屋顶轮廓线等。

（2）根据层高、各部分的标高和平面图中门窗洞口的尺寸，画出立面图中的门窗洞、檐口、雨篷等细部的外形轮廓。

（3）画出门扇、墙面分隔线、雨水管等细部。对于相同的构造、做法（如门窗立面和开启形式）可以只详细画出其中的一个，其余的只画外轮廓。

（4）检查无误后加深图线，并注写标高、图名、比例及有关文字说明。

10.2　单元式住宅北立面的绘制

本节以绘制某单元式住宅的北立面图为例，讲述立面图的基本绘制方法，绘制完成后的效果如图 10-5 所示。该住宅共六层，包括一个储藏层、四个标准层和一个带夹层的顶层。绘制立面图时，一般遵循自下而上的原则。

图 10-5　北立面

10.2.1　调用平面图的绘图环境

绘制立面图时，如果已有建筑平面，则可以在其基础上绘制。先将平面图打开，删除并修剪多余的图线，然后在该平面图的基础上绘制建筑立面图。

1. 设置绘图环境

（1）启动 AutoCAD 2022，以 acadiso.dwt 为样板文件新建"北立面 .dwg"文件，调用 LAYER/LA【图层】命令，打开【图层特性管理器】对话框，新建并设置图层如图 10-6 所示。

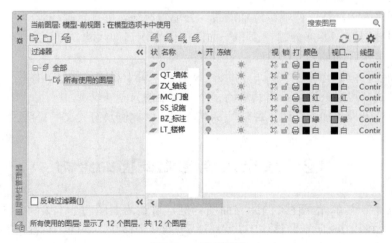

图 10-6　新建图层

　　（2）设置图形界限。调用 LIMITS【图形界限】命令，设置 42 000×29 700 大小的绘图区域。

　　（3）设置字体样式。调用 STYLE/ST【文字样式】命令，打开【文字样式】对话框。新建 Gbenor 文字样式，选择 gbenor.shx 字体，其余参数设置如图 10-7 所示。

　　（4）设置单位。调用 UNITS/UN【图形单位】命令，打开【图形单位】对话框，设置单位参数如图 10-8 所示。

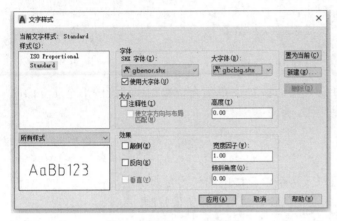

图 10-7　Gbenor 文字样式

图 10-8　【图形单位】对话框

2. 调用平面图

　　（1）按 Ctrl+O 组合键，打开"第 10 章 \ 底层平面图 .dwg"文件，如图 10-9 所示。

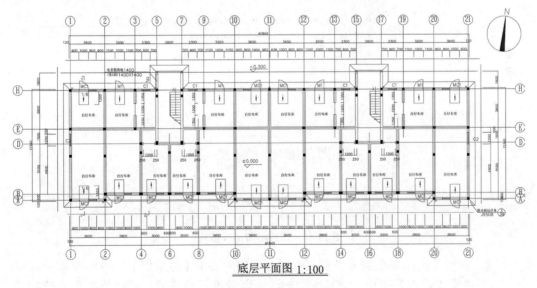

底层平面图 1:100

图 10-9　打开底层平面图

　　（2）隐藏【墙体】和【门窗】图层外的其他层，如图 10-10 所示。

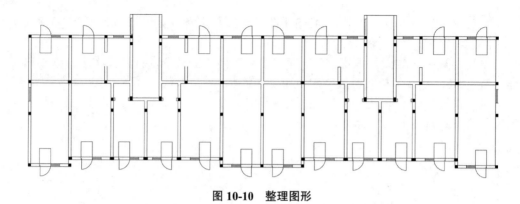

图 10-10　整理图形

（3）按 Ctrl+A 组合键全选所有图形，按 Ctrl+C 组合键复制；切换图形至北立面图绘制窗口，按 Ctrl+V 组合键粘贴图形。

10.2.2　绘制一层立面图

本住宅立面图共有两单元四户，两个单元楼层的门窗是对称的。在绘制建筑立面图时，可以先绘制其中一个单元的立面门窗，然后进行镜像复制。

1. 绘制轴线

（1）调用 DSETTINGS/SE【草图设置】命令，打开【草图设置】对话框，在【对象捕捉】选项卡中勾选【端点】复选框，其他设置如图 10-11 所示。

图 10-11　设置对象捕捉模式

（2）设置【轴线】图层为当前层，调用 XLINE/XL【构造线】命令，在命令行输入"V"选择【垂直】选项，捕捉平面图左半部分的门窗端点，绘制垂直方向的构造线，如图 10-12 所示。

（3）调用 LINE/L【直线】命令，在构造线的下方绘制一条水平直线作为地坪线。

（4）调用 OFFEST/O【偏移】命令，将其依次向上偏移 80、2400 个单位，如图 10-13 所示。

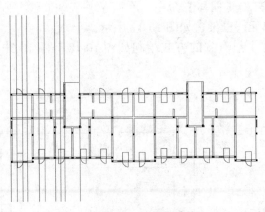

图 10-12　绘制构造线　　　　　　　　　图 10-13　偏移地坪线

（5）调用 TRIM/TR【修剪】命令修剪构造线，结果如图 10-14 所示。

图 10-14　修剪构造线

　　一层的立面辅助线已经绘制完毕，下面绘制一层立面的门窗。一层立面门有一种规格、两种样式，立面窗有两种规格。其绘制过程如下。

2. 绘制立面门

（1）绘制车库门。调用 RECTANG/REC【矩形】命令，绘制如图 10-15 和图 10-16 所示两种样式的车库门。

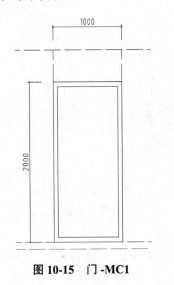

图 10-15　门 -MC1

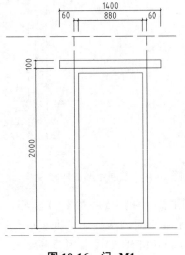

图 10-16　门 -M1

（2）绘制单元入户门。调用 OFFSET/O【偏移】命令，将两条垂直辅助线分别向两侧偏移 150，并向上拉伸 400，得到单元门框架，如图 10-17 所示。

（3）调用 REC【矩形】命令，通过中点对齐的方式绘制如图 10-18 ～图 10-20 所示矩形。

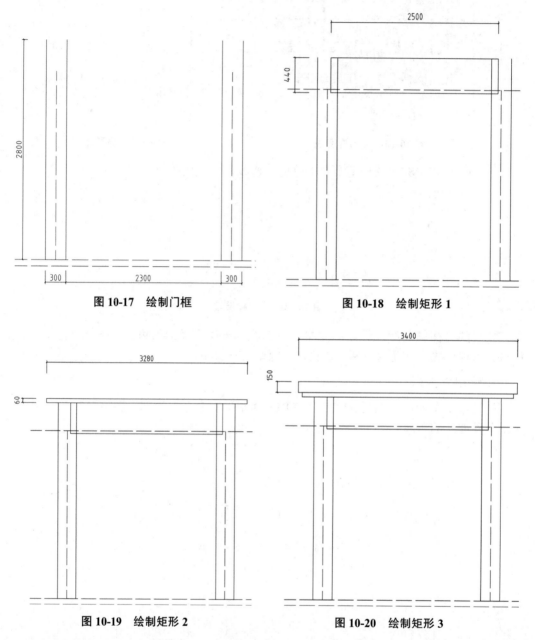

图 10-17　绘制门框

图 10-18　绘制矩形 1

图 10-19　绘制矩形 2

图 10-20　绘制矩形 3

（4）调用【绘图】|【圆弧】|【圆心、起点、端点】命令，捕捉矩形下端边线的中点为圆心，上端边线的两侧端点为起点和端点绘制圆弧。

（5）调用 OFFEST/O【偏移】命令，将弧形依次向上偏移 60、150 个单位，如图 10-21 所示。

（6）调用 MOVE/M【移动】命令，通过中点捕捉门框与门头对齐并修剪，将其定义为一个块，命名为"单元门"，如图 10-22 所示。

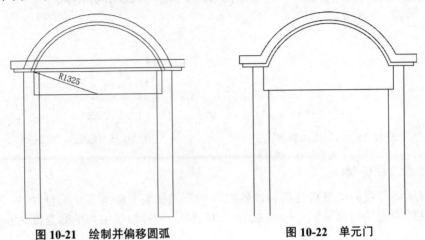

图 10-21　绘制并偏移圆弧　　　　　图 10-22　单元门

3. 绘制立面窗

立面窗有两种，一种尺寸为 800×900，另一种尺寸为 900×900，其绘制过程如下。

（1）首先绘制 C1 样式窗。调用 RECTANG/REC【矩形】命令，绘制 800×900 大小矩形。

（2）调用 OFFEST/O【偏移】命令，将矩形向内偏移 60 个单位。

（3）调用 LINE/L【直线】命令，过内部矩形的中点画门窗分隔线，如图 10-23 所示。

（4）采用同样的方法绘制如图 10-24 所示 C2 样式窗。

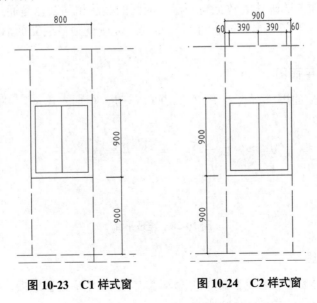

图 10-23　C1 样式窗　　　　　图 10-24　C2 样式窗

4. 绘制散水

调用 LINE/L【直线】命令，绘制如图 10-25 和图 10-26 所示散水。

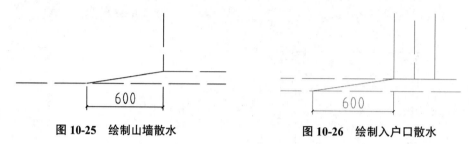

图 10-25　绘制山墙散水　　　　　　　　图 10-26　绘制入户口散水

5. 镜像立面门窗

在有墙体看线的地方直接将辅助线放入相应的图层，擦除多余的辅助线。水平镜像⑨号轴线左边的门窗至⑩号轴线右边，以过⑨、⑩号轴线中点的垂直线为轴，其结果如图 10-27 所示。

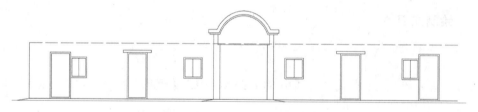

图 10-27　镜像一楼（左）立面门窗

10.2.3　绘制二至六层立面图

二至六层立面图的画法大致上与一层立面图的画法相同，也是通过平面图引轴线，然后根据轴线绘制好门、窗、阳台再镜像复制，最后复制多层立面后略加修剪。其绘制过程如下。

1. 调用三层平面图

与调用一层平面图一样，打开"第 10 章 \ 三层平面图 .dwg"文件，并整理成如图 10-28 所示图形。

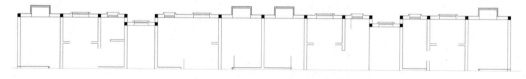

图 10-28　整理平面

2. 绘制构造线

调用 XLINE/XL【构造线】命令，输入"V"选择【垂直】选项，捕捉墙体和门窗端点绘制辅助构造线，如图 10-29 所示。

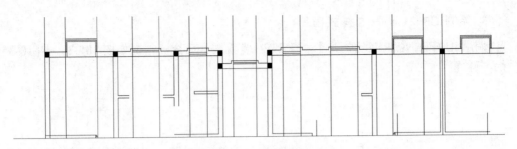

图 10-29 绘制构造线

3. 整理构造线

参照整理一层立面构造线的方法，整理并修剪构造线如图 10-30 所示。

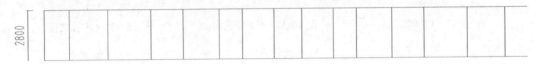

图 10-30 整理构造线

4. 绘制窗户正立面

二至六层窗户分为四种，其中，C5 样式窗位于入户口上方的楼板处，可放置于最后统一绘制。另外三种窗户绘制过程如下。

（1）绘制 TC2 样式窗。调用 RECTANG/REC【矩形】和 LINE/L【直线】命令，绘制如图 10-31 所示 TC2 窗框架。

（2）调用 RECTANG/REC【矩形】和 LINE/L【直线】命令，绘制内部窗结构；调用 HATCH/H【填充】命令，选择 ANSI32 图案，设置填充比例为 10，角度为 135，填充图案表示窗下的空调护栏，如图 10-32 所示。

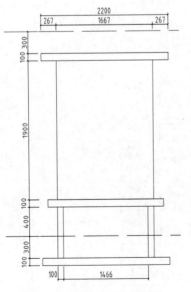

图 10-31 绘制 TC2 窗框架

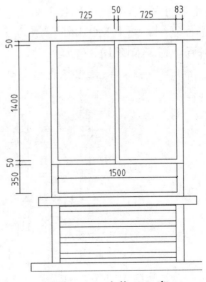

图 10-32 完善 TC2 窗

5. 绘制 C3、C4、C5 样式窗

调用 RECTANG/REC【矩形】和 LINE/L【直线】命令，绘制如图 10-33 ～图 10-35 所示三种窗户样式。

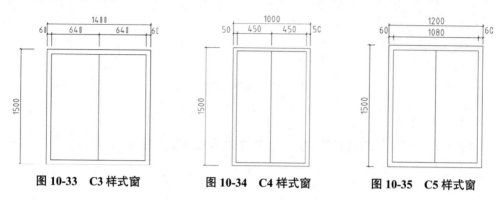

图 10-33　C3 样式窗　　　图 10-34　C4 样式窗　　　图 10-35　C5 样式窗

提示：C5 样式窗户位于入户门上方的楼板处，这里将其放置于最后面定位。

6. 镜像二层（左）立面窗

整理并删除多余的构造线，调用 MIRROR/MI【镜像】命令，选中左边三种窗户样式，捕捉 C5 样式窗所在的两辅助线中线为轴进行镜像复制，如图 10-36 所示。

图 10-36　镜像三层立面（左）门窗

7. 移动复制二至五层（左）门窗

调用 COPY/CO【复制】命令，通过捕捉楼层标高位置所在的轴线对齐三层立面（左）进行复制。调用 MOVE/M【移动】命令，移动二至六层立面（左）与一层立面（左）对齐，结果如图 10-37 所示。

图 10-37　复制并对齐一至六层（左）立面门窗

8. 镜像一层立面（左）

调用 MI【镜像】命令，镜像复制左半部分的立面，得出一至六层立面门窗轮廓，如图 10-38 所示。

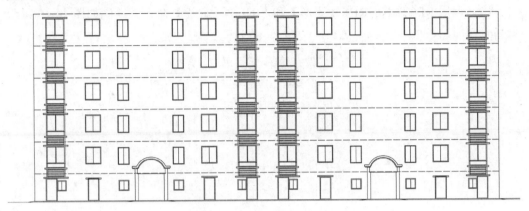

图 10-38 一至六层立面门窗

9. 定位 C5 样式窗并绘制墙体轮廓

（1）根据平面轴线与标高定位 C5 样式窗。

（2）根据平面图与楼层标高，调用 LINE/L【直线】命令绘制墙体轮廓，如图 10-39 所示。

图 10-39 绘制楼梯口窗户

10.2.4 绘制阁楼层与屋顶立面

在绘制阁楼层立面时，同时调用屋顶和阁楼层平面，先仔细观察其中的关系，做到对其结构了然于心，再开始绘制。

调用平面图的方法与一至六层的是一样的，这里不做过多讲解，直接开始绘制露台与屋檐。

1. 绘制露台

（1）从平面图上可以看出露台窗为 C4 样式窗，前面已经绘制，此处直接调用即可。

（2）调用 RECTANG/REC【矩形】和 LINE/L【直线】命令，绘制如图 10-40 所示露台推拉门。

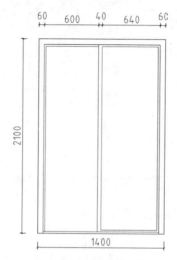

图 10-40 露台推拉门

（3）调用 RECTANG/REC【矩形】命令，绘制如图 10-41 所示栏杆。

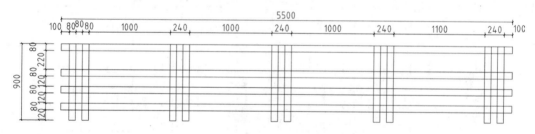

图 10-41 栏杆

（4）对应平面轴线定位露台门窗与栏杆的位置并修剪相交的部分，如图 10-42 所示。

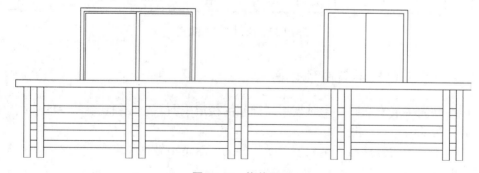

图 10-42 修剪图形

2. 绘制屋檐

调用 LINE/L【直线】命令绘制如图 10-43 ～图 10-45 所示三种样式的屋檐。

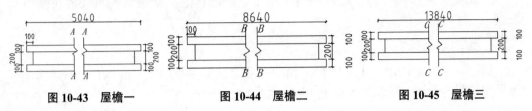

图 10-43　屋檐一　　　　图 10-44　屋檐二　　　　图 10-45　屋檐三

3. 屋檐与露台定位

参照平面轴线与标高，定位露台与屋檐，如图 10-46 所示。

图 10-46　定位屋檐与露台

4. 绘制屋顶轮廓

根据屋顶平面图的轴线与标高绘制出屋顶轮廓线，如图 10-47 所示。

图 10-47　绘制屋顶轮廓

10.2.5 绘制附属设施

建筑物的主体部分已经绘制完成，接下来要进行的就是绘制建筑物的一些附属设施。

1. 绘制附属设置

调用 RECTANG/REC【矩形】和 LINE/L【直线】命令，绘制雨水管、石膏线、装饰图案等附属设施，最终效果如图 10-48 所示。

图 10-48　绘制附属设施

2. 绘制外墙看线

调用 LINE/L【直线】与 TRIM/TR【修剪】命令，绘制外墙看线，结果如图 10-49 所示。

图 10-49　修剪外墙面看线

3. 图案填充

图案的选择并非固定的，比例也没有硬性的规定，颜色是否随图层也没有严格规定，可根据实际情况与平时积累的经验进行调整。本例中专门建立了一个图层来放置填充图案，填充效果如图 10-50 所示。

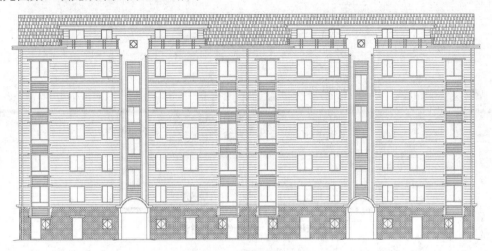

图 10-50　图案填充效果

4. 加粗轮廓线

调用 PLINE/PL【多段线】命令，加粗制图规范中指定加粗的轮廓线，如图 10-51 所示。

图 10-51　加粗轮廓

10.2.6　进行尺寸、标高和轴号标注

1. 标注轴号与标高

参照第 9 章绘制建筑平面图时讲到的轴号与标高标注的方法对北立面图进行标注。

2. 标注外墙材料

调用 QLEADER/LE【引线】命令，输入"S"弹出【引线设置】对话框，如图 10-52 所示。在【引线和箭头】选项卡下，将箭头设置为【点】样式，并对需特别标注材料的地方进行标注并输入文字。

图 10-52　【引线设置】对话框

3. 标注图名

（1）调用 PLINE/PL【多线段】命令，指定多线段线宽为 100，绘制一条水平多线段，放置于图下方并将其指定给【墙体】层。

（2）调用 DTEXT/T【单行文字】命令，指定文字样式为 Standard，输入"⑪～①立面图 1：100"，最终效果如图 10-53 所示。

图 10-53　㉑～① 立面图

第 11 章

绘制建筑剖面图

建筑剖面图是根据建筑平面图上标明的剖切位置和投影方向，假想用一个或多个垂直于外墙轴线的铅垂剖切面，将房屋剖开，所得的投影图，称为建筑剖面图，简称剖面图。

11.1 建筑剖面图的概述

在绘制建筑剖面图之前，用户首先必须熟悉建筑剖面图的基础知识，便于准确绘制。本节讲述建筑剖面图的形成及其相关知识点。

11.1.1 剖面图的形成

建筑剖面图是用一个假想的平行于正立投影面或侧立投影面的竖直剖切面剖开房屋，并移动剖切面与观察者之间的部分，然后将剩余的部分做正投影所得的投影图，即为剖面图，如图 11-1 所示。

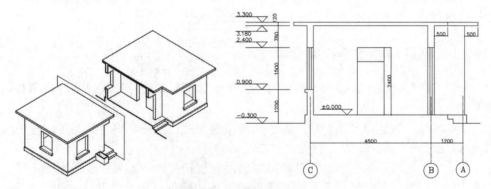

图 11-1 剖面图形成原理

建筑剖面图是建筑物的垂直剖视图。在建筑施工过程中，建筑剖面图是进行分层、砌筑内墙、铺设楼板、屋面楼、楼梯和内部装修等工程的依据。建筑剖面图与建筑平面图、建筑立面图是互相配套的，都是表达建筑物整体概况的基本图样。

建筑剖面图的剖切位置一般选择在内部构造复杂或具有代表性的位置，使之能够反映建筑物内部的构造特征。剖切平面一般应平行于建筑物的长度方向或者宽度方向，并且通过门、窗洞。剖切面的数量应根据建筑物的实际复杂程度和建筑物自身的特点来确定。

对于建筑剖面图，当建筑物两边对称时，可以在剖面图中只绘制一半。当建筑物在某一轴线之间具有不同的布置时，可以在同一个剖面图上绘制不同位置剖切的剖面图，只需要给出说明就行了。

11.1.2　剖面图的剖切位置及剖切方向

剖面图的剖切位置标注在同一建筑物的底层平面图上。剖面图的剖切位置应根据图纸的用途或设计深度，在平面图上选择能反映建筑物全貌、构造特征及有代表性的位置剖切，实际工程中的剖切位置常常选择在楼梯间并通过需要剖切的门、窗洞口位置。

建筑平面图上的剖切符号的剖视方向宜向左、向前，看剖面图应与平面图相结合并对照立面图一起看。

11.1.3　剖面图的比例

剖面图的比例通常与同一建筑物的平面图、立面图的比例一致，即都采用 1∶50，1∶100，1∶200 的比例来进行绘制。由于比例较小，剖面图中的门窗等构件也是采用国标规定的图例来表示。为了更清楚地表示建筑各部分的材料和构造层次，当剖面图比例大于 1∶50 时，应在剖到的构件断面画出其材料图例。而当剖面图比例小于 1∶50 时，则不需要绘制具体的材料图例。

11.1.4　剖面图的线型

根据国标规定，凡是剖切到的墙、板、梁等构件的剖切线使用粗实线来表示；而没有剖切到的其他构件的投影，则常用细实线来表示。

11.1.5　建筑剖面图的绘制要求

根据 GB/T50001—2001《房屋建筑制图统一标准》规定，绘制建筑剖面图有如下要求。

定位轴线：在建筑剖面图中，除了需要绘制两端轴线及其编号外，还要与平面图的轴线对照在被剖切到的墙体处绘制轴线及其编号。

图线：在建筑剖面图中，凡是被剖切到的建筑构件的轮廓线一般采用粗实线（b）或中实线（$0.5b$）来绘制，没有被剖切到的可见构配件采用细实线（$0.25b$）来绘制。绘制较简单的图样时，可采用两种线宽的线宽组，其线宽比宜为 $b∶0.25b$。被剖切到的构件一般应表示出该构件的材质。

尺寸标注：建筑剖面图应标注建筑物外部、内部的尺寸和标高。外部尺寸一般应标注出室外地坪、窗台等处的标高和尺寸，应与立面图一致，若建筑物两侧对称，可只在一边标注。内部尺寸应标注出底层地面、各层楼面与楼梯平台面的标高，室内其余部分如门窗和设备等标注出其位置和大小的尺寸，楼梯一般另有详图。

　　图例：建筑剖面图中的门窗都是采用图例来绘制的，具体的门窗等尺寸可查看有关建筑标准。

　　详图索引符号：一般在屋顶平面图附近有檐口、女儿墙和雨水口等构造详图，凡是需要绘制详图的地方都要标注详图符号。

　　比例：国家标准 GB/T50001—2001《建筑制图标准》规定，剖面图中宜采用 1：50、1：100、1：150、1：200 和 1：300 等的比例绘制。在绘制建筑物剖面图时，应根据建筑物的大小采用不同的比例，一般采用 1：100 的比例，这样绘制起来比较方便。

　　材料说明：建筑物的楼地面、屋面等用多层材料构成，一般应在剖面图中加以说明。

11.2　医院病房剖面图的绘制

　　本节以某传染病医院病房剖面图为例，介绍剖面墙体、门窗、楼板等剖面图形的绘制。值得注意的是，建筑物剖面图的绘制首先要知悉其建筑结构，希望读者在学习本章后，对此类建筑剖面图的绘制有所了解，并能在实际中加以运用。

11.2.1　加入剖切符号

　　（1）按 Ctrl+O 组合键，打开"第 11 章 \ 医院平面图 .dwg"文件，如图 11-2 所示。

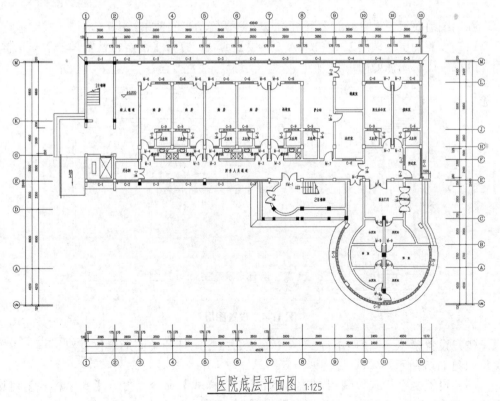

医院底层平面图 1:125

图 11-2　打开图形

（2）调用 LINE/L【直线】命令、PLINE/PL【多段线】命令、MTEXT/MT【多行文字】命令，绘制 1-1 剖切符号，结果如图 11-3 所示。

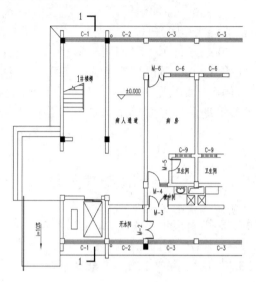

图 11-3　绘制结果

11.2.2　设置绘图环境

在绘图前要事先设置好绘图环境，以达到事倍功半的效果。

（1）设置图层。调用 LAYER/LA【图层】命令，打开【图层特性管理器】对话框，新建并设置图层属性如图 11-4 所示。

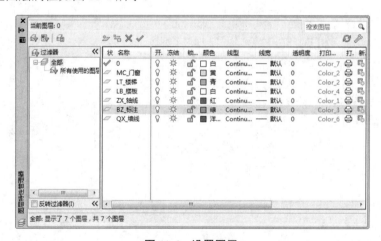

图 11-4　设置图层

（2）设置单位。调用 UNITS/UN【单位】命令，打开【图形单位】对话框，设置单位如图 11-5 所示。

（3）设置文字样式。调用 STYLE/ST【文字样式】命令，打开【文字样式】对话框，新建【仿宋】文字样式，设置参数如图 11-6 所示。

图 11-5　设置单位

图 11-6　设置文字样式

（4）设置标注样式。调用 DIMSTYLE/D【标注样式】命令，打开【标注样式管理器】对话框，如图 11-7 所示。单击【修改】按钮，打开【修改标注样式】对话框。

（5）单击【新建】按钮，在弹出的【创建新标注样式】对话框中新建标注样式，如图 11-8 所示。

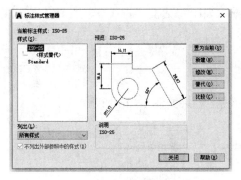

图 11-7　【标注样式管理器】对话框

图 11-8　【创建新标注样式】对话框

（6）单击【继续】按钮，在弹出的【新建标注样式：建筑样式】对话框中选择【线】选项卡，设置参数如图 11-9 所示。

（7）选择【符号和箭头】选项卡，设置参数如图 11-10 所示。

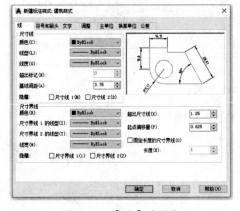

图 11-9　【线】选项卡

图 11-10　【符号和箭头】选项卡

（8）选择【文字】选项卡，设置参数如图 11-11 所示。

（9）选择【主单位】选项卡，设置参数如图 11-12 所示。

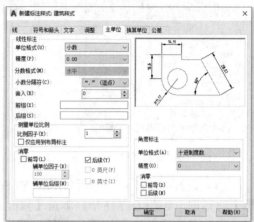

图 11-11　【文字】选项卡　　　　　　图 11-12　【主单位】选项卡

（10）参数设置完成后，单击【确定】按钮，关闭对话框；将【建筑标注】样式置为当前，并关闭【标注样式管理器】对话框。

11.2.3　绘制剖面墙线

（1）调用 LINE/L【直线】命令，绘制引出线，结果如图 11-13 所示。

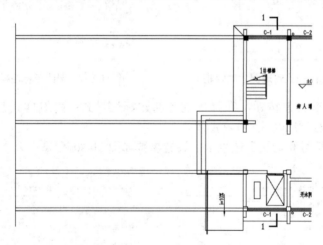

图 11-13　绘制引出线

（2）调用 LINE/L【直线】命令，绘制地坪线，结果如图 11-14 所示。

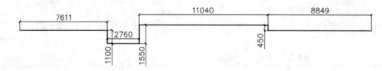

图 11-14　绘制地坪线

（3）调用 ROTATE/RO【旋转】命令，旋转引出线，图形的显示结果如图 11-15 所示。

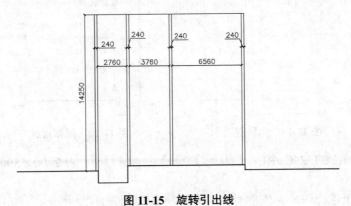

图 11-15　旋转引出线

楼板是划分各层的标准，下面介绍其绘制方法。

（4）调用 OFFSET/O【偏移】命令，偏移直线；调用 TRIM/TR【修剪】命令，修剪直线，结果如图 11-16 所示。

（5）调用 OFFSET/O【偏移】命令，设置偏移距离为 120，向上偏移直线，结果如图 11-17 所示。

（6）调用 TRIM/TR【修剪】命令，修剪多余线段，结果如图 11-18 所示。

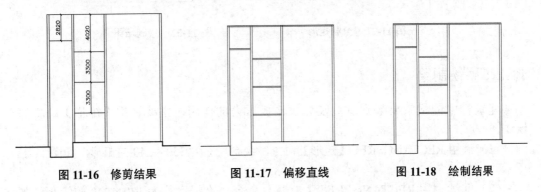

图 11-16　修剪结果　　　**图 11-17　偏移直线**　　　**图 11-18　绘制结果**

11.2.4　绘制门窗

剖面图上的门窗图形是很重要的建筑构件，表明了在剖切方向上门窗的长度值和宽度值。

（1）调用 LINE/L【直线】命令，绘制直线；调用 OFFSET/O【偏移】命令，偏移直线，结果如图 11-19 所示。

（2）调用 OFFSET/O【偏移】命令，设置偏移距离为 80，偏移墙线；调用 TRIM/TR【修剪】命令，修剪多余墙线，剖面窗的绘制结果如图 11-20 所示。

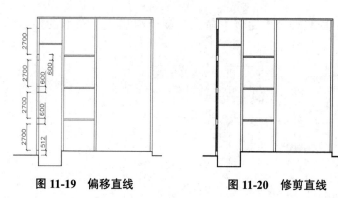

图 11-19　偏移直线　　　　　图 11-20　修剪直线

（3）调用 RECTANG /REC【矩形】命令，绘制尺寸为 2700×300 的矩形，如图 11-21 所示。

（4）重复上述操作，完成剖面窗的绘制，结果如图 11-22 所示。

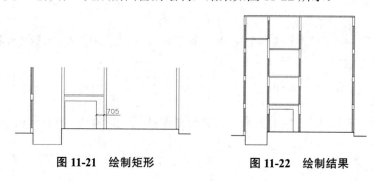

图 11-21　绘制矩形　　　　　图 11-22　绘制结果

11.2.5　绘制梁

建筑物中的梁主要起到承重及分解楼板压力的作用，主要调用【矩形】命令来绘制。

（1）调用 RECTANG /REC【矩形】命令，绘制尺寸为 350×240 的矩形，如图 11-23 所示。

（2）继续调用 RECTANG /REC【矩形】命令，绘制尺寸为 180×240 的矩形，如图 11-24 所示。

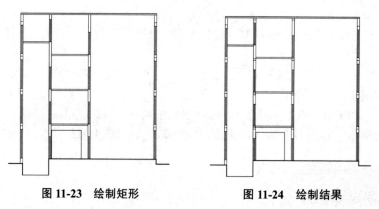

图 11-23　绘制矩形　　　　　图 11-24　绘制结果

（3）调用 HATCH/H【填充】命令，打开如图 11-25 所示的【图案填充和渐变色】对话框，选择 SOLID 图案，对矩形进行图案填充，结果如图 11-26 所示。

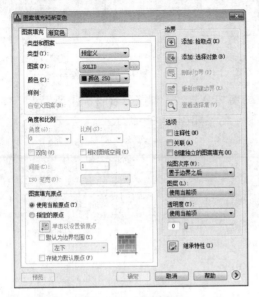

图 11-25　绘制矩形

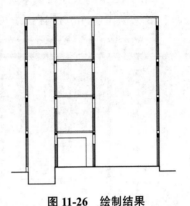

图 11-26　绘制结果

11.2.6　绘制楼梯对象

楼梯是建筑物中的垂直交通工具，下面介绍其绘制方法。

（1）调用 OFFSET/O【偏移】命令，偏移直线，结果如图 11-27 所示。

（2）调用 OFFSET/O【偏移】命令，偏移直线；调用 TRIM/TR【修剪】命令，修剪多余直线，结果如图 11-28 所示。

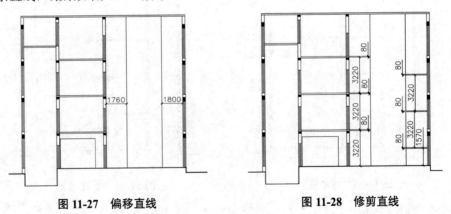

图 11-27　偏移直线　　　　　　图 11-28　修剪直线

（3）调用 OFFSET/O【偏移】命令，设置偏移距离为 150，向上偏移直线，结果如图 11-29 所示。

（4）继续调用 OFFSET/O【偏移】命令，设置偏移距离为 300，偏移直线，结果如图 11-30 所示。

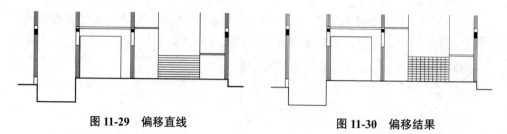

图 11-29 偏移直线   图 11-30 偏移结果

（5）调用 TRIM/TR【修剪】命令，修剪多余直线，结果如图 11-31 所示。

（6）重复操作，完成楼梯图形的绘制，结果如图 11-32 所示。

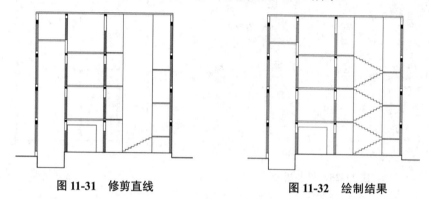

图 11-31 修剪直线   图 11-32 绘制结果

（7）调用 ERASE/E【删除】命令，删除多余直线。

（8）调用 RECTANG /REC【矩形】命令，绘制尺寸为 350×240 的矩形，如图 11-33 所示。

（9）调用 HATCH/H【填充】命令，在打开的【图案填充和渐变色】对话框中选择 SOLID 图案，对矩形进行图案填充，结果如图 11-34 所示。

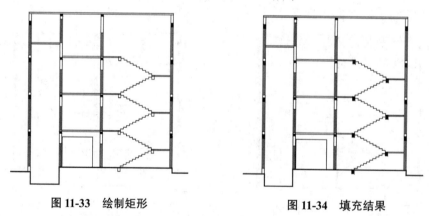

图 11-33 绘制矩形   图 11-34 填充结果

（10）调用 LINE/L【直线】命令，绘制直线，结果如图 11-35 所示。

（11）继续调用 LINE/L【直线】命令，绘制长度为 900 的直线，绘制结果如图 11-36 所示。

（12）调用 LINE/L【直线】命令，绘制连接直线，完成楼梯栏杆图形的绘制，结果如图 11-37 所示。

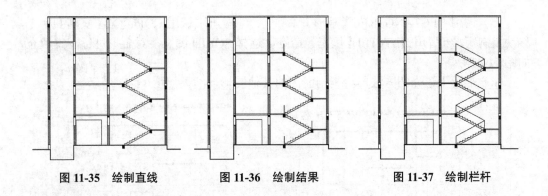

图 11-35 绘制直线   图 11-36 绘制结果   图 11-37 绘制栏杆

11.2.7 完善图形

主要的建筑构件绘制完毕后，最后对图形进行完善，绘制一些辅助图形。

（1）调用 HATCH/H【填充】命令，在打开的【图案填充和渐变色】对话框中选择 SOLID 图案，对楼板进行图案填充，结果如图 11-38 所示。

（2）沿用前面介绍的绘制楼梯的方法，调用 LINE 命令、OFFSET 命令、TRIM 命令，绘制楼梯图形如图 11-39 所示。

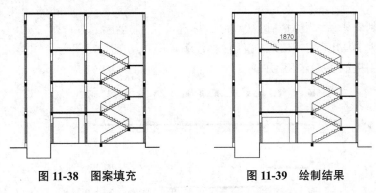

图 11-38 图案填充   图 11-39 绘制结果

（3）调用 HATCH/H【填充】命令，在打开的【图案填充和渐变色】对话框中选择 ANSI31 图案，设置填充比例为 50，图案填充的结果如图 11-40 所示。

（4）调用 LINE/L【直线】命令，绘制直线；调用 TRIM/TR【修剪】命令，修剪多余线段，结果如图 11-41 所示。

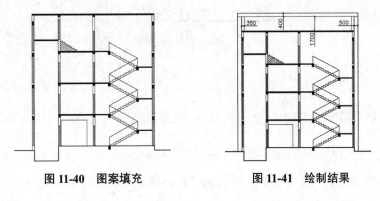

图 11-40 图案填充   图 11-41 绘制结果

（5）调用 RECTANG /REC【矩形】命令，绘制矩形；调用 COPY/CO【复制】命令，移动复制矩形；调用 HATCH/H【填充】命令，选择 SOLID 图案，对矩形进行图案填充，如图 11-42 所示。

（6）沿用上述介绍方法，绘制剖面图的其他图形，结果如图 11-43 所示。

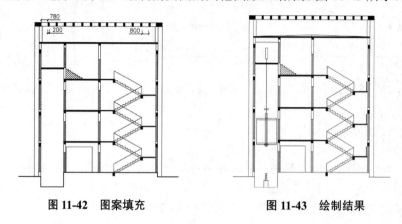

图 11-42   图案填充   图 11-43   绘制结果

11.2.8   标注图形

图形绘制完毕后，要对其进行尺寸、标高、文字标注。

（1）调用 DIMLINEAR/DLI【线性标注】命令，分别指定第一个和第二个尺寸界线原点，标注结果如图 11-44 所示。

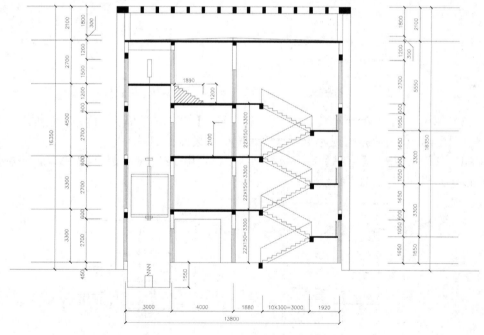

图 11-44   尺寸标注

（2）调用 INSERT/I【插入】命令，选择标高图块，根据命令行的提示输入标高值，标高标注的结果如图 11-45 所示。

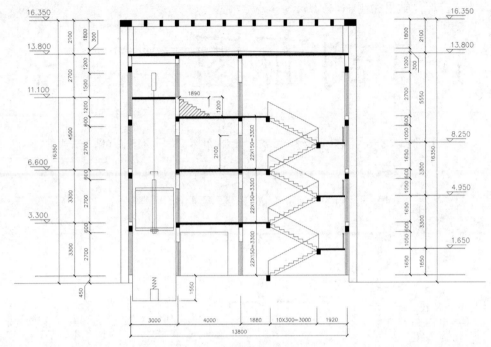

图 11-45 标高标注

（3）调用 MLEADER/MLD【多重引线标注】命令，在弹出的【在位文字编辑器】中输入文字，文字标注的结果如图 11-46 所示。

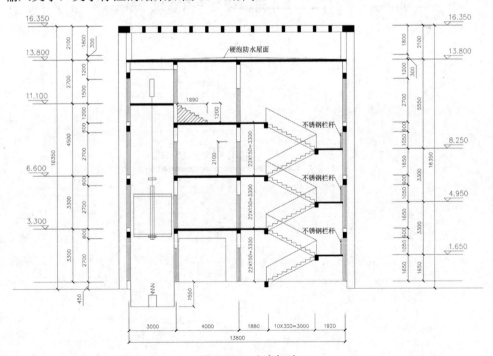

图 11-46 文字标注

（4）重复调用 MTEXT/MT【多行文字】命令，弹出【在位文字编辑器】对话框，输入文字，标注结果如图 11-47 所示。

1-1剖面图 　　1∶50

图 11-47　输入文字

（5）调用 PLINE/PL【多段线】命令，绘制粗细不一的下画线，结果如图 11-48所示。

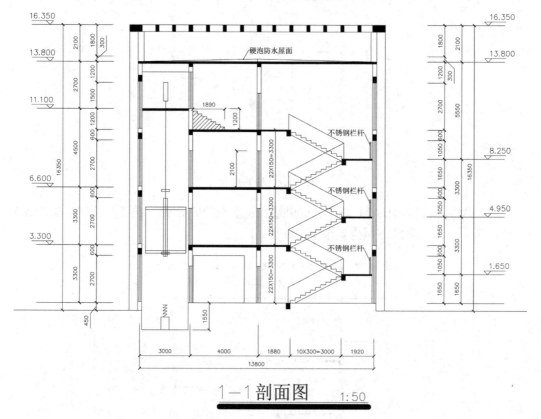

图 11-48　绘制下画线

第 12 章

绘制建筑详图

建筑详图是建筑细部的施工图，是建筑平面图、立面图、剖面图的补充。因为立面图、平面图、剖面图的比例尺较小，建筑物上许多细部构造无法表示清楚，根据施工需要，必须另外绘制比例尺较大的图样才能表达清楚。

12.1 建筑详图概述

在绘制建筑详图之前，用户首先必须熟悉建筑详图的基础知识，便于准确绘制。本节讲述建筑详图的相关知识点。

12.1.1 建筑详图特点

建筑详图（简称详图）是为了满足施工需要，将建筑平、立、剖面图中的某些复杂部位用较大比例绘制而成的图样。建筑详图按正投影法绘制，由于比例较大，要做到图例、线型分明、构造关系清楚、尺寸齐全、文字说明详尽，是对平、立、剖面等基本图样的补充和深化。

建筑详图作为建筑细部施工图，是制作建筑构配件（如门窗、阳台、楼梯和雨水管等）、构造节点（如窗台、檐口和勒角等）、进行施工和编制预算的依据。

在建筑详图设计中，需要绘制建筑详图的位置一般包括室内外墙身节点、楼梯、电梯、厨房、卫生间、门窗和室内外装饰等。室内外墙身节点一般用平面和剖面表示，常用比例为 1：20。平面节点详图表示出墙、柱或构造柱的材料和构造关系。

剖面节点详图即常说的墙身详图，需要表示出墙体与室内外地坪、楼面、屋面的关系，同时表示出相关的门窗洞口、梁或圈梁、雨篷、阳台、女儿墙、檐口、散水、防潮层、屋面防水、地下室防水等构造的做法。墙身详图可以从室内外地坪、防潮层处开始一直画到女儿墙压顶。为了节省图纸空间，可以在门窗洞口处断开，也可以重点绘制地坪、中间层和屋面处的几个节点，而将中间层重复使用的节点集中到一个详图中表示。节点一般由上至下进行编号。

12.1.2 建筑详图剖切材料的图例

在绘制建筑详图的时候，经常要对剖切面进行图案填充，以标明其使用材料，如

表 12-1 所示为常用的建筑材料图例。

表 12-1 建筑材料图例

名 称	图 例	备 注
自然土壤		包括各种自然土壤
夯实土壤		
砂、灰土		靠近轮廓线绘较密的点
砂砾石、碎砖三合土		
石材		
毛石		
普通砖		包括实心砖、多孔砖、砌块等砌体。断面较窄不易绘出图例线时，可涂红
耐火砖		包括耐酸砖等砌体
空心砖		指非承重砖砌体
饰面砖		包括铺地砖、马赛克、陶瓷锦砖、人造大理石等
焦渣、矿渣		包括与水泥、石灰等混合而成的材料
混凝土		（1）本图例指能承重的混凝土及钢筋混凝土。 （2）包括各种强度等级、骨料、添加剂的混凝土。 （3）在剖面图上画出钢筋时，不画图例线。 （4）断面图形小，不易画出图例线时，可涂黑
钢筋混凝土		
多孔材料		包括水泥珍珠岩、沥青珍珠岩、泡沫混凝土、非承重加气混凝土、软木、蛭石制品等
纤维材料		包括矿棉、岩棉、玻璃棉、麻丝、木丝板、纤维板等
泡沫塑料材料		包括聚苯乙烯、聚乙烯、聚氨酯等多孔聚合物类材料
木材		（1）上图为横断面，上左图为垫木、木砖或木龙骨。 （2）下图为纵断面
胶合板		应注明为 × 层胶合板
石膏板		包括圆孔、方孔石膏板、防水石膏板等

名　　称	图　　例	备　　注
金属		（1）包括各种金属。 （2）图形小时，可涂黑
网状材料		（1）包括金属、塑料网状材料。 （2）应注明具体材料名称
液体		应注明具体液体名称
玻璃		包括平板玻璃、磨砂玻璃、夹丝玻璃、钢化玻璃、中空玻璃、加层玻璃、镀膜玻璃等
橡胶		
塑料		包括各种软、硬塑料及有机玻璃等
防水材料		构造层次多或比例大时，采用上面的图例
粉刷		本图例采用较稀的点

12.1.3　建筑详图的主要内容

建筑详图一般包括如下内容。

（1）表示局部构造的详图，如外墙身详图、楼梯详图、阳台详图等。

（2）表示房屋设备的详图，如卫生间、厨房、实验室内设备的位置及构造等。

（3）表示房屋特殊装修部位的详图，如吊顶、花饰等。

12.1.4　建筑详图的图示内容和图示方法

建筑详图主要表达构配件的详细构造，如材料、规格、相互连接的方法、相对位置、详细尺寸、标高、施工要求和做法的说明等。

建筑详图必须绘制详图符号，要与被索引图样上的索引符号相对应，在详图符号的右下侧书写比例。

对于套用标准图或者通用详图的建筑构配件和建筑节点，主要注明所套用图集的名称、编号或页次，就不必再画详图。

详图中的标高应与平面图、立面图、剖面图中的位置一致。

12.2　墙身大样详图的绘制

下面以墙身大样图为例，介绍大样详图的一般绘制方法。

12.2.1 设置绘图环境

在绘制图形之前，对绘图环境进行设置，可以保证图形的统一性，从而提高绘图效率。

（1）设置图层。调用 LAYER/LA【图层】命令，打开【图层特性管理器】对话框，新建并设置图层属性如图 12-1 所示。

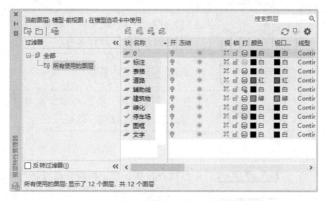

图 12-1　【图层特性管理器】对话框

（2）设置单位。调用 UNITS/UN【单位】命令，打开【图形单位】对话框，设置单位如图 12-2 所示。

（3）设置绘图界限。调用 LIMITS【图形界限】命令，设置绘图区域大小为 420×297。

（4）设置文字样式。调用 STYLE/ST【文字样式】命令，打开【文字样式】对话框，新建【仿宋】文字样式，设置参数如图 12-3 所示。

图 12-2　设置单位　　　　　　　　　图 12-3　设置文字样式

（5）设置标注样式。调用 DIMSTYLE/D【标注样式】命令，打开【标注样式管理器】对话框，如图 12-4 所示。单击【修改】按钮，打开【修改标注样式】对话框。

（6）单击【新建】按钮，在弹出的【创建新标注样式】对话框中新建标注样式，如图 12-5 所示。

（7）单击【继续】按钮，在弹出的【新建标注样式：详图标注】对话框中选择【线】选项卡，设置参数如图 12-6 所示。

（8）选择【符号和箭头】选项卡，设置参数如图 12-7 所示。

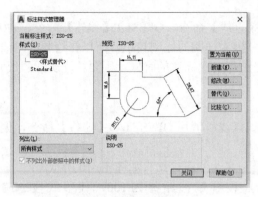

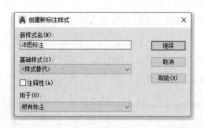

图 12-4　设置单位　　　　　　图 12-5　【创建新标注样式】对话框

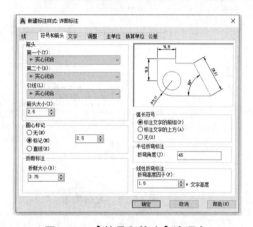

图 12-6　【线】选项卡　　　　　　图 12-7　【符号和箭头】选项卡

（9）选择【文字】选项卡，设置参数如图 12-8 所示。

（10）选择【主单位】选项卡，设置参数如图 12-9 所示。

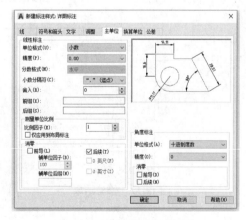

图 12-8　【文字】选项卡　　　　　　图 12-9　【主单位】选项卡

（11）参数设置完成后，单击【确定】按钮，关闭对话框；将【详图标注】样式置为当前，并关闭【标注样式管理器】对话框。

12.2.2   绘制墙面、墙体的层次结构

墙面、墙体的层次结构可调用 LINE【直线】命令、OFFSET【偏移】命令、TRIM【修剪】命令来进行绘制。值得注意的是，因为详图的比例较小，所以在绘制的时候都是将实际比例放大后进行绘制的，但是在进行层次标注的时候，则要标注实际的尺寸，这可以通过修改尺寸标注文字做到。

（1）将【轮廓线】图层置为当前图层。

（2）调用 LINE/L【直线】命令，绘制直线；调用 OFFSET/O【偏移】命令，偏移直线。

（3）调用 TRIM/TR【修剪】命令，修剪多余线段，结果如图 12-10 所示。

（4）调用 OFFSET/O【偏移】命令，设置偏移距离为 100，偏移线段；调用 FILLET/F【圆角】命令，设置半径值为 0，对图形进行圆角处理，结果如图 12-11 所示。

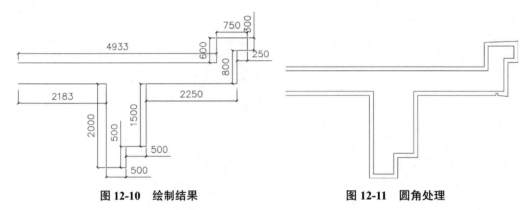

图 12-10   绘制结果   图 12-11   圆角处理

（5）调用 FILLET/F【圆角】命令，设置半径值为 250，对图形进行圆角处理，结果如图 12-12 所示。

（6）调用 OFFSET/O【偏移】命令，偏移直线；调用 TRIM/TR【修剪】命令，修剪多余线段，并修改最里面没有进行圆角的线段的线宽，结果如图 12-13 所示。

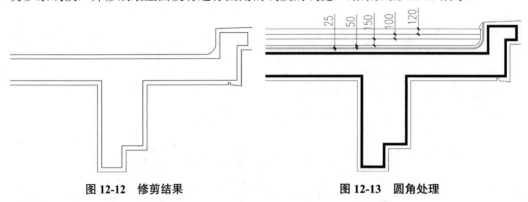

图 12-12   修剪结果   图 12-13   圆角处理

12.2.3   填充图案

墙面、墙体的层次结构绘制完成后，要对其进行图案填充，以表示各层次的结构。

（1）将【填充】图层置为当前图层。

（2）调用 LINE/L【直线】命令，绘制闭合直线，结果如图 12-14 所示。

（3）调用 HATCH/H【填充】命令，在弹出的【图案填充和渐变色】对话框中设置参数，结果如图 12-15 所示。

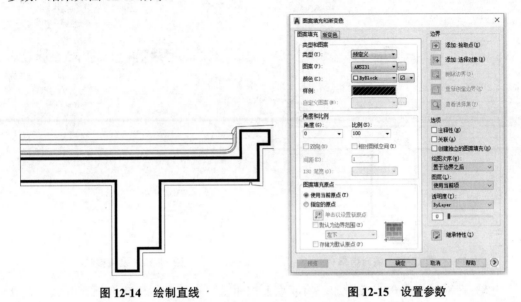

图 12-14　绘制直线　　　　　　　　　　图 12-15　设置参数

（4）在对话框中单击添加【拾取点】按钮，在绘图区中拾取填充区域，完成图案的填充，结果如图 12-16 所示。

（5）继续调用 HATCH/H【填充】命令，在弹出的【图案填充和渐变色】对话框中设置参数，结果如图 12-17 所示。

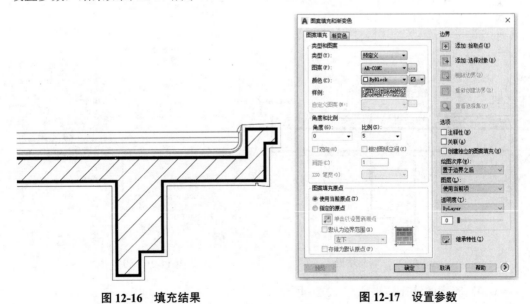

图 12-16　填充结果　　　　　　　　　　图 12-17　设置参数

（6）图案的填充结果如图 12-18 所示。

（7）调用 HATCH/H【填充】命令，在弹出的【图案填充和渐变色】对话框中设置参数，结果如图 12-19 所示。

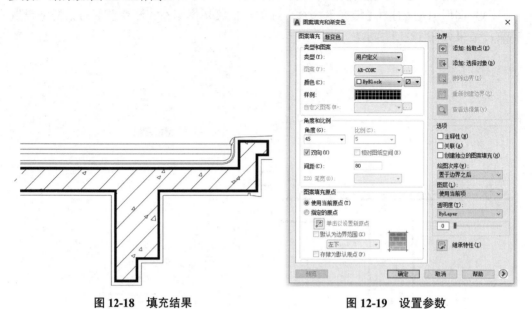

图 12-18　填充结果　　　　　　　图 12-19　设置参数

（8）在对话框中单击【添加：拾取点】按钮▦，在绘图区中拾取填充区域，完成图案的填充，结果如图 12-20 所示。

（9）继续调用 HATCH/H【填充】命令，在弹出的【图案填充和渐变色】对话框中设置参数，结果如图 12-21 所示。

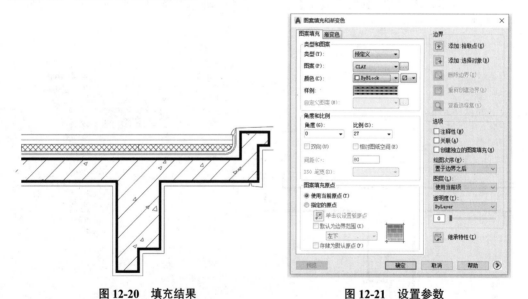

图 12-20　填充结果　　　　　　　图 12-21　设置参数

（10）图案的填充结果如图 12-22 所示。

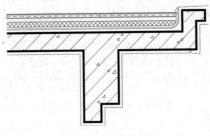

图 12-22　填充结果

12.2.4　尺寸及文字标注

图形绘制完成后，要对其进行尺寸和文字标注，下面来介绍其方法。

（1）调用 MLEADER/MLD【多重引线】命令，在弹出的【在位文字编辑器】对话框中输入文字，完成对详图的文字标注，结果如图 12-23 所示。

（2）调用 DIMLINEAR/DLI【线性标注】命令，分别指定第一个和第二个尺寸界线原点，标注结果如图 12-24 所示。

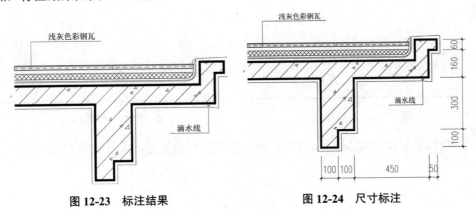

图 12-23　标注结果　　　　　　**图 12-24　尺寸标注**

（3）调用 CIRCLE/C【圆】命令、MTEXT/M【多行文字】命令，绘制图名，结果如图 12-25 所示。

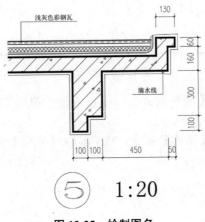

1:20

图 12-25　绘制图名

12.3 门窗节点详图的绘制

在绘制建筑立面图时，门窗的具体尺寸及材料做法常常不能标识清楚，所以绘制门窗节点详图是很有必要的。本节介绍门窗节点详图的绘制方法。

12.3.1 绘制院门详图

下面以某别墅院门详图为例，介绍门详图的一般绘制方法。

（1）调用 LINE/L【直线】命令，绘制直线；调用 OFFSET/O【偏移】命令，偏移直线，并调整地面线的线宽和长度，结果如图 12-26 所示。

（2）调用 LINE/L【直线】命令、OFFSET/O【偏移】命令、TRIM/TR【修剪】命令，绘制如图 12-27 所示的图形。

图 12-26　偏移直线

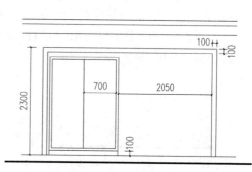

图 12-27　绘制结果

（3）调用 MIRROR/MI【镜像】命令，镜像复制门图形，结果如图 12-28 所示。

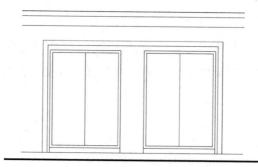

图 12-28　镜像复制

（4）调用 OFFSET/O【偏移】命令，偏移直线；调用 TRIM/TR【修剪】命令，修剪多余直线，结果如图 12-29 所示。

（5）调用 OFFSET/O【偏移】命令、TRIM/TR【修剪】命令，绘制如图 12-30 所示的图形。

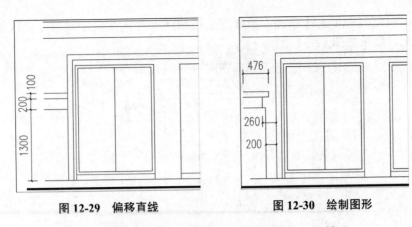

图 12-29　偏移直线　　　　　　图 12-30　绘制图形

（6）使用同样的方法来绘制同样的图形，结果如图 12-31 所示。

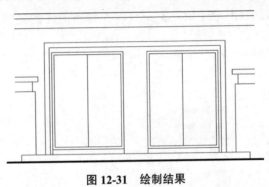

图 12-31　绘制结果

（7）调用 OFFSET/O【偏移】命令，偏移直线；调用 TRIM/TR【修剪】命令，修剪多余直线，结果如图 12-32 所示。

（8）调用 HATCH/H【填充】命令，在弹出的【图案填充和渐变色】对话框中设置参数，结果如图 12-33 所示。

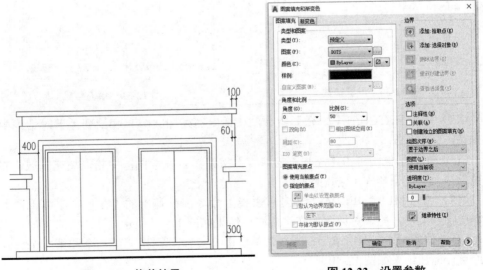

图 12-32　修剪结果　　　　　　图 12-33　设置参数

（9）在对话框中单击【添加：拾取点】按钮▦，在绘图区中拾取填充区域，完成图案的填充，结果如图 12-34 所示。

图 12-34　填充结果

（10）继续调用 HATCH/H【填充】命令，在弹出的【图案填充和渐变色】对话框中设置参数，结果如图 12-35 所示。

（11）图案填充结果如图 12-36 所示。

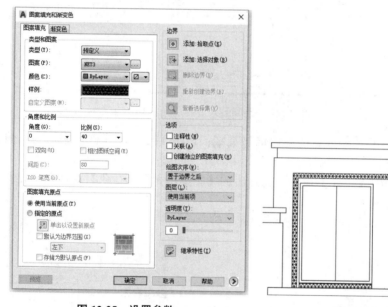

图 12-35　设置参数　　　　　　　　　　图 12-36　填充结果

（12）调用 HATCH/H【填充】命令，在弹出的【图案填充和渐变色】对话框中设置参数，结果如图 12-37 所示。

（13）在对话框中单击【添加：拾取点】按钮▦，在绘图区中拾取填充区域，完成图案的填充，结果如图 12-38 所示。

（14）调用 MLEADER/MLD【多重引线】命令，在弹出的【在位文字编辑器】对话框中输入文字，完成对详图的文字标注，结果如图 12-39 所示。

（15）调用 DIMLINEAR/DLI【线性标注】命令，分别指定第一个和第二个尺寸界线原点，标注结果如图 12-40 所示。

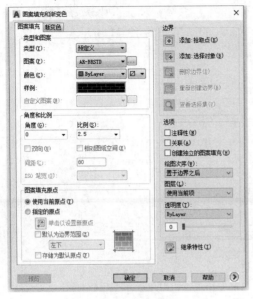

图 12-37　设置参数

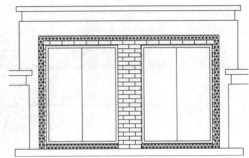

图 12-38　填充结果

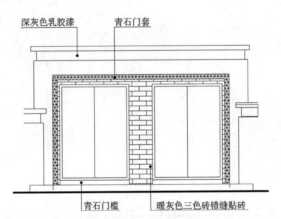

图 12-39　文字标注

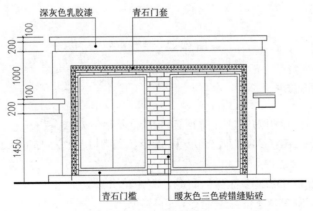

图 12-40　尺寸标注

（16）调用 INSERT/I【插入】命令，在弹出的【插入】对话框中选择【标高】图块，根据命令行的提示输入标高值，完成标高标注的结果如图 12-41 所示。

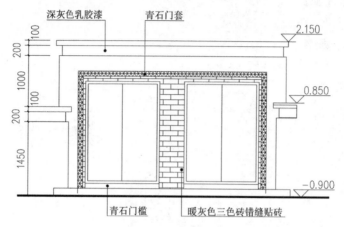

图 12-41　标高标注

（17）调用 CIRCLE/C【圆】命令、MTEXT/M【多行文字】命令，绘制图名，结果如图 12-42 所示。

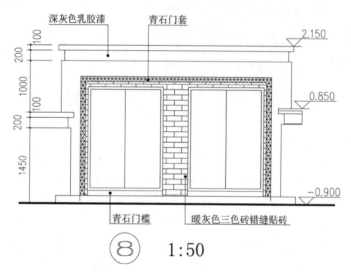

图 12-42　绘制图名

12.3.2　绘制窗详图

下面以某别墅窗详图为例，介绍窗详图的一般绘制方法。

（1）调用 RECTANG /REC【矩形】命令，绘制尺寸为 1500×1700 的矩形，如图 12-43 所示。

（2）调用 EXPLODE/X【分解】命令，将矩形分解。

（3）调用 OFFSET/O【偏移】命令，偏移矩形边，结果如图 12-44 所示。

图 12-43　绘制矩形

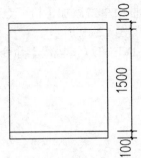

图 12-44　偏移矩形边

（4）调用 OFFSET/O【偏移】命令、TRIM/TR【修剪】命令，绘制如图 12-45 所示的图形。

（5）调用 OFFSET/O【偏移】命令，偏移线段，结果如图 12-46 所示。

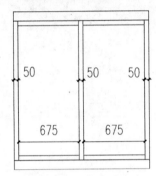

图 12-45　绘制结果

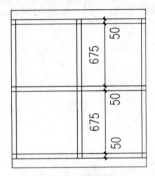

图 12-46　偏移线段

（6）调用 TRIM/TR【修剪】命令，修剪多余线段，结果如图 12-47 所示。

（7）调用 HATCH/H【填充】命令，在弹出的【图案填充和渐变色】对话框中设置参数，结果如图 12-48 所示。

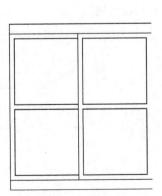

图 12-47　修剪结果

图 12-48　设置参数

（8）在对话框中单击添加【拾取点】按钮▦，在绘图区中拾取填充区域，完成图案的填充，结果如图 12-49 所示。

（9）调用 PLINE/PL【多段线】命令，命令行提示如下。

```
命令：PLINE1
指定起点：                          // 指定多段线的起点
当前线宽为 0
指定下一个点或 [圆弧 (A) / 半宽 (H) / 长度 (L) / 放弃 (U) / 宽度 (W)]：
                                    // 指定下一个点
指定下一点或 [圆弧 (A) / 闭合 (C) / 半宽 (H) / 长度 (L) / 放弃 (U) / 宽度 (W)]：W
                                    // 输入 W，选择【宽度】选项
指定起点宽度 <0>：50
指定端点宽度 <50>：0
指定下一点或 [圆弧 (A) / 闭合 (C) / 半宽 (H) / 长度 (L) / 放弃 (U) / 宽度 (W)]：
                                    // 指定下一点
指定下一点或 [圆弧 (A) / 闭合 (C) / 半宽 (H) / 长度 (L) / 放弃 (U) / 宽度 (W)]：*取消*
                                    // 按 Enter 键结束绘制，绘制结果如图 12-50 所示
```

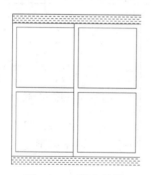

图 12-49　填充结果

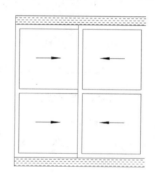

图 12-50　绘制多段线

（10）调用 MLEADER/MLD【多重引线】命令，在弹出的【在位文字编辑器】对话框中输入文字，完成对详图的文字标注，结果如图 12-51 所示。

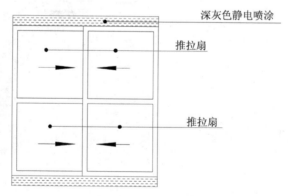

图 12-51　输入文字

（11）调用 DIMLINEAR/DLI【线性标注】命令，分别指定第一个和第二个尺寸界线原点，标注结果如图 12-52 所示。

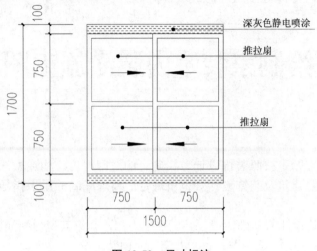

图 12-52 尺寸标注

（12）调用 CIRCLE/C【圆】命令、MTEXT/M【多行文字】命令，绘制图名，结果如图 12-53 所示。

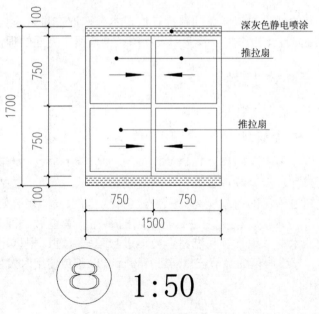

图 12-53 绘制图名

第 13 章

chapter 13

绘制家装室内装潢施工图

室内装潢施工图是按照装饰设计方案确定的空间尺度、构造做法、材料选用、施工工艺等，并遵照建筑及装饰设计规范所规定的要求编制的用于指导装饰施工生产的技术文件。

本章介绍家装设计的基础知识，并以别墅为例，介绍其室内装潢施工图纸的绘制，包括平面布置图、地面/顶棚图、各主要空间立面装饰图。

13.1　家装设计概述

有关家装设计的理论知识涵盖的范围较广，本节选取在进行室内设计时经常需要考虑的问题，即室内设计的原则以及室内设计的风格这两个方面的理论知识进行介绍。

13.1.1　家居空间设计原则

家居空间设计的基本原则概括如下。

1. 保护结构及安全原则

在设计中首先要考虑家庭居住环境的安全。一是保护结构，对承重墙、阳台的半截墙、房间的梁或柱，无论其位置如何，绝对禁止拆除、改动。二是在装修设计中所选用的材料不得超过住房的荷载能力。三是注意保护防水层，在装修设计过程中，如果施工危及或破坏防水层，就必须进行防水层的修补或者重做。四是注意安全防火，设计装修中使用的木材、织物等易燃材料应该进行阻燃处理；根据用电器具的摆放位置，对电表容量、导线的粗细等都应重新进行设计，以避免使用时发生事故。

2. 个性化原则

首先，尊重并行使用者的自主权。

其次，要根据每个人的嗜好选择突出其居室的特征。

在设计中个性的表现主要是通过居室空间内的造型、造景、色彩运用和材料选择来体现的。正确表现装修个性的方法，就是在装修时不仅要突出个性，还要注意局部与整体的和谐，要以长远的、发展的指导思想进行家庭装修设计。

3. 经济性原则

从自身条件出发，结合居室的结构特点，精心设计，把不同档次的材料进行巧妙组合，充分发挥其不同质感、颜色、性能的优越性，就能达到既经济又实用的美化原则。不提倡透支装修，不提倡豪华型装修，家庭装修要考虑到日常生活的需要，要起到方便生活的作用，装修结果必须实用。

4. 实用性原则

实用性是指居室能最大限度地满足使用功能。一是为居住者提供空间环境；二是最大度提供物品储藏的需要。把为生活服务的功能性放在重要位置，一定要给使用者在生活中留下方便、舒适的感觉。

5. 美观化原则

美观化是指居室的装饰要具有艺术性，特别是要体现个体的独特审美情趣。

6. 习惯性原则

家庭装修要的是艺术美的追求，但必须以尊重主人的生活习惯为前提，艺术取向要与生活价值取向相一致，与生活习惯相和谐。

7. 环保性原则

装修也要树立环保意识。在材料的选配上应首选环保材料，注意节能、降耗、无污染，特别要在采光、通风、除臭、防油等方面下功夫。

13.1.2　家装设计风格

家庭装修中常见的装饰风格介绍如下。

1. 欧式古典风格

欧式古典风格在空间上追求连续性，追求形体的变化和层次感。室内外色彩鲜艳，光影变化丰富。

室内多用带有图案的壁纸、地毯、窗帘、床罩、帐幔以及古典式装饰画或物件；为体现华丽的风格，家具、门、窗多漆成白色，家具、画框的线条部位饰以金线、金边。

古典风格是一种追求华丽、高雅的欧洲古典主义，典雅中透着高贵，深沉里显露豪华，具有很强的文化感受和历史内涵。

如图 13-1 所示为欧式古典风格的装饰效果。

2. 现代简约风格

现代简约风格在处理空间方面一般强调室内空间宽敞、内外通透，在空间平面设计中追求不受承重墙限制的自由。

墙面、地面、顶棚以及家具陈设乃至灯具器皿等均以简洁的造型、纯洁的质地、精细的工艺为其特征。并且尽可能不用装饰和取消多余的东西，认为任何复杂的设计、没有实用价值的特殊部件及任何装饰都会增加建筑造价，强调形式应更多地服务于功能。

如图 13-2 所示为现代简约风格的装饰效果。

图 13-1　欧式古典风格　　　　　　　图 13-2　现代简约风格

3. 地中海风格

地中海风格具有独特的美学特点。一般选择自然的柔和色彩，在组合设计上注意空间搭配，充分利用每一寸空间，集装饰与应用于一体，在组合搭配上避免琐碎，显得大方、自然，散发出古老尊贵的田园气息和文化品位；其特有的罗马柱般的装饰线简洁明快，流露出古老的文明气息。

在色彩运用上，常选择柔和高雅的浅色调，映射出它田园风格的本义。地中海风格多用有着古老历史的拱形状玻璃，采用柔和的光线，加之原木的家具，用现代工艺呈现出别有情趣的乡土格调。

如图 13-3 所示为地中海风格的装饰效果。

4. 东南亚风格

东南亚风格的家居设计以其来自热带雨林的自然之美和浓郁的民族特色风靡世界，尤其在气候与之接近的珠三角地区更是受到热烈追捧。

东南亚式的设计风格之所以如此流行，正是因为它独有的魅力和热带风情而盖过正大行其道的简约风格。取材自然是东南亚家居最大的特点，同时色彩搭配斑斓高贵。生态饰品富有拙朴的禅意，布艺饰品则是暖色的点缀。

如图 13-4 所示为东南亚风格的装饰效果。

图 13-3　地中海风格　　　　　　　图 13-4　东南亚风格

5. 中式风格

中国传统的室内设计融合了庄重与优雅双重气质。其室内装饰艺术的特点是总体布局对称均衡、端正稳健，而在装饰细节上崇尚自然情趣，花鸟、鱼虫等精雕细琢，富于变化，充分体现出中国传统美学精神。

如图 13-5 所示为中式风格的装饰效果。

6. 田园风格

田园风格倡导"回归自然"，美学上推崇"自然美"，认为只有崇尚自然、结合自然，才能在当今高科技快节奏的社会生活中获取生理和心理的平衡。因此，田园风格力求表现悠闲、舒畅、自然的田园生活情趣。

田园风格的用料崇尚自然，砖、陶、木、石、藤、竹……越自然越好。在织物质地的选择上多采用棉、麻等天然制品，其质感正好与乡村风格不饰雕琢的追求相契合。

田园风格的居室还要通过绿化把居住空间变为"绿色空间"，如结合家具陈设等布置绿化，或者做重点装饰与边角装饰，还可沿窗布置，使植物融于居室，创造出自然、简朴、高雅的氛围。

如图 13-6 所示为田园风格的装饰效果。

图 13-5　中式风格　　　　　　　图 13-6　田园风格

13.2　绘制别墅首层建筑平面图

本节以地中海风格的别墅为例，介绍别墅室内设计全套施工图纸的绘制，包括别墅建筑平面图、别墅地材图、别墅顶棚图、别墅立面图。

13.2.1　设置绘图环境

由于绘图环境的设置方法在前面章节已经介绍过，因此请读者翻阅前面章节，以参考设置绘图环境的具体操作方法。本节介绍绘制别墅建筑平面图所需要各类图层的设置方法。

（1）启动 AutoCAD 2022 应用程序，新建一个空白文件；执行【文件】|【保存】命令，设置图形名称为"13.2 别墅首层建筑平面图 .dwg"，将其保存。

（2）沿用前面所介绍的操作方法，设置新图形文件的绘图环境的各项参数，如绘图单位、文字样式、尺寸标注样式等。

（3）创建图层。调用 LA【图层特性管理器】命令，系统弹出【图层特性管理器】对话框，在其中创建绘制别墅首层建筑平面图所需要的图层，如图 13-7 所示。

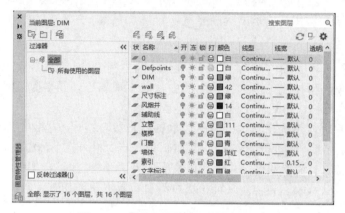

图 13-7　【图层特性管理器】对话框

13.2.2　绘制轴线 / 墙体

轴线为绘制墙体提供定位作用，使用【多线】命令绘制墙体，可以省去绘制及编辑时间。但是在通过偏移墙线来得到其他图形（如绘制门窗洞口线）时，需要将墙线分解才能执行【偏移】或其他编辑命令。

本节介绍轴线 / 墙体的绘制方法。

（1）在【图层】工具栏下拉列表中选择【轴线】图层。

（2）调用 L【直线】命令、O【偏移】命令，绘制并偏移轴线，完成轴网的绘制，结果如图 13-8 所示。

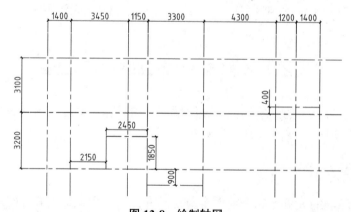

图 13-8　绘制轴网

（3）在【图层】工具栏下拉列表中选择【墙体】图层。

（4）调用 ML【多线】命令，设置多线比例为 200，捕捉轴线的交点来绘制多线，完成墙体的绘制，结果如图 13-9 所示。

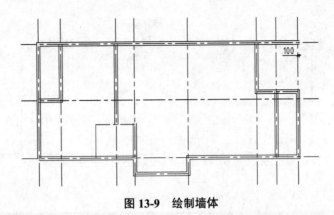

图 13-9 绘制墙体

（5）按 Enter 键，更改多线的比例为 100，绘制宽度为 100 的隔墙，结果如图 13-10 所示。

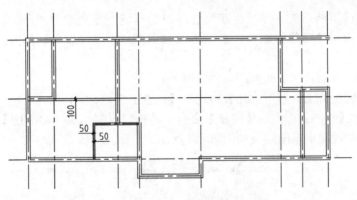

图 13-10 绘制隔墙

（6）关闭【轴线】图层。

（7）双击多线，在【多变编辑工具】对话框中选择【十字打开】【角点结合】等编辑工具，对多线执行编辑操作的结果如图 13-11 所示。

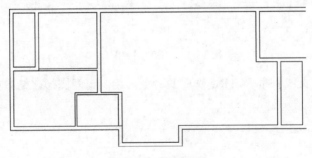

图 13-11 编辑多线

（8）在【图层】工具栏下拉列表中选择【柱子】图层。

（9）调用 REC【矩形】命令，绘制柱子的轮廓线；调用 H【图案填充】命令，在【图案填充和渐变色】对话框中选择 SOLID 图案，对柱子轮廓线执行填充操作，结果如图 13-12 所示。

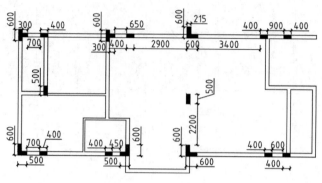

图 13-12　绘制柱子

13.2.3　绘制门窗

首先绘制门窗洞口线，然后再在门窗洞口的基础上绘制门窗图形。其中，通过设置多线样式、调用【多线】命令来绘制平面窗图形，不仅可以保证图形的整体性，还可提高绘图效率。

本节介绍门窗洞口、平面窗图形的绘制方式。

（1）在【图层】工具栏下拉列表中选择【门窗】图层。

（2）调用 L【直线】命令、O【偏移】命令，绘制门窗洞口线；调用 TR【修剪】命令，修剪墙线，绘制门窗洞口的结果如图 13-13 所示。

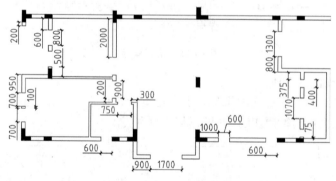

图 13-13　绘制门窗洞口

（3）调用 L【直线】命令、TR【修剪】命令，绘制窗套图形，结果如图 13-14 所示。

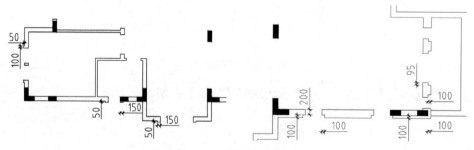

图 13-14　绘制窗套图形

（4）执行【格式】|【多线样式】命令，在弹出的【多线样式】对话框中新建名称为"窗"的新样式，在【修改多线样式：窗】对话框中设置多线样式参数，结果如图 13-15 所示。

（5）在【多线样式】中将【窗】样式置为当前正在使用的样式。

（6）调用 ML【多线】命令，设置多线比例因子为 1，指定多线的起点及下一点，绘制平面窗图形的结果如图 13-16 所示。

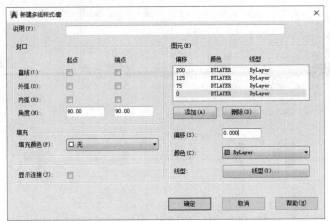

图 13-15　设置参数

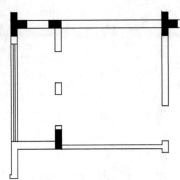

图 13-16　绘制窗图形

（7）重新调出【多线样式】对话框，在其中新建名称为"窗 2"的新样式，设置样式参数如图 13-17 所示。

（8）调用 ML【多线】命令，绘制窗 2 图形的结果如图 13-18 所示。

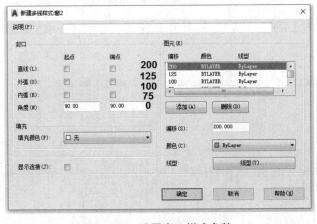

图 13-17　设置窗 2 样式参数

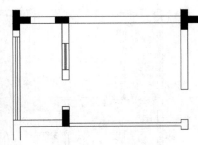

图 13-18　绘制窗 2

（9）按 Enter 键，继续绘制窗 2 图形，结果如图 13-19 所示。

（10）绘制实木窗套轮廓线。调用 O【偏移】命令，设置偏移距离为 50，向内偏移门窗洞口线，结果如图 13-20 所示。

（11）调用 X【分解】命令，分解窗 2 图形；调用 TR【修剪】命令，修剪线段，结果如图 13-21 所示。

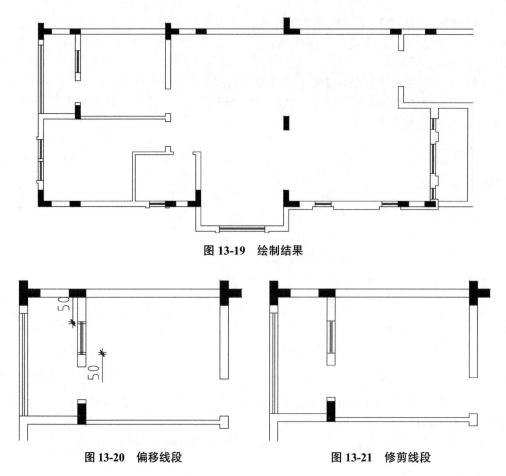

图 13-19　绘制结果

图 13-20　偏移线段　　　　　　　图 13-21　修剪线段

（12）重复执行【偏移】【修剪】命令，完成实木窗套轮廓线的绘制，结果如图 13-22 所示。

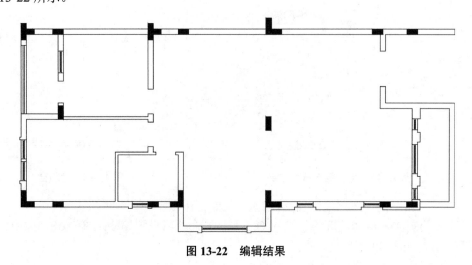

图 13-22　编辑结果

13.2.4 绘制楼梯

可以按照首先绘制楼梯踏步、楼梯扶手、上楼方向的文字标注的步骤来绘制楼梯平面图。其中，楼梯踏步可以执行【矩形阵列】命令来移动复制。

本节介绍楼梯平面图形的绘制方法。

（1）在【图层】工具栏下拉列表中选择【楼梯】图层。

（2）调用 REC【矩形】命令，绘制踏步轮廓线，结果如图 13-23 所示。

（3）调用 X【分解】命令，分解矩形；调用 O【偏移】命令、TR【修剪】命令，偏移并修剪线段，结果如图 13-24 所示。

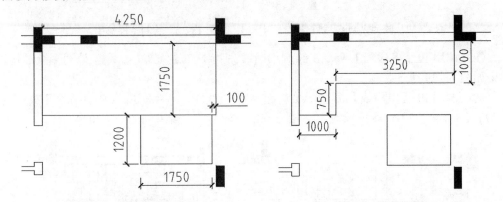

图 13-23　绘制踏步轮廓线　　　　　图 13-24　偏移并修剪线段

（4）执行【修改】|【阵列】|【矩形阵列】命令，选择 A 线段为阵列对象；设置列数为 14，列距为 250，行数为 1，阵列复制 A 线段的结果如图 13-25 所示。

（5）按 Enter 键，重复执行【矩形阵列】命令，设置列数为 1，行数为 4，行距为 250，阵列复制 B 线段的结果如图 13-26 所示。

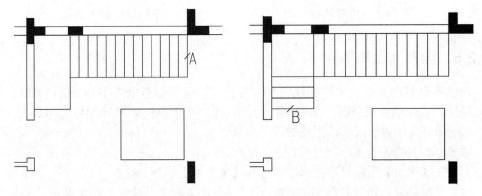

图 13-25　阵列复制 A 线段　　　　　图 13-26　阵列复制 B 线段

（6）按 Enter 键再次执行【矩形阵列】命令，设置列数为 7，列距为 250，行数为 1，阵列复制 C 线段，结果如图 13-27 所示。

（7）调用 REC【矩形】命令、O【偏移】命令，绘制楼梯扶手图形；调用 TR【修剪】命令，修剪多余线段，结果如图 13-28 所示。

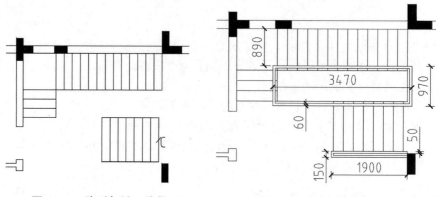

图 13-27　阵列复制 C 线段　　　　　图 13-28　绘制楼梯扶手

（8）调用 PL【多段线】命令，绘制剖断线；调用 TR【修剪】命令，修剪多余线段，结果如图 13-29 所示。

（9）调用 PL【多段线】命令，绘制起点宽度为 60，端点宽度为 0 的指示箭头；调用 MT【多行文字】命令，绘制上下楼方向的文字标注，结果如图 13-30 所示。

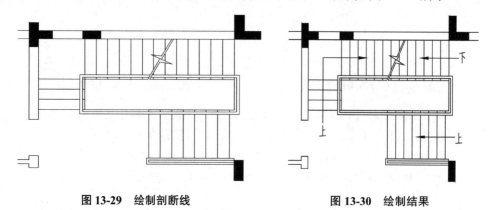

图 13-29　绘制剖断线　　　　　图 13-30　绘制结果

13.2.5　绘制其他图形

其他图形包括立管、文字标注、尺寸标注等。文字标注包括各区域的名称标注、图名标注，在绘制完成所有平面图图形后，应绘制文字标注以进行解释说明。尺寸标注表示房屋开间、进深尺寸，因此必不可少。

本节介绍其他各类图形的绘制方法。

（1）在【图层】工具栏下拉列表中选择【辅助线】图层。

（2）绘制立管。调用 C【圆形】命令、CO【复制】命令，绘制并复制圆形（$R=50$），完成立管图形的绘制，结果如图 13-31 所示。

（3）调用 REC【矩形】命令，绘制立管外包图形，结果如图 13-32 所示。

（4）执行 L【直线】命令、TR【修剪】命令、O【偏移】命令，绘制如图 13-33 所示的图形。

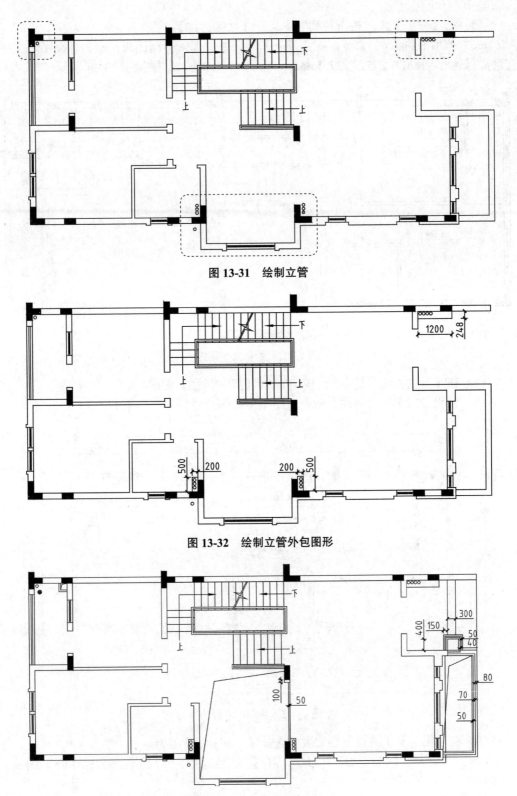

图 13-31 绘制立管

图 13-32 绘制立管外包图形

图 13-33 绘制结果

（5）在【图层】工具栏下拉列表中选择【文字标注】图层。

（6）调用 I【插入】命令，在【插入】对话框中调入标高图块，双击标高图块来更改标高值；调用 MT【多行文字】命令，绘制文字标注，结果如图 13-34 所示。

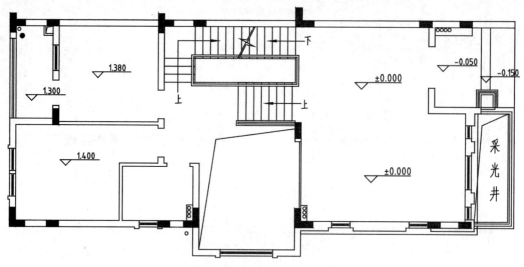

图 13-34　绘制文字标注

（7）在【图层】工具栏下拉列表中选择【尺寸标注】图层。

（8）调用 DLI【线性标注】命令，绘制平面图尺寸标注，结果如图 13-35 所示。

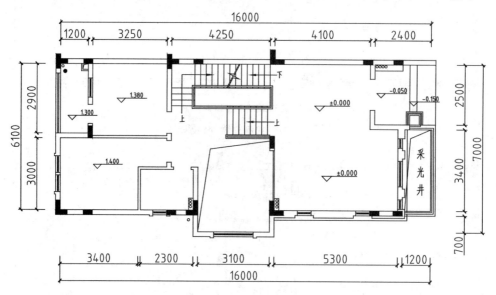

图 13-35　绘制尺寸标注

（9）在【图层】工具栏下拉列表中选择【文字标注】图层。

（10）调用 MT【多行文字】命令、PL【多段线】命令，绘制图名标注及下画线，结果如图 13-36 所示。

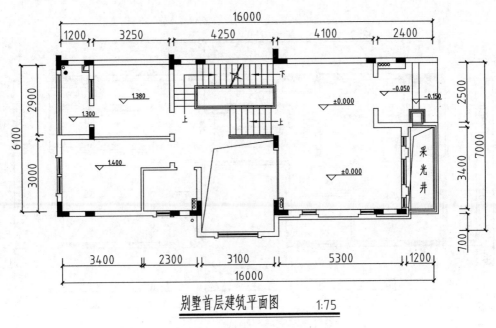

别墅首层建筑平面图　　1:75

图 13-36　绘制图名标注

13.2.6　绘制其他楼层建筑平面图

别墅地下室建筑平面图的绘制结果如图 13-37 所示。

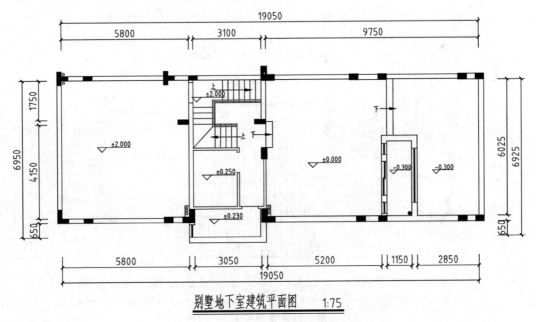

别墅地下室建筑平面图　　1:75

图 13-37　别墅地下室建筑平面图

别墅二层建筑平面图的绘制结果如图 13-38 所示。

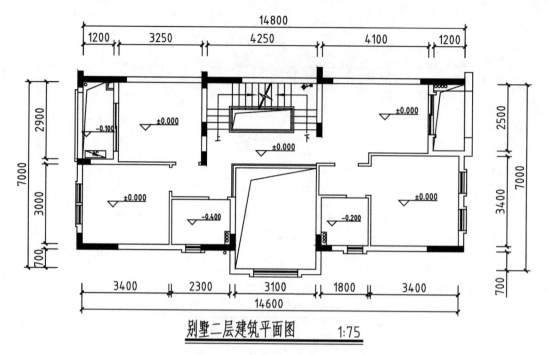

别墅二层建筑平面图　　　1:75

图 13-38 别墅二层建筑平面图

别墅三层建筑平面图的绘制结果如图 13-39 所示。

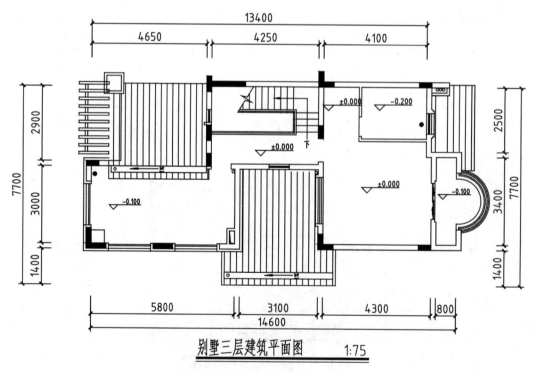

别墅三层建筑平面图　　　1:75

图 13-39 别墅三层建筑平面图

13.3　绘制别墅平面布置图

本节介绍别墅平面布置图的绘制，包括客厅平面布置图、书房平面布置图、卧室平面布置图、厨房平面布置图。

13.3.1　绘制客厅平面布置图

客厅平面布置图表示客厅中家具的摆放位置、墙面装饰造型、门的尺寸及开启方向等。本节介绍客厅平面布置图的绘制。

（1）启动 AutoCAD 2022 应用程序，执行【打开】|【文件】命令，打开"13.2 别墅首层建筑平面图 .dwg"文件。

（2）执行【文件】|【另存为】命令，将文件另存为"13.3 别墅首层平面布置图 .dwg"文件。

（3）整理图形。将【尺寸标注】图层、【文字标注】图层关闭；调用 E【删除】命令，删除平面图上的多余图形，结果如图 13-40 所示。

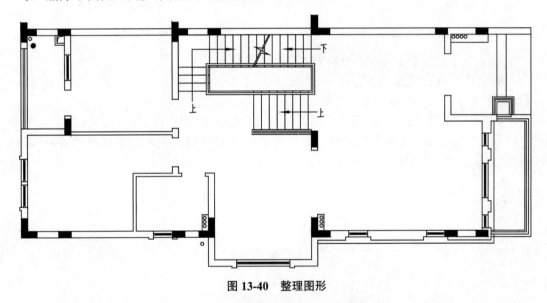

图 13-40　整理图形

（4）新建【立面装饰柱】图层，颜色为【绿色】，并将其置为当前图层。

（5）调用 L【直线】命令、TR【修剪】命令，绘制立面装饰柱轮廓线，结果如图 13-41 所示。

（6）在【图层】工具栏下拉列表中选择【辅助线】图层。

（7）调用 L【直线】命令、O【偏移】命令，绘制并偏移直线，绘制台阶踏步的结果如图 13-42 所示。

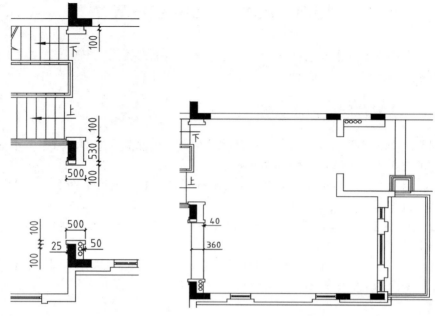

图 13-41   绘制立面装饰柱轮廓线   图 13-42   绘制台阶踏步

（8）在【图层】工具栏下拉列表中选择【门窗】图层。

（9）调用 REC【矩形】命令，分别绘制尺寸为 900×40、400×40 的矩形；调用 A【圆弧】命令，绘制圆弧，完成子母门的绘制，结果如图 13-43 所示。

（10）在【图层】工具栏下拉列表中选择【辅助线】图层。

（11）调用 REC【矩形】命令，绘制尺寸为 200×150 的矩形，完成背景墙装饰柱轮廓线的绘制，结果如图 13-44 所示。

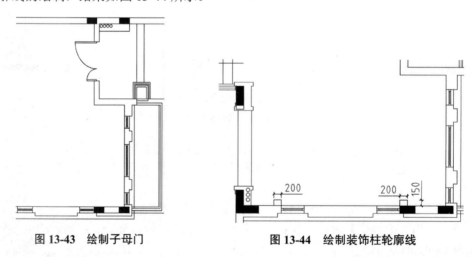

图 13-43   绘制子母门   图 13-44   绘制装饰柱轮廓线

（12）调用 O【偏移】命令、TR【修剪】命令，绘制背景墙装饰图形以及壁炉图形，结果如图 13-45 所示。

（13）绘制窗帘。调用 L【直线】命令，绘制直线，并将直线的线型更改为虚线，结果如图 13-46 所示。

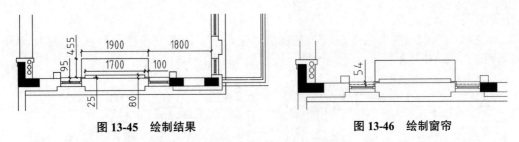

图 13-45　绘制结果　　　　　　　　　　　图 13-46　绘制窗帘

（14）调用 E【删除】命令，删除多余线段；调用 L【直线】命令，绘制直线，完成窗套图形的绘制结果如图 13-47 所示。

（15）调用 REC【矩形】命令，绘制天光井顶面玻璃外轮廓线，结果如图 13-48 所示。

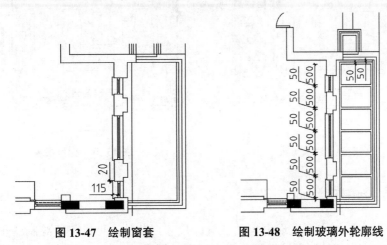

图 13-47　绘制窗套　　　　　　图 13-48　绘制玻璃外轮廓线

（16）调用 H【图案填充】命令，在弹出的【图案填充和渐变色】对话框中设置玻璃图案的样式参数；在平面图中拾取上一步骤绘制的矩形轮廓线，完成填充操作的结果如图 13-49 所示。

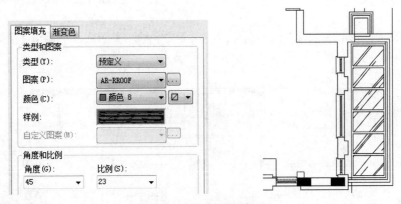

图 13-49　绘制图案填充

（17）新建【家具】图层，颜色为【颜色 8】，并将图层置为当前图层。

（18）调入图块。按 Ctrl+O 组合键，打开配套光盘提供的"第 13 章＼图例文件 .dwg"文件，将其中的组合沙发、电视机、窗帘等家具图块复制粘贴至当前图形中，结果如图 13-50 所示。

（19）打开【文字标注】图层，使标高标注显示，调用 M【移动】命令，移动标高标注图形，以使其不被家具图块遮挡，操作结果如图 13-51 所示。

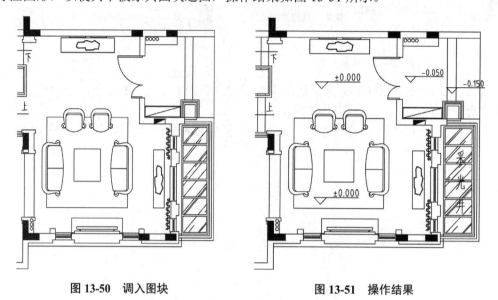

图 13-50　调入图块　　　　　　图 13-51　操作结果

13.3.2　绘制书房平面布置图

书房平面布置图主要表现书柜的位置、尺寸，此外，可以将所绘制的平开门图形创建成图块，方便在绘制其他区域平面布置图时调用。

（1）启动 AutoCAD 2022 应用程序，执行【打开】|【文件】命令，打开"别墅二层建筑平面图 .dwg"文件。

（2）执行【文件】|【另存为】命令，将文件另存为"别墅二层平面布置图 .dwg"文件。

（3）整理图形。关闭【尺寸标注】图层、【文字标注】图层，调用 E【删除】命令，删除平面图上的多余图形，结果如图 13-52 所示。

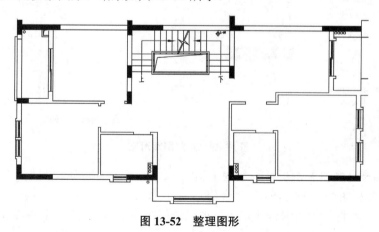

图 13-52　整理图形

（4）墙体改造。调用 E【删除】命令、TR【修剪】命令，删除或修剪待拆除墙体的墙线，结果如图 13-53 所示。（经过墙体改造，可以合理划分书房及父母房的范围，并为书房新砌入户门洞。）

（5）在【图层】工具栏下拉列表中选择【墙体】图层。

（6）调用 L【直线】命令、O【偏移】命令、TR【修剪】命令，绘制新砌墙体，结果如图 13-54 所示。

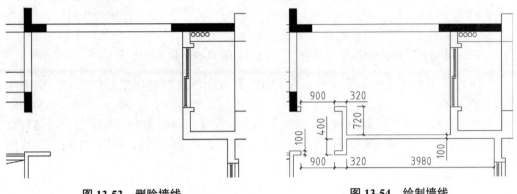

图 13-53　删除墙线　　　　　　　　　　图 13-54　绘制墙线

（7）在【图层】工具栏下拉列表中选择【家具】图层。

（8）绘制书柜。调用 L【直线】命令、O【偏移】命令，绘制并偏移直线，结果如图 13-55 所示。

（9）调用 O【偏移】命令，设置偏移距离为 20，向内偏移书柜轮廓线；调用 TR【修剪】命令，修剪线段；调用 L【直线】命令，绘制对角线，结果如图 13-56 所示。

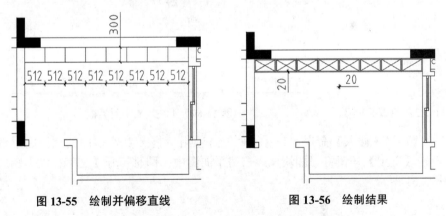

图 13-55　绘制并偏移直线　　　　　　　图 13-56　绘制结果

（10）在【图层】工具栏下拉列表中选择【辅助线】图层。

（11）调用 L【直线】命令，绘制如图 13-57 所示的线段。

（12）在【图层】工具栏下拉列表中选择【家具】图层。

（13）按 Ctrl+O 组合键，在配套光盘提供的"第 13 章 \ 图例文件 .dwg"文件中将书桌、椅子、门套、窗帘等图块复制粘贴至当前图形中，结果如图 13-58 所示。

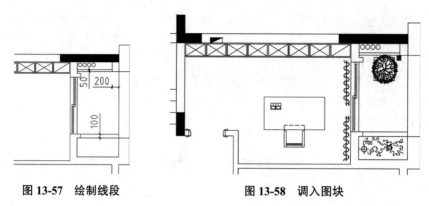

图 13-57　绘制线段　　　　　　　　　　图 13-58　调入图块

（14）调用 REC【矩形】命令、A【圆弧】命令，绘制单扇平开门图形，结果如图 13-59 所示。

（15）选择门图形，调用 B【创建块】命令，在【块定义】对话框中将图块名称设置为"门（1000）"，如图 13-60 所示，单击【确定】按钮关闭对话框以完成门图块的创建。

图 13-59　绘制单扇平开门　　　　　　　图 13-60　【块定义】对话框

（16）调用 I【插入】命令，在【比例】选项组下将 X 文本框中的比例因子设置为 0.82，单击【确定】按钮将门图块调入书房平面图中；同时打开【文字标注】图层，结果如图 13-61 所示。

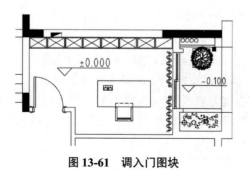

图 13-61　调入门图块

13.3.3 绘制主卧室平面布置图

卧室平面布置图表现了衣帽间、卫生间的平面布置结果。衣帽间主要的家具为衣柜，在绘制衣柜时可以调用【矩形】命令、【偏移】命令等来绘制。卫生间需要绘制墙面瓷砖装饰层，因为洁具是在墙面瓷砖铺贴好之后才安装的。

本节介绍主卧室平面布置图的绘制。

（1）启动 AutoCAD 2022 应用程序，执行【打开】|【文件】命令，打开"别墅三层建筑平面图 .dwg"文件。

（2）执行【文件】|【另存为】命令，将文件另存为"别墅三层平面布置图 .dwg"文件。

（3）关闭【尺寸标注】图层、【文字标注】图层。

（4）在【图层】工具栏下拉列表中选择【墙体】图层。

（5）墙体改造。调用 E【删除】命令，删除待拆除墙体的轮廓线；调用 L【直线】命令、O【偏移】命令，绘制新砌墙体的轮廓线，结果如图 13-62 所示。（由于按照原建筑墙体的砌法，不能最大限度地利用空间；因此重新对墙体进行改造后，可以划定一个封闭的空间作为衣帽间，并且可以重新定义卧室 A 墙面的装饰区域，使电视背景墙左右对称。）

（6）在【图层】工具栏下拉列表中选择【辅助线】图层。

（7）调用 O【偏移】命令，设置偏移距离为 30，选择内墙线向内偏移；调用 TR【修剪】命令，以完成墙面瓷砖层的绘制；调用 L【直线】命令，绘制浴缸位置轮廓线，结果如图 13-63 所示。

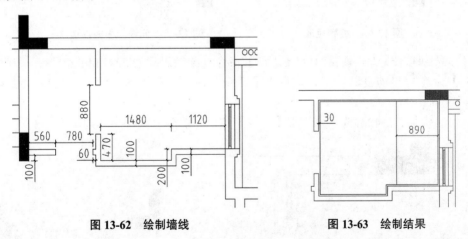

图 13-62 绘制墙线　　　　　　　　　　**图 13-63 绘制结果**

（8）调用 E【删除】命令，删除窗洞轮廓线；调用 L【直线】命令，绘制如图 13-64 所示的线段。

（9）绘制窗帘。调用 O【偏移】命令，偏移线段，并将线段的线型更改为虚线，结果如图 13-65 所示。

（10）在【图层】工具栏下拉列表中选择【家具】图层。

（11）绘制衣柜固定构件外轮廓。调用 REC【矩形】命令，绘制矩形，如图 13-66 所示。

（12）调用 X【分解】命令，分解矩形；调用 O【偏移】命令，向内偏移矩形边，结果如图 13-67 所示。

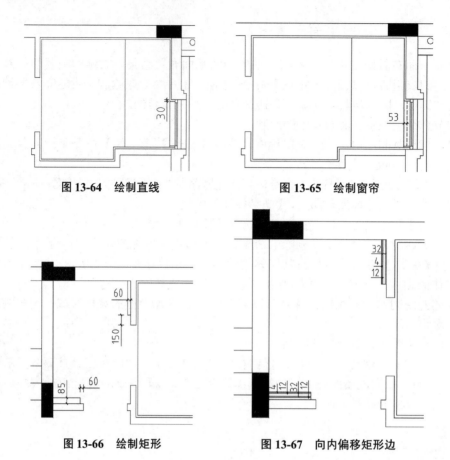

图 13-64　绘制直线　　　　　　　　图 13-65　绘制窗帘

图 13-66　绘制矩形　　　　　　　图 13-67　向内偏移矩形边

（13）绘制木龙骨。调用 REC【矩形】命令，绘制尺寸为 22×32 的矩形；调用 CO【复制】命令，移动复制矩形；调用 L【直线】命令，在矩形内绘制对角线，结果如图 13-68 所示。

（14）绘制衣柜轮廓线。调用 L【直线】命令，绘制直线，结果如图 13-69 所示。

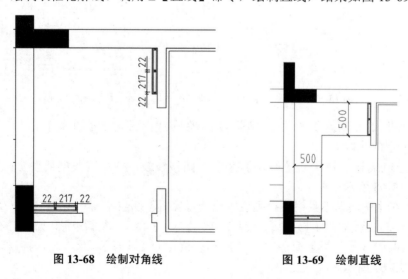

图 13-68　绘制对角线　　　　　　图 13-69　绘制直线

（15）调用 O【偏移】命令、TR【修剪】命令，偏移并修剪衣柜轮廓线，结果如图 13-70 所示。

（16）绘制背景墙实木线。调用 REC【矩形】命令，绘制尺寸为 1050×100 的矩形，结果如图 13-71 所示。

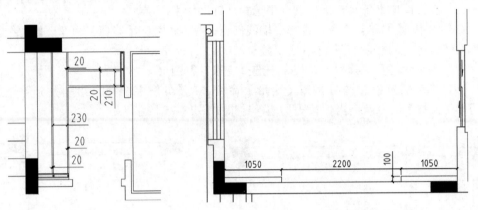

图 13-70　偏移并修剪线段　　　　　　图 13-71　绘制背景墙实木线

（17）在【图层】工具栏下拉列表中选择【家具】图层。

（18）调入图块。按 Ctrl+O 组合键，在配套光盘提供的"第 13 章 \ 图例文件 .dwg"文件中将双人床、洁具等图块复制粘贴至当前图形中，结果如图 13-72 所示。

（19）调用 I【插入】命令，在【比例】选项组下将 X 文本框中的比例因子分别设置为 0.72、0.82，单击【确定】按钮将门图块调入卧室平面图中；同时打开【文字标注】图层，结果如图 13-73 所示。

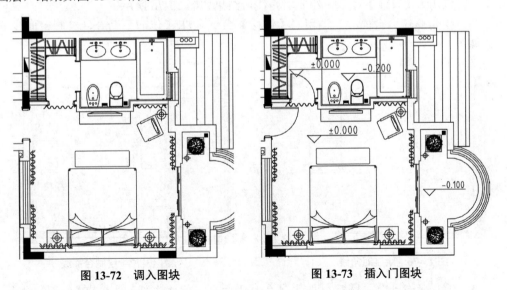

图 13-72　调入图块　　　　　　　　　图 13-73　插入门图块

13.3.4　绘制厨房平面布置图

厨房平面布置图要表现操作台、橱柜的位置、尺寸，操作台上方的吊柜应使用虚线来表示，以便将重叠的图形相区别。

本节介绍厨房平面布置图的绘制方法。

（1）启动 AutoCAD 2022 应用程序，执行【打开】|【文件】命令，打开"13.2 别墅首层建筑平面图 .dwg"文件，在此基础上绘制厨房平面布置图。

（2）在【图层】工具栏下拉列表中选择【辅助线】图层。

（3）调用 O【偏移】命令，选择内墙线向内偏移；调用 TR【修剪】命令，修剪线段，绘制墙砖装饰层的结果如图 13-74 所示。

（4）在【图层】工具栏下拉列表中选择【家具】图层。

（5）绘制储物柜。调用 REC【矩形】命令、X【分解】命令，绘制并分解矩形；调用 O【偏移】命令，向内偏移矩形边，结果如图 13-75 所示。

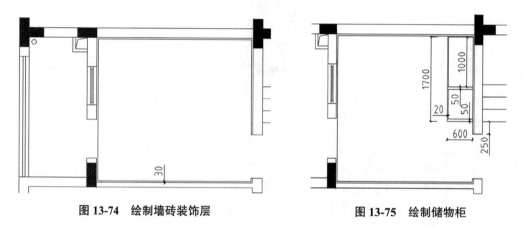

图 13-74   绘制墙砖装饰层   图 13-75   绘制储物柜

（6）调用 L【直线】命令，绘制对角线，结果如图 13-76 所示。

（7）绘制操作台台面线。调用 O【偏移】命令、TR【修剪】命令，绘制台面线的结果如图 13-77 所示。

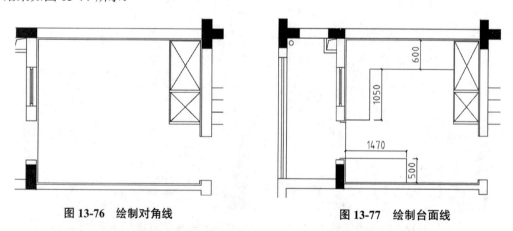

图 13-76   绘制对角线   图 13-77   绘制台面线

（8）绘制操作台上方吊柜。调用 O【偏移】命令，偏移线段；调用 TR【修剪】命令，修剪多余线段，绘制厚度为 360mm 的吊柜的结果如图 13-78 所示。

（9）调用 L【直线】命令，绘制对角线，同时将吊柜轮廓线的线型转换为虚线，结果如图 13-79 所示。

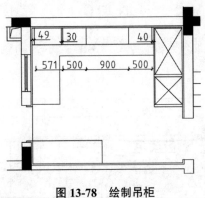

图 13-78　绘制吊柜

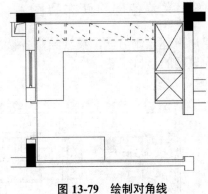

图 13-79　绘制对角线

（10）绘制抽油烟机位。调用 REC【矩形】命令、L【直线】命令，绘制如图 13-80 所示的图形。

（11）调用 C【圆形】命令，在矩形内绘制圆形（*R*=108）；调用 H【图案填充】命令，选择 ANSI31 图案，设置填充比例为 15，对圆形执行填充操作的结果如图 13-81 所示。

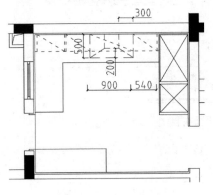
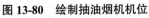

图 13-80　绘制抽油烟机机位

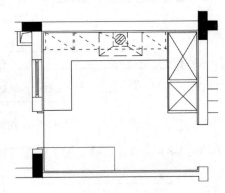

图 13-81　图案填充

（12）调入图块。按 Ctrl+O 组合键，在配套光盘提供的"第 13 章\图例文件 .dwg"文件中将厨具、洗衣机等图块复制粘贴至当前图形中，结果如图 13-82 所示。

（13）调用 I【插入】命令，在【比例】选项组下将 X 文本框中的比例因子分别设置为 0.8、0.82，单击【确定】按钮将门图块调入厨房平面图中；同时打开【文字标注】图层，结果如图 13-83 所示。

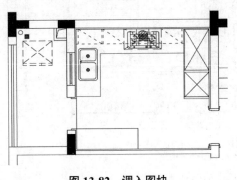

图 13-82　调入图块

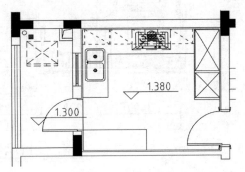

图 13-83　插入门图块

13.3.5 完善各层平面布置图

沿用上述绘制方法，继续绘制各楼层的平面布置图。如图 13-84 所示为别墅首层平面布置图的绘制结果。

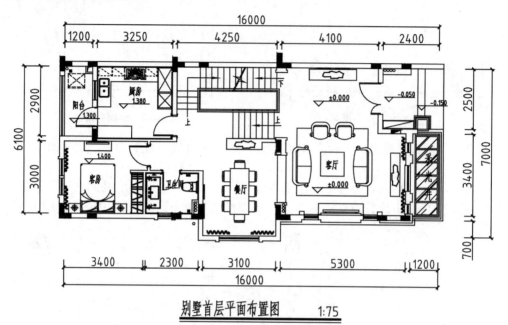

别墅首层平面布置图 1:75

图 13-84 别墅首层平面布置图

如图 13-85 所示为别墅二层平面布置图的绘制结果。

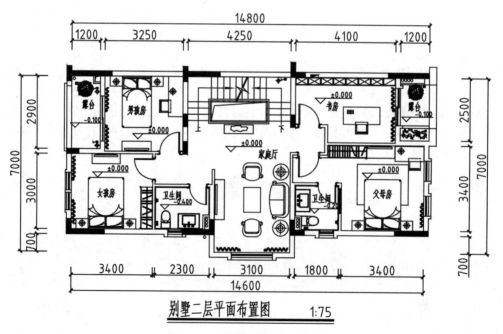

别墅二层平面布置图 1:75

图 13-85 别墅二层平面布置图

如图 13-86 所示为别墅三层平面布置图的绘制结果。

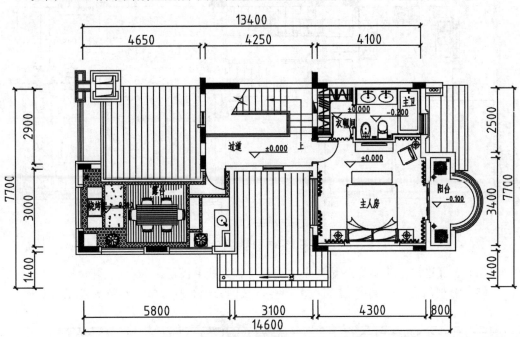

图 13-86   别墅三层平面布置图

13.4   绘制别墅地材图

别墅地材图表示了楼层各区域地面的铺装效果，本节主要介绍别墅首层地材图的绘制，其他楼层地材图请参考首层地材图的绘制方法来绘制。

13.4.1   整理图形

地材图可以在平面布置图的基础上绘制，但是首先要删除平面布置图上的一些图形，如家具图形，以便更好地表现地面铺装的制作效果。

本节介绍整理图形的操作方法。

（1）启动 AutoCAD 2022 应用程序，执行【打开】|【文件】命令，打开"13.3 绘制别墅平面布置图 .dwg"文件。

（2）执行【文件】|【另存为】命令，将文件另存为"别墅首层地面铺装图 .dwg"文件。

（3）整理图形。调用 E【删除】命令，删除首层平面布置图上多余的图形，结果如图 13-87 所示。

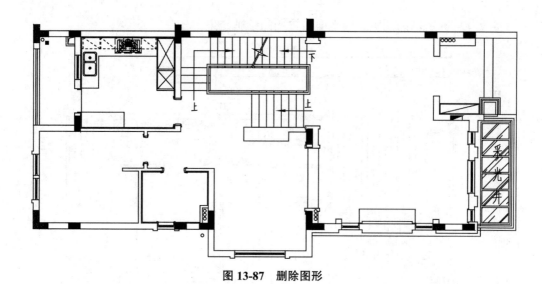

图 13-87　删除图形

（4）在【图层】工具栏下拉列表中选择【辅助线】图层。

（5）绘制门槛线。调用 L【直线】命令，在门口处绘制直线，结果如图 13-88 所示。

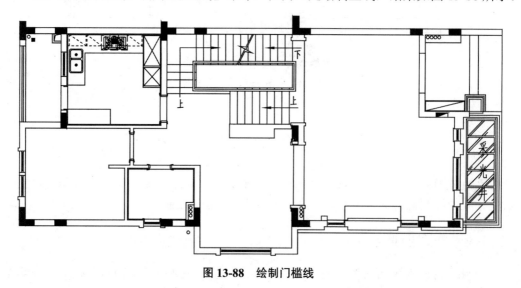

图 13-88　绘制门槛线

13.4.2　绘制客餐厅地面铺装图

客厅、餐厅的地面制作了装饰造型，在绘制的过程中，首先绘制造型轮廓线，然后再调用【图案填充】命令，对其执行图案填充操作。

本节介绍客餐厅地面铺装图的绘制方法。

（1）绘制铺装轮廓线。调用 REC【矩形】命令，绘制矩形；调用 O【偏移】命令，设置偏移距离为 100，选择矩形向内偏移。

（2）调用 L【直线】命令，绘制对角线；调用 X【分解】命令，分解内矩形；调用 O【偏移】命令，向内偏移矩形边，结果如图 13-89 所示。

（3）调用 REC【矩形】命令，绘制尺寸为 80×80 的矩形；调用 RO【旋转】命令，设置旋转角度为 45°，对矩形执行旋转操作，结果如图 13-90 所示。

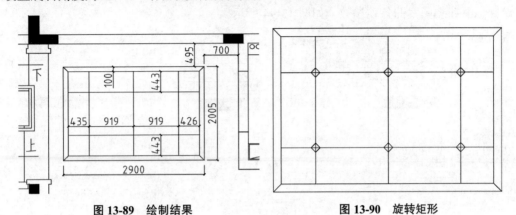

图 13-89　绘制结果　　　　　　　　　　　　　图 13-90　旋转矩形

（4）调用 X【分解】命令，分解矩形；调用 O【偏移】命令，设置偏移距离为 260，选择矩形边往外偏移，结果如图 13-91 所示。

（5）按 Enter 键，重复调用 O【偏移】命令，设置偏移距离为 50，继续往外偏移线段；调用 TR【修剪】命令，修剪多余线段，结果如图 13-92 所示。

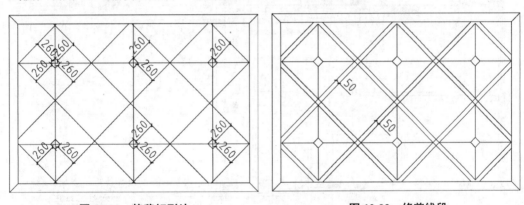

图 13-91　偏移矩形边　　　　　　　　　　　　图 13-92　修剪线段

（6）重复上述操作，继续绘制餐厅地面铺装轮廓线，结果如图 13-93 所示。

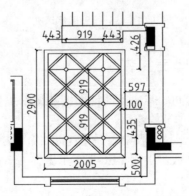

图 13-93　绘制餐厅地面铺装轮廓线

（7）新建【填充】图层，颜色为【颜色 30】，并将其置为当前图层。

（8）调用 H【图案填充】命令，系统弹出【图案填充和渐变色】对话框，在其中设置地面铺装图案的各项参数，如图 13-94 所示。

图 13-94　设置参数

（9）在平面图中点取各填充区域，绘制图案填充的结果如图 13-95 所示。

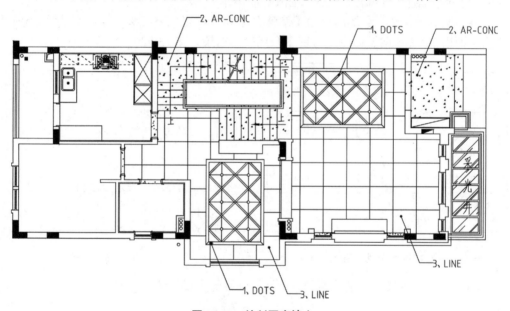

图 13-95　绘制图案填充

13.4.3　绘制其他区域地面铺装图

其他区域如厨房、卫生间、客房等的地面铺装图都可以通过【图案填充】命令来绘制，具体绘制方法请参考本节的介绍。

（1）在【图层】工具栏下拉列表中选择【辅助线】图层。

（2）绘制地面铺装轮廓线。调用 REC【矩形】命令、O【偏移】命令，绘制并偏移矩形，结果如图 13-96 所示。

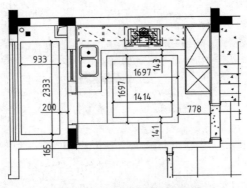

图 13-96　绘制地面铺装轮廓线

（3）在【图层】工具栏下拉列表中选择【填充】图层。

（4）调用 H【图案填充】命令，在【图案填充和渐变色】对话框中设置填充参数，然后在绘图区中拾取填充区域，绘制图案填充的结果如图 13-97 所示。

图 13-97　绘制填充图案

（5）按 Enter 键，在【图案填充和渐变色】对话框中更改填充参数，然后在地面图中拾取填充区域，填充操作的结果如图 13-98 所示。

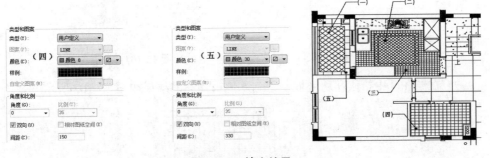

图 13-98　填充结果

（6）单击右键，在弹出的快捷菜单中选择【重复 HATCH】选项；重新调出【图案填充和渐变色】对话框，在其中修改图案的填充参数，如图 13-99 所示。

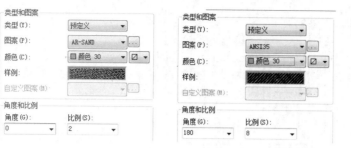

图 13-99　修改参数

（7）对地面图执行图案填充的结果如图 13-100 所示。

（8）按 Enter 键，在【图案填充和渐变色】对话框中设置木地板图案的参数，如图 13-101 所示。

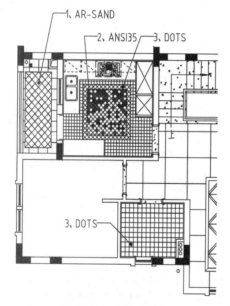

图 13-100　填充结果

图 13-101　设置参数

（9）在绘图区中拾取客房区域，绘制木地板图案的结果如图 13-102 所示。

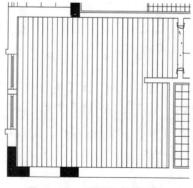

图 13-102　绘制木地板图案

（10）调入图块。按 Ctrl+O 组合键，在配套光盘提供的"第 13 章 \ 图例文件 .dwg"文件中将分石线符号复制粘贴至当前图形中，结果如图 13-103 所示。

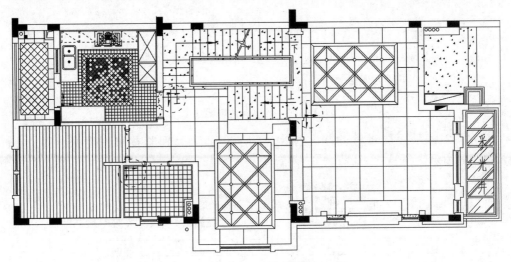

图 13-103　调入图块

（11）在【图层】工具栏下拉列表中选择【文字标注】图层。

（12）调用 MLD【多重引线】命令，绘制材料标注，结果如图 13-104 所示。

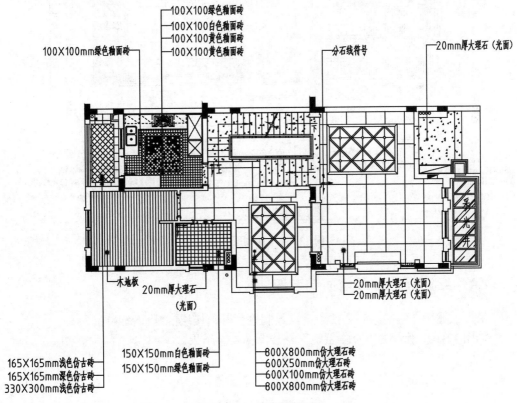

图 13-104　绘制材料标注

（13）调用 MT【多行文字】命令，绘制备注说明文字，结果如图 13-105 所示。

备注：

1、卫生间地面白色：绿色釉面砖的比例为3：7。

2、厨房拼花地面铺贴白色：黄色：绿色釉面砖的比例为3：3：4。

3、地面所有大理石均采用密拼缝法。

图 13-105　绘制备注说明文字

（14）双击平面图下方的图名标注，将其更改为"别墅首层地面铺装图"，如图 13-106 所示。

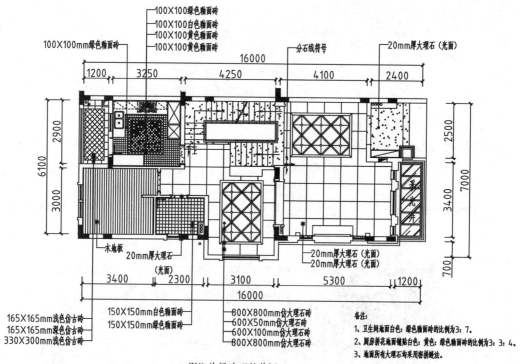

图 13-106　绘制图名标注

13.4.4　绘制其他各层地面铺装图

沿用上述所介绍的绘制方法，继续绘制别墅其他楼层的地面铺装图。

如图 13-107 所示为别墅二层地面铺装图的绘制结果。

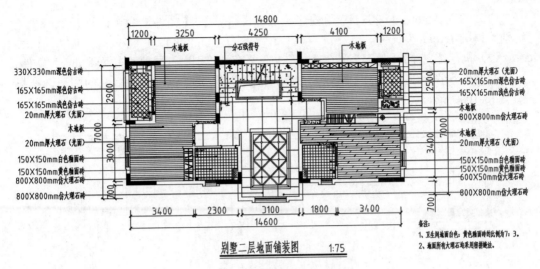

图 13-107　别墅二层地面铺装图

如图 13-108 所示为别墅三层地面铺装图的绘制结果。

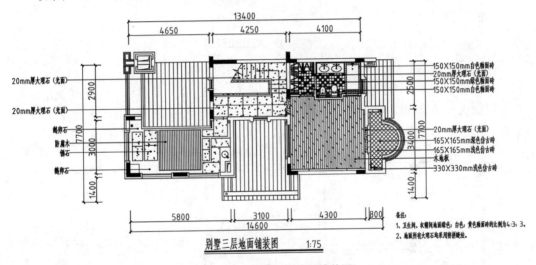

图 13-108　别墅三层地面铺装图

13.5　绘制别墅顶棚图

本节介绍别墅首层顶棚图的绘制方法，其他楼层的顶棚图均可沿用绘制首层顶棚图的方法来绘制。

13.5.1　整理图形

在绘制顶棚图前照例需要先调用平面布置图并对图形执行整理操作，请阅读本节关于整理图形的介绍。

（1）启动 AutoCAD 2022 应用程序，执行【打开】|【文件】命令，打开"13.5 绘制别墅顶棚图 .dwg"文件。

（2）执行【文件】|【另存为】命令，将文件另存为"别墅首层顶面布置图 .dwg"文件。

（3）整理图形。调用 E【删除】命令，删除首层平面布置图上多余的图形，结果如图 13-109 所示。

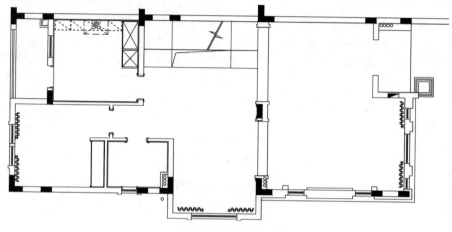

图 13-109　整理图形

（4）在【图层】工具栏下拉列表中选择【辅助线】图层。

（5）调用 L【直线】命令，在门洞处绘制直线以连接门套图形，并在其他门洞处绘制门槛线，结果如图 13-110 所示。

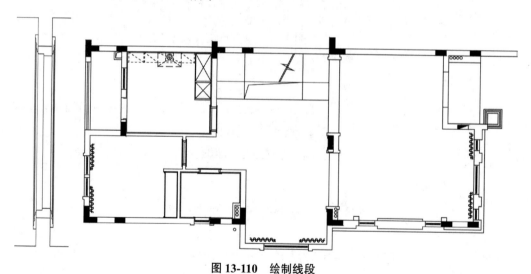

图 13-110　绘制线段

13.5.2　绘制顶棚图

各室内区域的顶棚都根据装修风格及层高来设计造型或者选用材料。在绘制顶棚图时，可以先绘制顶棚造型线的外轮廓线，然后再细化图形，假如需要图案来辅助说明，则可以调用【图案填充】命令来绘制填充图案。

本节介绍首层各区域顶棚图的绘制。

（1）绘制客厅顶棚装饰造型。调用 REC【矩形】命令、O【偏移】命令，绘制并偏移矩形；调用 L【直线】命令，绘制对角线，结果如图 13-111 所示。

（2）绘制石膏平线。调用 O【偏移】命令，偏移矩形，结果如图 13-112 所示。

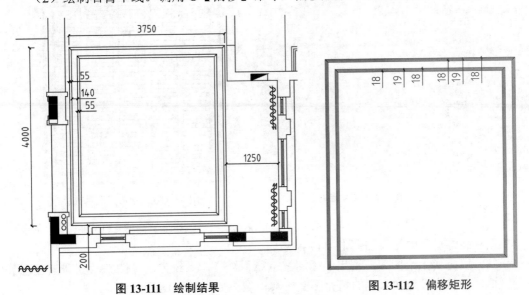

图 13-111　绘制结果　　　　　　　　　　图 13-112　偏移矩形

（3）绘制灯带。调用 O【偏移】命令，设置偏移距离为 35，偏移矩形，并将偏移得到的矩形的线型更改为虚线，结果如图 13-113 所示。

（4）绘制饰面板。调用 X【分解】命令，分解矩形；调用 O【偏移】命令、TR【修剪】命令，偏移并修剪矩形边，结果如图 13-114 所示。

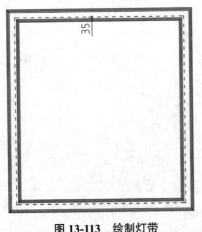
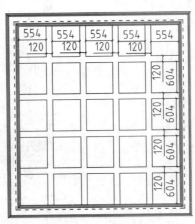

图 13-113　绘制灯带　　　　　　　　　　图 13-114　绘制饰面板

（5）调用 H【图案填充】命令，在【图案填充和渐变色】对话框中设置图案参数，如图 13-115 所示。

（6）在顶面图中拾取饰面板轮廓，绘制图案填充的结果如图 13-116 所示。

图 13-115　设置图案参数

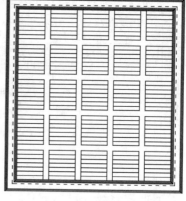

图 13-116　绘制图案填充

（7）绘制餐厅顶棚造型。调用 REC【矩形】命令、O【偏移】命令、TR【修剪】命令，绘制顶棚装饰造型的结果如图 13-117 所示。

（8）填充实木线图案。调用 H【图案填充】命令，系统弹出【图案填充和渐变色】对话框，在其中设置实木线的填充图案参数，结果如图 13-118 所示。

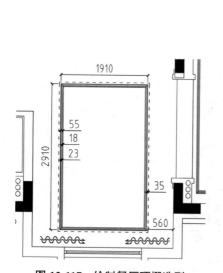

图 13-117　绘制餐厅顶棚造型

图 13-118　【图案填充和渐变色】对话框

（9）在餐厅顶棚图中拾取填充区域，填充实木线图案的结果如图 13-119 所示。

（10）按 Enter 键，重新调出【图案填充和渐变色】对话框，在其中更改填充角度为 0，在顶面图中拾取填充区域，操作结果如图 13-120 所示。

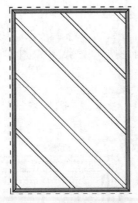
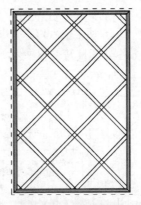

　　图 13-119　填充实木线图案　　　　**图 13-120　操作结果**

　　（11）绘制客房石膏角线。调用 O【偏移】命令，选择内墙线向内偏移；调用 F【圆角】命令，修剪线段，结果如图 3-121 所示。

　　（12）调用 O【偏移】命令、TR【修剪】命令、L【直线】命令，细化石膏角线图形，结果如图 13-122 所示。

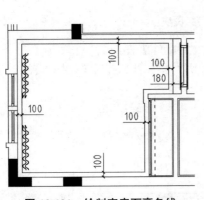
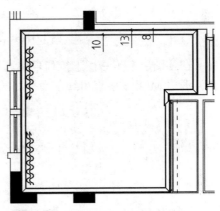

　　图 13-121　绘制客房石膏角线　　　　**图 13-122　细化石膏角线图形**

　　（13）绘制顶面造型。调用 REC【矩形】命令、O【偏移】命令、L【直线】命令，调用 O【偏移】命令，绘制客房顶面造型，结果如图 13-123 所示。

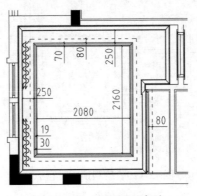

　　图 13-123　绘制顶面造型

（14）在【图层】工具栏下拉列表中选择【家具】图层。

（15）调入图块。按 Ctrl+O 组合键，在配套光盘提供的"第 13 章\图例文件 .dwg"文件中将各类灯具符号复制粘贴至当前图形中，结果如图 3-124 所示。

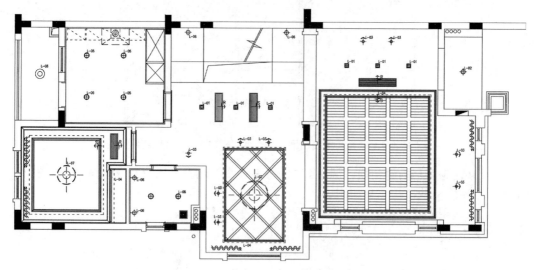

图 13-124　调入灯具图块

（16）在【图层】工具栏下拉列表中选择【文字标注】图层。

（17）调用 MLD【多重引线】命令，绘制顶面材料标注，结果如图 13-125 所示。

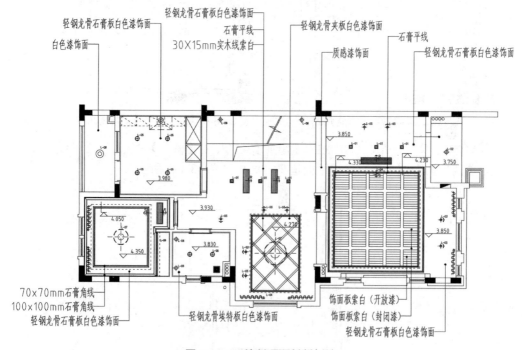

图 13-125　绘制顶面材料标注

（18）绘制图例表。调用 REC【矩形】命令、L【直线】命令，绘制表格；调用 CO【复制】命令，从顶面图中移动复制灯具图例至表格中；调用 MT【多行文字】命令，绘制说明文字，结果如图 13-126 所示。

图例					
符号	内容	符号	内容	符号	内容
电箱位（强电箱位）	电箱位（强电箱位）	⊕ L-05	西顿 CYW13/Φ170×80mm/13W 防雾筒灯	⊣	冷气出风口
L-01	西顿 CSS801A-M/132×132×122mm/MR16 12V MAX 50W 2700K/射灯（开孔Φ110×110mm）	⊕ L-06	壁灯	⊣	冷气回风口
L-02	西顿 CYT334/142×112×80mm/220V E27/MAX 1×60W 筒灯（开孔Φ130mm）	L-07 天花吊灯	L-07 天花吊灯		白色铝质，冷气回风百叶
L-03	西顿 CST1704A/Φ83×26mm/12V MR16 MAX 50W 射灯（开孔Φ72mm）	L-08 吸顶灯	L-08 吸顶灯		
L-04	西顿 CYZ28-T5/1172×22×33mm/28W 21W/2700K(暗藏T5灯管)	排气扇规格：250×250×150mm 开孔直径:206×206mm	排气扇规格：250×250×150mm 开孔直径:206×206mm		

图 13-126　绘制图例表

（19）双击平面图下方的图名标注，将其更改为"别墅首层顶面布置图"，结果如图 13-127 所示。

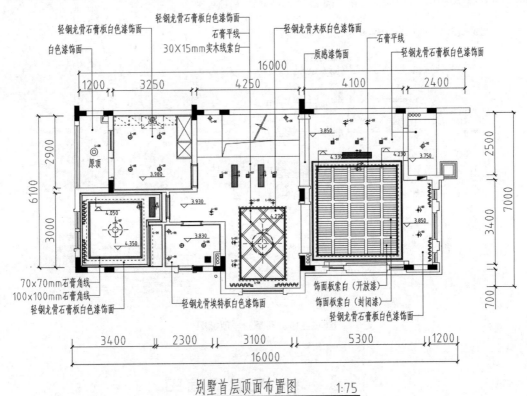

别墅首层顶面布置图　　1:75

图 13-127　绘制图名标注

13.5.3　绘制其他楼层顶面布置图

沿用上述介绍的绘图方法，继续绘制别墅其他楼层的顶面图。

如图 13-128 所示为别墅二层顶棚图的绘制结果。

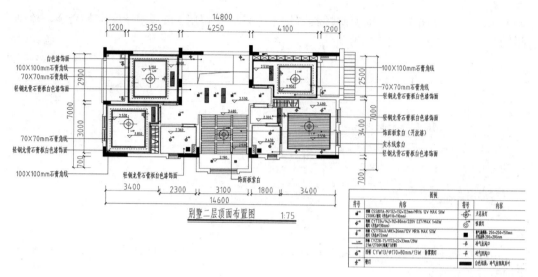

图 13-128　别墅二层顶棚图

如图 13-129 所示为别墅三层顶棚图的绘制结果。

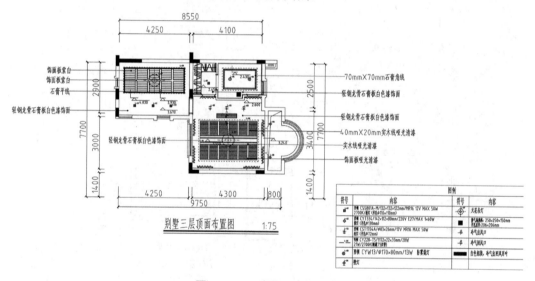

图 13-129　别墅三层顶棚图

13.6　绘制别墅立面图

本节介绍别墅立面图的绘制，包括客厅 C 立面图、主卧室 A 立面图、厨房 B 立面图。

13.6.1　绘制客厅 C 立面图

客厅 C 立面图表现的是壁炉所在墙面的装饰效果。在绘制 C 立面图时，需要表现墙面造型的制作效果、原建筑图形（如楼梯、窗）的位置、尺寸，以及后期所做造型与原建筑图形的关系。具体的绘制方法请阅读本节的介绍。

（1）按 Ctrl+O 组合键，打开 "13.3 绘制别墅平面布置图" 文件。

（2）在【图层】工具栏下拉列表中选择【家具】图层。

（3）调入立面指向符号。按 Ctrl+O 组合键，在配套光盘提供的 "第 13 章 / 图例文件 .dwg" 文件中将立面指向符号复制粘贴至别墅首层平面布置图中，如图 13-130 所示。

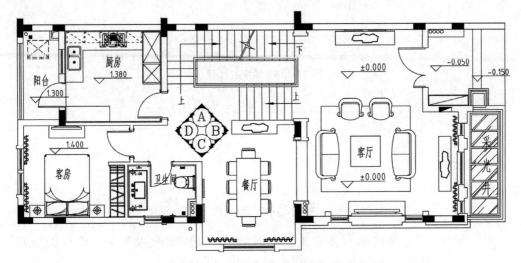

图 13-130　调入立面指向符号

（4）新建【立面轮廓线】图层，颜色为【绿色】，并将其置为当前图层。

（5）绘制立面图外轮廓。调用 REC【矩形】命令、O【偏移】命令、TR【修剪】命令，绘制如图 13-131 所示的图像。

（6）绘制立面窗。调用 L【直线】命令、O【偏移】命令，绘制并偏移线段；调用 TR【修剪】命令，修剪线段，绘制窗洞的结果如图 13-132 所示。

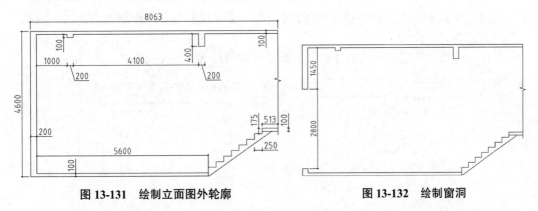

图 13-131　绘制立面图外轮廓 **图 13-132　绘制窗洞**

（7）调用 O【偏移】命令、TR【修剪】命令，绘制立面窗，结果如图 13-133 所示。

（8）绘制吊顶。调用 O【偏移】命令，偏移立面轮廓线；调用 TR【修剪】命令，修剪线段，绘制吊顶轮廓线的结果如图 13-134 所示。

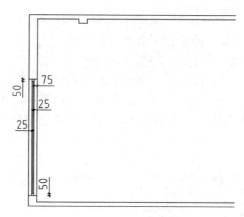

图 13-133　绘制立面窗

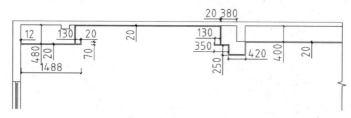

图 13-134　绘制吊顶

（9）绘制灯带。调用 PL【多段线】命令，设置多段线的宽度为 10，绘制多段线以表示灯带，并将线段的线型设置为虚线，结果如图 13-135 所示。

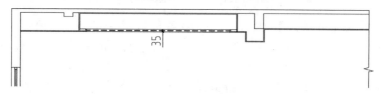

图 13-135　绘制灯带

（10）绘制装饰柱。调用 O【偏移】命令、L【直线】命令，绘制立面装饰柱图形，结果如图 13-136 所示。

（11）绘制背景墙。调用 O【偏移】命令，偏移线段，结果如图 13-137 所示。

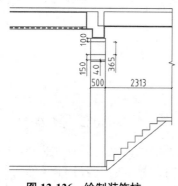

图 13-136　绘制装饰柱

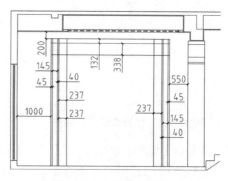

图 13-137　绘制背景墙

（12）调用 A【圆弧】命令，绘制圆弧，结果如图 13-138 所示。

（13）调用 E【删除】命令、TR【修剪】命令，删除或修剪线段，结果如图 13-139 所示。

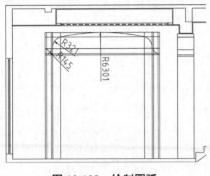 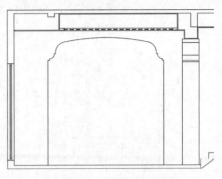

图 13-138　绘制圆弧　　　　　　　　**图 13-139　删除或修剪线段**

（14）调用 CO【复制】命令、O【偏移】命令，复制上一步骤所绘制的轮廓线，结果如图 13-140 所示。

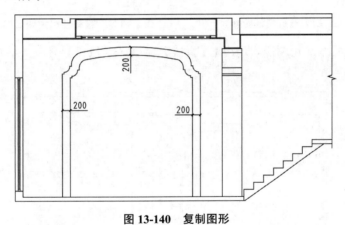

图 13-140　复制图形

（15）绘制原建筑窗。调用 REC【矩形】命令、X【分解】命令，绘制并分解矩形；调用 O【偏移】命令、TR【修剪】命令，偏移并修剪矩形边，结果如图 13-141 所示。

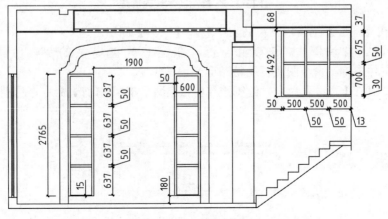

图 13-141　绘制原建筑窗

（16）绘制大理石装饰轮廓线。调用 O【偏移】命令、TR【修剪】命令，绘制如图 13-142 所示的图形。

（17）绘制楼梯大理石饰面。调用 O【偏移】命令、TR【修剪】命令，绘制大理石装饰轮廓线，如图 13-143 所示。

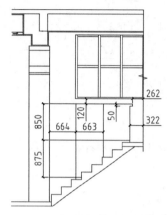

图 13-142　绘制大理石装饰轮廓线

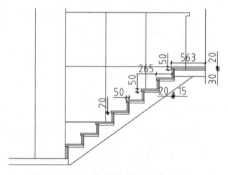

图 13-143　绘制楼梯大理石饰面

（18）绘制实木线轮廓线。调用 L【直线】命令、O【偏移】命令，绘制并偏移直线，结果如图 13-144 所示。

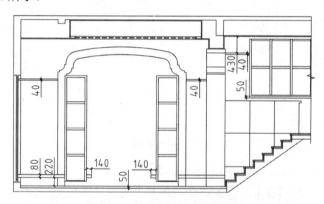

图 13-144　绘制实木线轮廓线

（19）在【图层】工具栏下拉列表中选择【家具】图层。

（20）调入图块。按 Ctrl+O 组合键，在配套光盘提供的"第 13 章\图例文件 .dwg"文件中将实木线图块复制粘贴至当前图形中。

（21）调用 L【直线】命令，绘制连接直线；调用 TR【修剪】命令，修剪多余线段，结果如图 13-145 所示。

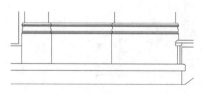

图 13-145　调入图块

（22）重复上述操作，调入实木线图块并绘制连接直线的结果如图 13-146 所示。

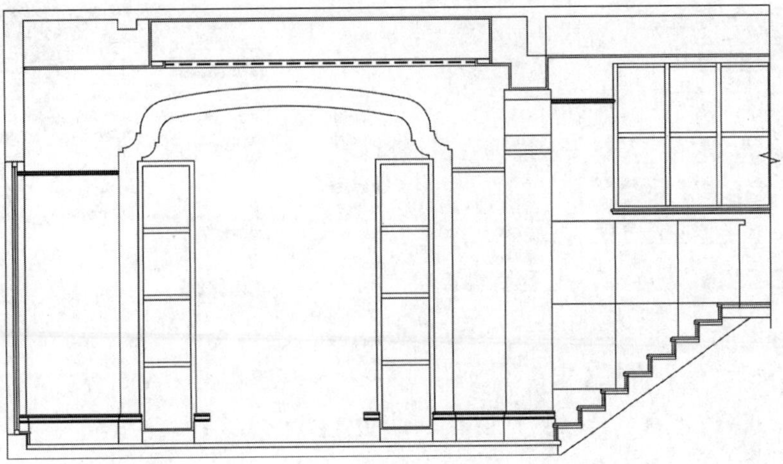

图 13-146 操作结果

（23）从"第 13 章\图例文件 .dwg"文件中调入石膏角线、饰面板截面图形，调用 L【直线】命令，绘制连接直线，结果如图 13-147 所示。

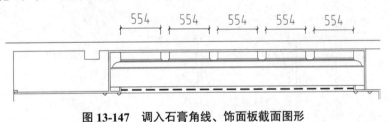

图 13-147 调入石膏角线、饰面板截面图形

（24）从"第 13 章\图例文件 .dwg"文件中调入壁炉图形，如图 13-148 所示。

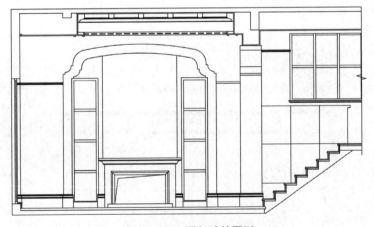

图 13-148 调入壁炉图形

（25）在【图层】工具栏下拉列表中选择【填充】图层。

（26）调用 H【图案填充】命令，在弹出的【图案填充和渐变色】对话框中设置立面图装饰图案的参数，如图 13-149 所示。

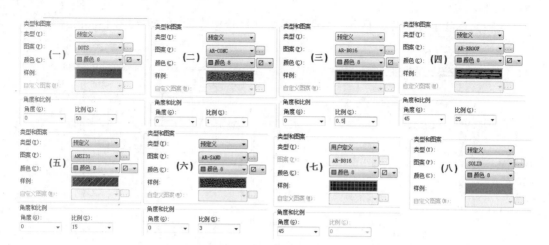

图 13-149 设置参数

（27）在立面图中拾取填充区域，填充图案的结果如图 13-150 所示。

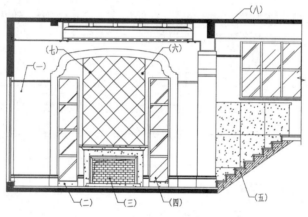

图 13-150 填充图案

（28）在【图层】工具栏下拉列表中选择【家具】图层。

（29）调入图块。按 Ctrl+O 组合键，在配套光盘提供的"第 13 章 \ 图例文件 .dwg"文件中将窗帘、装饰画等图块复制粘贴至当前图形中，如图 13-151 所示。

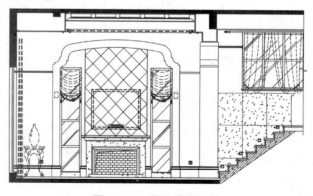

图 13-151 调入家具图块

（30）在【图层】工具栏下拉列表中选择【尺寸标注】图层。

（31）调用 DLI【线性标注】命令，绘制立面图尺寸标注，结果如图 13-152 所示。

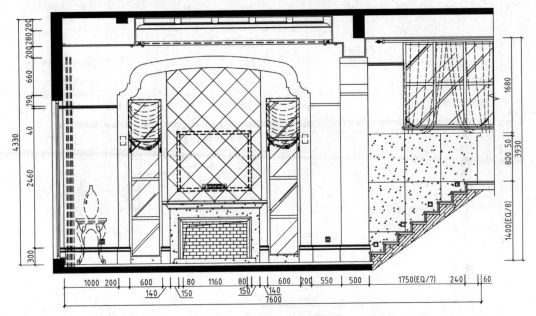

图 13-152　绘制尺寸标注

（32）在【图层】工具栏下拉列表中选择【文字标注】图层。

（33）调用 MLD【多重引线】命令，绘制引线标注，结果如图 13-153 所示。

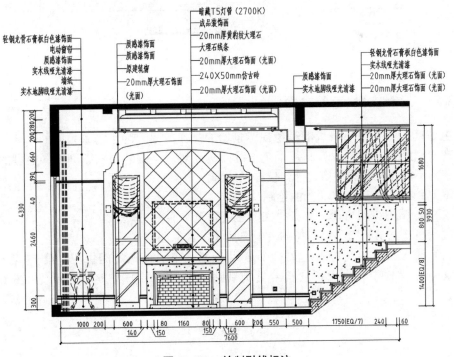

图 13-153　绘制引线标注

　　（34）调用 C【圆形】命令、MT【多行文字】命令、PL【多段线】命令，绘制图名标注，结果如图 13-154 所示。

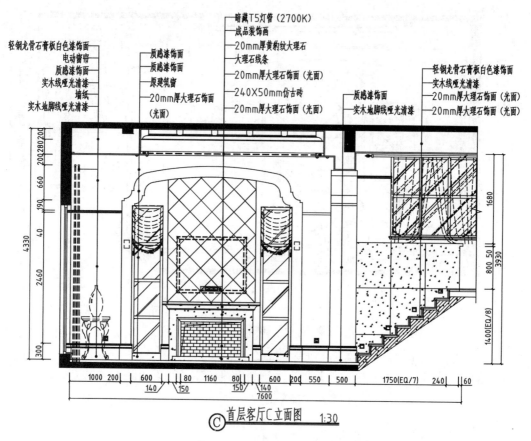

图 13-154　绘制图名标注

13.6.2　绘制主卧室 A 立面图

　　主卧室 A 立面图所表现的是电视背景墙的制作效果。为了与衣帽间的平开门相对称，在衣帽间的右侧也设计制作了实木线门套，然后再安装与衣帽间相同类型的平开门，该门不具有实际的使用功能，仅提供装饰。

　　本节介绍主卧室 A 立面图的绘制。

　　（1）按 Ctrl+O 组合键，打开"别墅三层建筑平面图 .dwg"文件。

　　（2）在【图层】工具栏下拉列表中选择【家具】图层。

　　（3）调入立面指向符号。按 Ctrl+O 组合键，在配套光盘提供的"第 13 章 \ 图例文件 .dwg"文件中将立面指向符号复制粘贴至别墅三层平面布置图中，如图 13-155 所示。

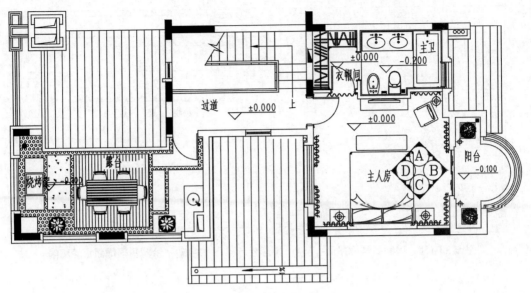

图 13-155　调入立面指向符号

（4）在【图层】工具栏下拉列表中选择【立面轮廓线】图层。

（5）绘制立面轮廓线。调用 REC【矩形】命令、X【分解】命令，绘制并分解矩形；调用 O【偏移】命令、TR【修剪】命令，偏移并修剪矩形边，结果如图 13-156 所示。

（6）绘制立面门窗。调用 O【偏移】命令、TR【修剪】命令、L【直线】命令，绘制立面门窗图形，结果如图 13-157 所示。

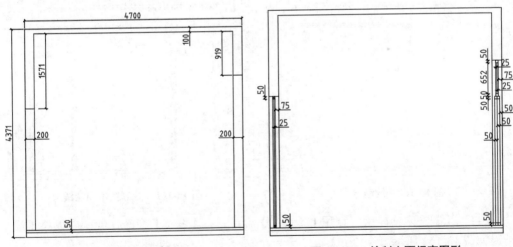

图 13-156　绘制立面轮廓线　　　　**图 13-157　绘制立面门窗图形**

（7）绘制石膏板吊顶。调用 L【直线】命令、O【偏移】命令，绘制并偏移直线；调用 TR【修剪】命令，修剪线段，绘制石膏板吊顶轮廓线的结果如图 13-158 所示。

（8）绘制吊顶饰面板轮廓线。调用 O【偏移】命令、TR【修剪】命令，偏移并修剪线段，结果如图 13-159 所示。

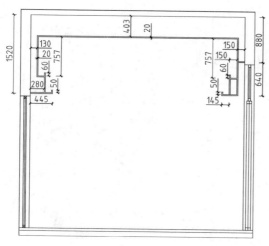

图 13-158　绘制石膏板吊顶

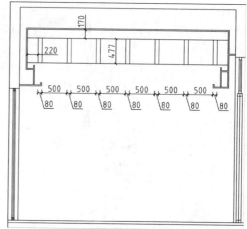

图 13-159　绘制吊顶饰面板轮廓线

（9）绘制灯带。调用 L【直线】命令，绘制闭合直线；调用 PL【多段线】命令，绘制宽度为 10 的虚线来表示灯带，结果如图 13-160 所示。

（10）绘制实木门套线。调用 REC【矩形】命令、O【偏移】命令，绘制并偏移矩形；调用 L【直线】命令，绘制对角线，结果如图 13-161 所示。

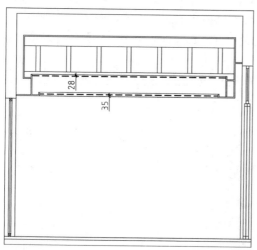

图 13-160　绘制灯带

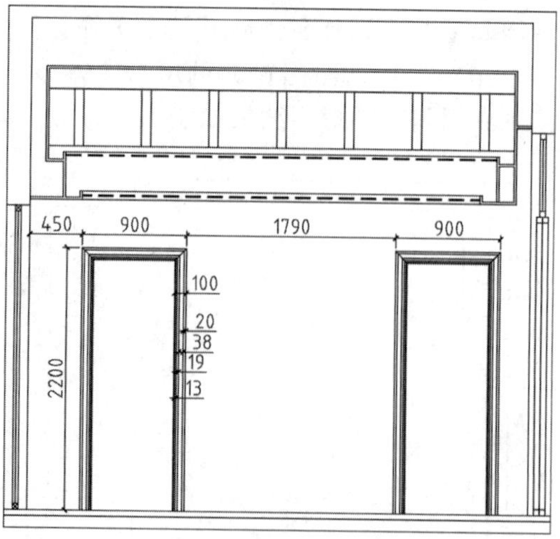

图 13-161　绘制实木门套线

（11）绘制实木线轮廓。调用 L【直线】命令、O【偏移】命令，绘制并偏移直线，结果如图 13-162 所示。

（12）在【图层】工具栏下拉列表中选择【家具】图层。

（13）调入图块。按 Ctrl+O 组合键，在配套光盘提供的"第 13 章 \ 图例文件 .dwg"文件中将实木线图块复制粘贴至当前图形中。

（14）调用 L【直线】命令，绘制连接直线；调用 TR【修剪】命令，修剪多余线段，结果如图 13-163 所示。

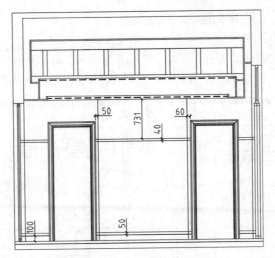

图 13-162　绘制实木线轮廓

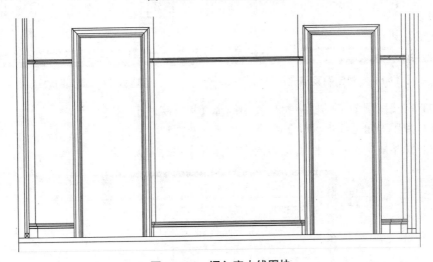

图 13-163　调入实木线图块

（15）在【图层】工具栏下拉列表中选择【填充】图层。

（16）调用 H【图案填充】命令，在弹出的【图案填充和渐变色】对话框中设置立面图图案参数，如图 13-164 所示。

图 13-164　设置参数

（17）在立面图中拾取填充区域，绘制图案填充的结果如图 13-165 所示。

（18）在【图层】工具栏下拉列表中选择【家具】图层。

（19）调入图块。按 Ctrl+O 组合键，在配套光盘提供的"第 13 章 \ 图例文件 .dwg"文件中将灯带、窗帘等图块复制粘贴至立面图中，如图 13-166 所示。

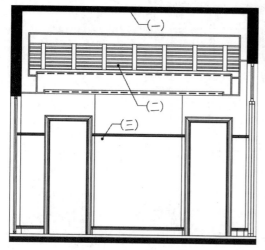

图 13-165　绘制图案填充

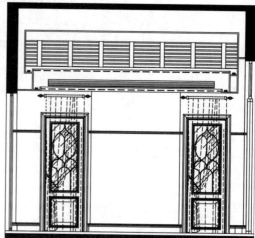

图 13-166　调入图块

（20）在【图层】工具栏下拉列表中选择【尺寸标注】图层。

（21）调用 DLI【线性标注】命令，绘制立面图尺寸标注，结果如图 13-167 所示。

（22）在【图层】工具栏下拉列表中选择【文字标注】图层。

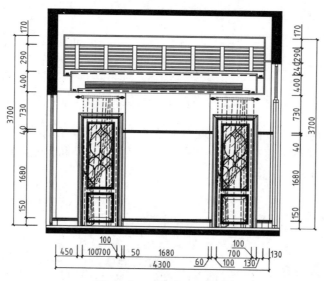

图 13-167　绘制尺寸标注

（23）调用 MLD【多重引线】命令，绘制材料标注文字，结果如图 13-168 所示。

（24）调用 C【圆形】命令、MT【多行文字】命令、PL【多段线】命令，绘制图名标注，结果如图 13-169 所示。

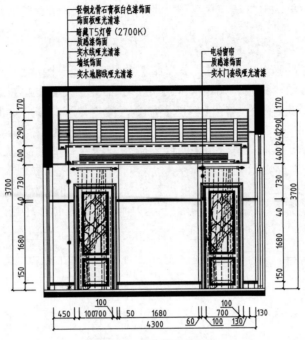

图 13-168 绘制引线标注

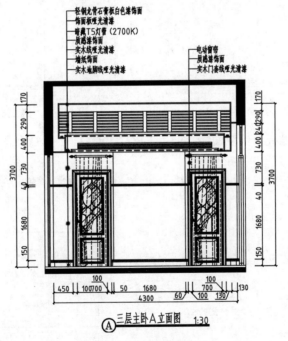

图 13-169 绘制图名标注

13.6.3 绘制厨房 B 立面图

厨房 B 立面图表现的是厨房平开门所在墙面的装饰效果。在绘制立面图时需要表现橱柜的制作效果，包括橱柜内区域的划分、面板的制作效果以及平开门的安装效果等。

具体的绘制方法请阅读本节的介绍。

（1）在【图层】工具栏下拉列表中选择【立面轮廓线】图层。

（2）绘制立面图轮廓线。调用 REC【矩形】命令、X【分解】命令，绘制并分解矩形；调用 O【偏移】命令、TR【修剪】命令，向内偏移并修剪矩形边，以完成立面图外轮廓的绘制。

（3）绘制石膏板吊顶。调用 O【偏移】命令、TR【修剪】命令、L【直线】命令，绘制吊顶轮廓线，结果如图 13-170 所示。

（4）绘制橱柜轮廓线。调用 L【直线】命令，绘制橱柜外轮廓线；调用 O【偏移】命令、TR【修剪】命令，偏移并修剪线段，绘制结果如图 13-171 所示。

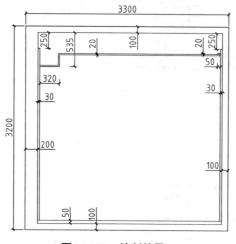

图 13-170　绘制结果

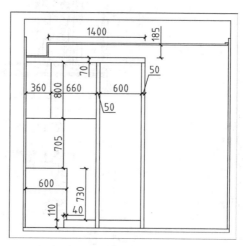

图 13-171　绘制橱柜轮廓线

（5）绘制柜内隔板及橱柜面板。调用 REC【矩形】命令、O【偏移】命令、L【直线】命令，绘制如图 13-172 所示的图形。

（6）绘制微波炉位。调用 L【直线】命令、O【偏移】命令，绘制并偏移直线，结果如图 13-173 所示。

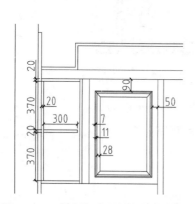

图 13-172　绘制柜内隔板及橱柜面板

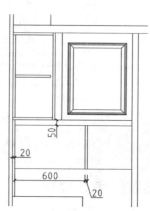

图 13-173　绘制微波炉位

（7）绘制橱柜面板。调用 REC【矩形】命令、X【分解】命令，绘制并分解矩形；调用 O【偏移】命令，向内偏移矩形边；调用 A【圆弧】命令，绘制圆弧，结果如图 13-174 所示。

（8）调用 TR【修剪】命令，修剪线段；调用 O【偏移】命令，向内偏移面板轮廓线；调用 L【直线】命令，绘制对角线，结果如图 13-175 所示。

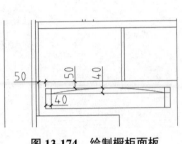

图 13-174　绘制橱柜面板

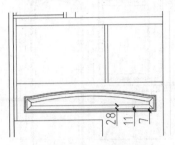

图 13-175　绘制结果

（9）绘制柜内隔板。调用 O【偏移】命令、TR【修剪】命令，可以完成图形的绘制，结果如图 13-176 所示。

（10）绘制橱柜面板。调用 REC【矩形】命令、O【偏移】命令、A【圆弧】命令、L【直线】命令，绘制面板轮廓线，结果如图 13-177 所示。

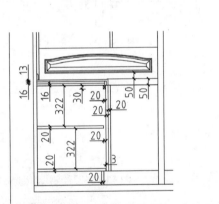

图 13-176　绘制柜内隔板

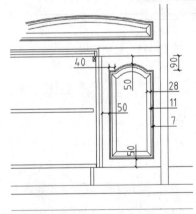

图 13-177　绘制橱柜面板

（11）完成上述操作，继续绘制其他的橱柜面板图形，结果如图 13-178 所示。

（12）绘制实木线。调用 A【圆弧】命令、TR【修剪】命令，绘制圆弧并修剪多余的线段，结果如图 13-179 所示。

（13）调用 O【偏移】命令，偏移线段；调用 TR【修剪】命令，修剪线段，绘制实木线条细部的结果如图 13-180 所示。

（14）绘制橱柜装饰线条。调用 REC【矩形】命令，绘制矩形；调用 L【直线】命令，绘制对角线，结果如图 13-181 所示。

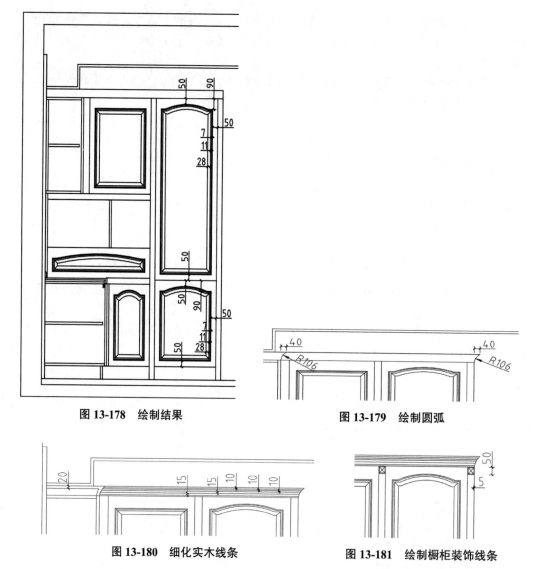

图 13-178   绘制结果

图 13-179   绘制圆弧

图 13-180   细化实木线条

图 13-181   绘制橱柜装饰线条

（15）调用 REC【矩形】命令，绘制尺寸为 2232×3 的矩形；调用 CO【复制】命令，移动复制矩形，结果如图 13-182 所示。

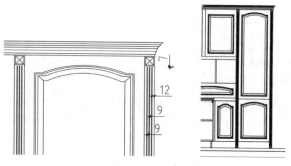

图 13-182   绘制并复制矩形

（16）绘制实木门套线。调用 O【偏移】命令、TR【修剪】命令，偏移并修剪线段；调用 L【直线】命令，绘制对角线，结果如图 13-183 所示。

（17）在【图层】工具栏下拉列表中选择【家具】图层。

（18）调入图块。按 Ctrl+O 组合键，在配套光盘提供的"第 13 章 \ 图例文件 .dwg"文件中将微波炉、把手等图块复制粘贴至立面图中，如图 13-184 所示。

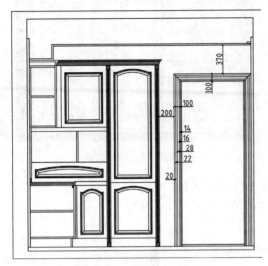

图 13-183　绘制实木门套线

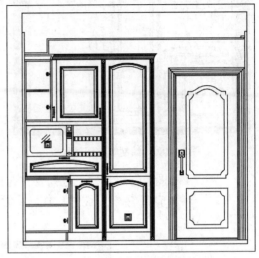

图 13-184　调入图块

（19）在【图层】工具栏下拉列表中选择【填充】图层。

（20）调用 H【图案填充】命令，在【图案填充和渐变色】对话框中设置图案填充的参数，如图 13-185 所示。

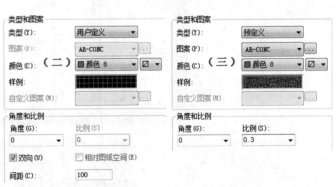

图 13-185　设置参数

（21）在立面图中拾取各填充区域，绘制填充图案的结果如图 13-186 所示。

（22）调用 PL【多段线】命令，绘制折断线，并将表示门扇开启方向的折断线的线型设置为虚线，结果如图 13-187 所示。

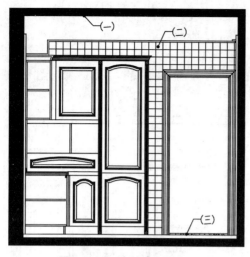

图 13-186　绘制填充图案

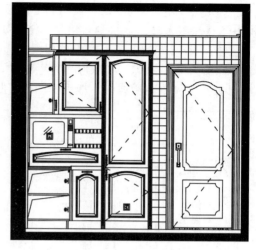

图 13-187　绘制折断线

（23）在【图层】工具栏下拉列表中选择【尺寸标注】图层。

（24）调用 DLI【线性标注】命令，绘制厨房立面图尺寸标注，结果如图 13-188 所示。

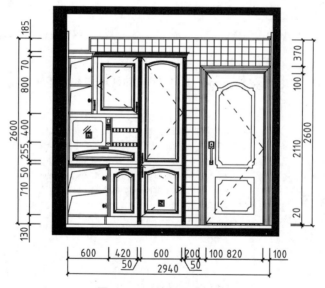

图 13-188　绘制尺寸标注

（25）在【图层】工具栏下拉列表中选择【文字标注】图层。

（26）调用 MLD【多重引线】命令，绘制引线标注，结果如图 13-189 所示。

（27）调用 C【圆形】命令，绘制图名编号；调用 MT【多行文字】命令、PL【多段线】命令，绘制图名标注及下画线，结果如图 13-190 所示。

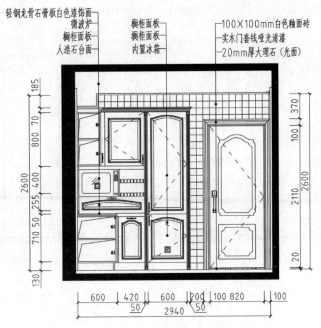

图 13-189 绘制引线标注

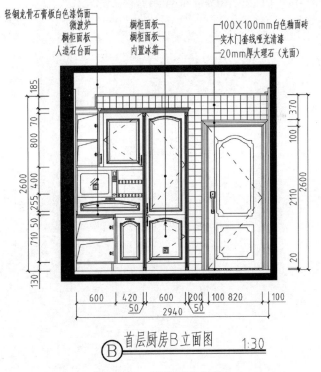

首层厨房B立面图 1:30

图 13-190 绘制图名标注